ヴィジュアル大全

Thomas Newdick
トマス・ニューディック
Busujima Tohya
毒島刀也 監訳

航空機搭載兵器

*Postwar Air Weapons
1945-Present*

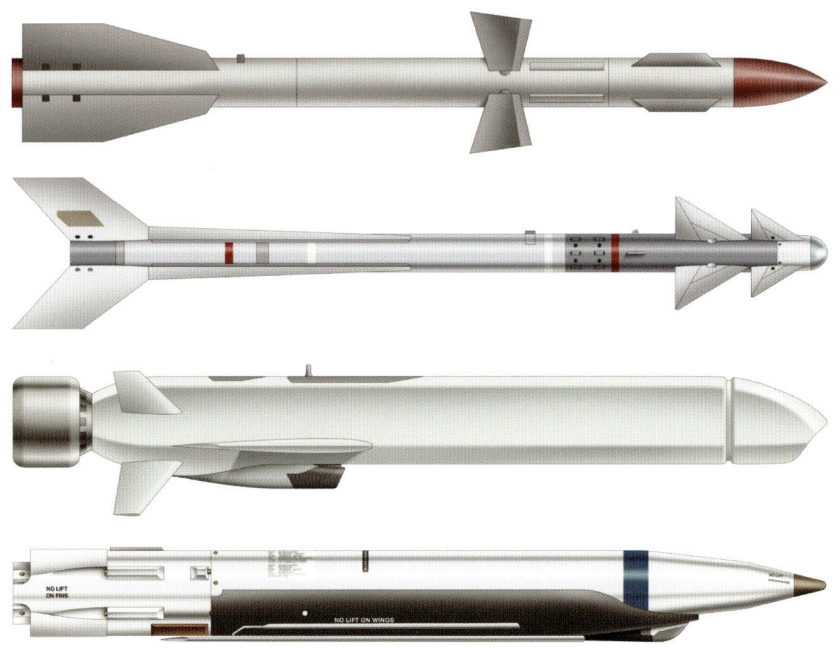

原書房

Contents

序文 6

第1章 空対空ミサイル 9

冷戦初期の空対空ミサイル（AAM） 10

台湾海峡危機のAAM 14

1960年代と1970年代のAAM 15

ヴェトナム戦争のAAM 20

第3次中東戦争（6日間戦争）のAAM 25

消耗戦争におけるAAM 26

第4次中東戦争（ヨム・キプール戦争）のAAM 28

1980年代と1990年代のAAM 30

1982年のレバノン戦争におけるAAM 38

フォークランド紛争のAAM 41

インドとパキスタンのAAM 43

イラン・イラク戦争のAAM 46

サハラ以南のアフリカにおけるAAM 53

ラテン・アメリカのAAM 54

現代のAAM 55

1990年以降の戦闘におけるAAM 62

第2章 空対地ミサイル ………… 67

冷戦初期の戦略ASM ………… 68
冷戦後期の戦略ASM ………… 71
現代の戦略ASM ………… 73
冷戦時代の戦術ASM ………… 75
ヴェトナム戦争のASM ………… 82
中東のASM ………… 84
現代の戦術ASM ………… 86
「砂漠の嵐」作戦のASM ………… 98
対テロ全面戦争におけるASM ………… 101

第3章 対艦ミサイル ………… 105

冷戦時代の対艦ミサイル ………… 106
タンカー戦争における対艦ミサイル ………… 113
フォークランド紛争の対艦ミサイル ………… 115
現代の対艦ミサイル ………… 117

第4章　対戦車ミサイル ……… 123

- 冷戦時代の対戦車ミサイル ……… 124
- 戦闘における初期の対戦車ミサイル ……… 126
- 現代の対戦車ミサイル ……… 128
- 戦闘における現代の対戦車ミサイル ……… 132

第5章　爆弾 ……… 135

- 自由落下爆弾 ……… 136
- アメリカの誘導爆弾 ……… 148
- ヴェトナム戦争中の誘導爆弾 ……… 157
- 「砂漠の嵐」作戦における誘導爆弾 ……… 159
- 対テロ全面戦争で使用された誘導爆弾 ……… 161
- アメリカ以外の誘導爆弾 ……… 163

第6章 空中発射ロケット弾 …… 167

アメリカの初期のロケット弾 …… 168
アメリカの現代のロケット弾 …… 170
その他の西側諸国のロケット弾 …… 172
ソ連とロシアのロケット弾 …… 173

第7章 ディスペンサー兵器とクラスター爆弾 …… 177

アメリカのディスペンサー兵器とクラスター爆弾 …… 178
ヨーロッパのディスペンサー兵器とクラスター爆弾 …… 182
ソ連とロシアのディスペンサー兵器とクラスター爆弾 …… 185
その他の国のディスペンサー兵器とクラスター爆弾 …… 187

航空機搭載兵器関連用語集 …… 188
索引 …… 190

序文

初めて航空機が戦闘に利用されて以降、軍用機は兵器搭載に中心的役割を果たしている。ターゲットが地上であれ、空中の敵を破壊する場合であれ、それは変わらない。第2次世界大戦終結以降には、破壊力と精度において大きな進歩がみられ、「スマート」兵器の時代がはじまった。

空中戦の最初期には、小型の銃や手榴弾、砲弾などの武器が使用された。第1次世界大戦では、機関銃が歩兵用武器や拳銃にとって代わった一方で、航空機が専用の空中発射爆弾を搭載した。

空対空の戦闘においては、戦闘機の兵器として、機関銃であれ強力な機関砲であれ、航空機に銃を搭載して使用する時期が続いた。この状況が変わりはじめたのはようやく第2次世界大戦後のことである。まず無誘導ロケット弾が開発され、その後、性能が向上しつつあった航空機を撃墜するために、誘導式空対空ミサイルが開発された。

初期の誘導兵器

初の空中発射型誘導兵器の実用研究に力が入れられるようになったのは第2次世界大戦中だったが、当初は満足な誘導システムがない点が障害となって、発射母機のオペレーターが出すシグナルを伝えるためにおもに誘導ワイヤが使われた。その後レーダー技術や、赤外線探知や電子光学が飛躍的に進歩して高度な誘導システムが採用され、信頼性と精度が増し、パイロットや乗員の負担は軽くなった。最終的に、誘導兵器は「ファイア・アンド・フォーゲット」能力を備えたが、このテクノロジーの改良には長い年月を要した。

ミサイルが空中戦における航空機搭載の銃に代わりはじめたのと同時期に、こうした兵器は爆撃機向け兵装としても用いられるようになっていた。だが、大戦後も戦略爆撃機の存在を正当化するた

▲ 爆弾投下
自由落下爆弾（"ダム"ボム）は空対地兵器のなかでも最初期のものだが、現代の戦争でも使用されている。写真は、標的領域に4発の2000ポンド（907キロ）Mk84模擬爆弾を投下する米空軍のF-111戦略爆撃機。

▲ **多目的戦闘機**
アフガニスタンの山地上空を飛ぶ米空軍のF-15Eストライク・イーグル。多種多様な兵器を一度に搭載する。空対空にはAIM-120AMRAAM3発、AIM-9サイドワインダー1発、さらに500ポンド（227キロ）レーザー誘導爆弾とGBU-38統合直接攻撃爆弾（JDAM）を搭載、さらに攻撃用にLANTIRN航法ポッドとスナイパー照準ポッドを装着する。

めに、初期の核兵器は大型だったため、最大級の空対地ミサイルにしか装着できなかった。しかし弾頭の大きさと重量を軽減させた結果、より小型の自由落下および誘導核兵器を、戦術機やヘリコプターでさえも搭載可能になった。

ミサイルには、堅固化した優先度の高いターゲットをピンポイントでとらえる能力がある点はすぐに認識され、艦艇や戦車やレーダーなど特定のターゲット向けに開発された、空中発射型ミサイルが導入されるようになった。第2次世界大戦中に使われはじめた対艦ミサイルは、専門的な発射操作と誘導システムや弾頭を必要とし、兵器開発の象徴でもある。そして、誘導兵器の導入によって機甲戦に大きな変化がもたらされ、まもなく航空機がこの兵器を発射するようになった。

現代の空中火力

今日、空軍の司令官は空中発射型兵器に以前にもまして期待を寄せている。空対空であれ空対地であれ、現代の空中発射兵器は、破壊力にくわえ精度と信頼度、操作の容易さと低価格という条件を満たさなければならない。コストの問題をクリアするため、既存の自由落下兵器に装着可能な精密誘導キットの開発がすすめられ、経済的で信頼度の高い攻撃兵器が生まれた。空対空の戦闘では、機動性のあるステルスタイプの高性能軍用機から、簡単な無人航空機や巡航ミサイルにいたる、幅広いターゲットを破壊する能力がなにより優先される。さらに現代の航空戦では、スタンドオフ射程にある敵機を（敵機が攻撃態勢を整える前に）倒すことにくわえ、ドッグファイトや、交戦規則によって明確な目視が求められる状況では、近距離にあるターゲットを破壊する柔軟さも要求される。

これから、空中発射型の兵器はますます多目的な能力を求められ、ひとつのミサイルが、空であれ地上であれ、幅広いターゲットに対して使われるようになるだろう。とはいえ、空戦初期から空中発射兵器の中心にあった、自由落下爆弾やロケット弾の役割も残ると思われる。

第1章
空対空ミサイル

　1950年代には、空対空ミサイル（AAM）が空中戦における「銀の弾丸」（特効薬）となったかのようだった。高高度を飛ぶ敵爆撃機の破壊に最適化された新世代迎撃機はミサイルのみで戦い、設計者は航空機搭載機銃をまったく採用しなかった。しかしその後の中東や東南アジアにおける戦争では、現代の空戦、とくに低強度の近距離におけるドッグファイトでは、AAMがつねに最適な兵器というわけではない点も判明した。このため、空対空の戦いではミサイルが中心的兵器であることに変わりはないものの、現代の戦闘機の大半は、今では至近距離のドッグファイトに備え機銃を装備している。1980年代初めにイスラエルとソ連が運動性の高い短射程AAMを開発したことで、その後の20年間、新世代の兵器が導入されてきた。そして機動性と、さらにスタンドオフ射程を備えた兵器が登場したのである。

◀ 現代の戦闘機
最新世代の戦闘機を代表する、フランス空軍のダッソー・ラファール。空対空兵器の典型であるMICAミサイル6発を搭載しており、1250リットルの外付け燃料タンク3基から燃料補給する。このAAMにはレーダー誘導方式のMICA EMと赤外線誘導方式のMICA IRがあり、IR方式のミサイルは翼先端のステーションに搭載される。将来は、ラファールの兵装にラムジェット推進装置を備えたミーティアAAMがくわわる予定であり、さらに射程を延伸して機動性の高いターゲットを破壊する能力が増す。

冷戦初期の空対空ミサイル(AAM)

第2次世界大戦中のドイツの戦争努力に触発され、1940年代末には、第1世代の空対空ミサイルの開発がはじまり、これらはおもに爆撃機サイズのターゲットの破壊を目的としていた。

米軍における第1世代AAMの開発は1946年にはじまった。これは、米空軍(USAF)がソ連の爆撃機に対応するため、レーダー使用の迎撃機火器管制装置とミサイルを必要としたためだった。1949年に、予備呼称AAM-A-2のミサイルで最初のテストがはじまった。本来のプランは爆撃機搭載の防御的AAMだったが、その後、発射のプラットフォームは戦闘機に変更され、当初はF-89H/Jスコーピオンと F-102Aデルタ・ダガー戦闘機に搭載されて、ミサイルはF-98("ファイター"シリーズ)と命名された。

当初生産モデルはGAR-1ファルコンであり、1956年にこのタイプの兵器では世界で初めて実用配備された。セミアクティヴ・レーダー誘導のGAR-1(1962年に導入された三軍航空機統一命名システムによりのちにAIM-4と改名)の生産は1954年にはじまり、赤外線(IR)誘導とセミアクティヴ・レーダー誘導(SARH)のものが製造された。通常、IRとSARHのミサイルはリップル射撃を行って殺傷力を増し、この方法はのちにソ連の中射程AAMの大半に採用されることになる。

ファルコン初のIR誘導、撃ちっ放しタイプはGAR-2(のちのAIM-4B)であり、GAR-3は改良型のSARHタイプだ。第1世代のなかでは、より運動性の高いGAR-1D(AIM-4A)がSARHタイプの主要生産ミサイルとなり、これをベースに、GAR-2と、より高感度のIRシーカーを備え

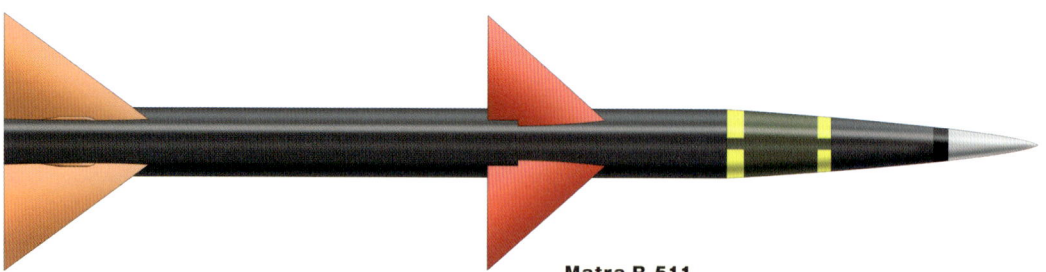

▲ AAM-N-2スパローI
1962年に制式名AIM-7Aとされた米海軍のスパローIは、初期のビーム・ライディング誘導方式と照準器を組み合わせており、視程内射程のミサイルだった。

AAM-N-2 Sparrow I
翼　幅	940ミリ
全　長	3740ミリ
胴体直径	203ミリ
重　量	143キロ
速　度	マッハ2.5
射　程	10キロ
推進システム	推進システム:エアロジェット 1.8KS7800固体燃料ロケット・モーター
弾頭重量	20キロ
誘導方式	レーダービーム・ライディング

Matra R.511
全　長	3099ミリ
翼　幅	1000ミリ
胴体直径	260ミリ
重　量	148キロ
弾頭重量	20.5キロ高性能爆薬
最大速度	マッハ1.8
最大射程	7キロ
誘導方式	1万7980メートル
推進システム	セミアクティヴ・レーダー誘導 推力1.3トン、オチキス・ブラント固体燃料ロケット・モーター

▼ マトラR511
暫定的なミサイルと考えられていたが、R511はフランス空軍ミラージュとボートゥール戦闘機の兵装として1970年代初頭まで就役した。オチキス・ブラント社製弾頭は誘導制御装置からの指令信号で爆発した。

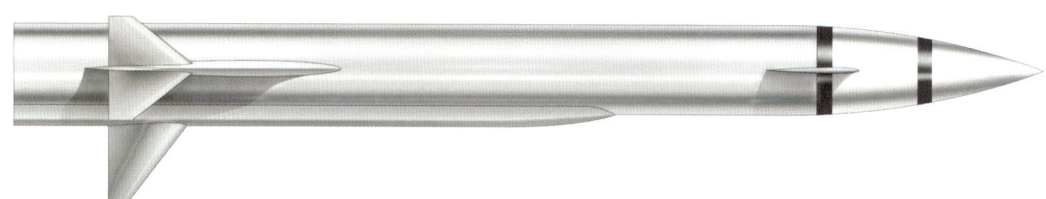

第1章　空対空ミサイル

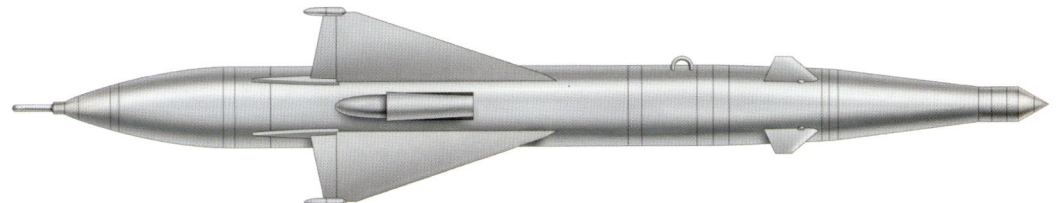

▲ **RS-2U（AA-1"アルカリ"）**
形状を改良したRS-2U"アルカリ"は、MiG-19PM全天候型迎撃機向けのミサイルだった。イラストは、翼先端にトレーサーを装着して誘導可能にしたタイプだ。後部アンテナでレーダーのシグナルを受信した。

RS-2U（AA-1 'Alkali'）

全　　長	2500ミリ
胴体直径	200ミリ
翼　　幅	654ミリ
発射重量	82.7キロ
弾頭重量	13キロ
射　　程	2-6キロ
速　　度	時速2880キロ
誘導方式	ビーム・ライディング

たGAR-2A（AIM-4C）が生まれた。

1958年には、SARH GAR-3（AIM-4E）を筆頭に、改良型のスーパーファルコン派生モデルが登場した。これは射程を増すために長時間燃焼モーターを使用しており、まもなくデュアル・スラスト・モーターと改良型誘導装置を備えたGAR-3A（AIM-4F）が生産された。スーパーファルコンのIRタイプがGAR-4A（AIM-4G）だ。

スパローとサイドワインダー

大量生産されたスパローの初期タイプがAAM-N-2スパローI（AIM-7A）だ。1947年に米海軍が計画に着手し、プロジェクト・ホット・ショットにおいて、航空機搭載ロケット弾にビーム・ライディング誘導システムを組み込む目的で開発された。1948年に無動力飛翔テストが開始され、1952年に初めて空中迎撃に成功した。その後スパローIは1956年にF3H-2Mデーモンとフ7U-3Mカトラス戦闘機に搭載されて実用配備がはじまった。しかし、ビーム・ライディング誘導方式は問題点が多く、スパローIの運用は短期に終わった。レーダー誘導方式のスパローの研究は1950年にはじまり、AAM-N-3（AIM-7B）スパローIIが誕生した。1950年代半ばには、スパローIIが、F5DスカイランサーとカナダのCF-105アロー迎撃機搭載向けに、アクティヴ・レーダー誘導方式に変更された。だが両機ともキャンセルされ、1958年にはスパローIIが廃止されてSARH誘導方式のスパローIIIに代わった。

スパローIIIの開発が1955年にはじまってAAM-N-6（AIM-7C）となり、米海軍で1958年に運用が開始され、これから多くのタイプが派生した。1959年には、改良型のAAM-N-6a（AIM-7D）が登場し、高度と射程が増した。

世界でもっとも量産されているAAMであるAIM-9サイドワインダーの原型は1950年まで

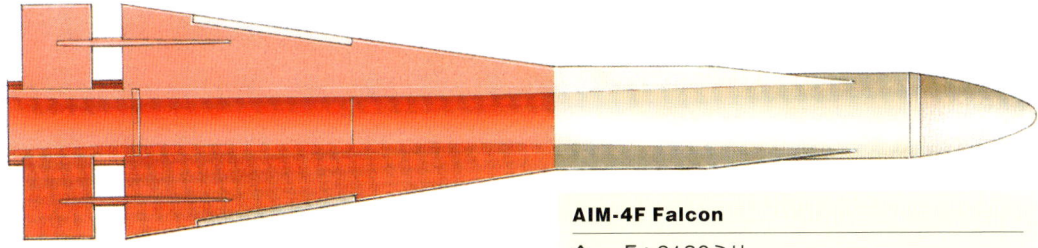

▲ **AIM-4Fファルコン**
本来はGAR-3Aとして設計されたミサイル。1959年開発のAIM-4Fはスーパーファルコン・シリーズのひとつで、SARH誘導方式を用いる。AIM-4Aに代わって登場したAIM-4Fは、新しい2段推力ロケット・モーターを使用し、誘導方式はアップグレードされ、精度が向上して電子対抗手段への対抗力も改善された。

AIM-4F Falcon

全　　長	2180ミリ
胴体直径	168ミリ
翼　　幅	610ミリ
発射重量	68キロ
弾頭重量	13キロ
射　　程	11.3キロ
速　　度	マッハ4
推進システム	固体燃料ロケット・モーター
誘導方式	SARH

▲ソ連のミサイル
写真のソ連MiG-19戦闘機の翼下部に見えるのは、K-5（AA-1"アルカリ"）AAM。冷戦時代に撮影されたもので場所は不明。

さかのぼり、米海軍兵器センターのプロジェクトとしてはじまった。簡単な熱追尾ミサイルとして開発されたサイドワインダーは、硫化鉛利用のIRシーカーを使用し、尾翼に安定装置「ローレロン」を採用した点が特徴だった。最初のIR誘導サイドワインダーは1953年に試験撃墜に成功し、初の量産型は1956年に米海軍で就役した。実用配備された初のミサイルはAAM-N-7サイドワインダー（AIM-9A）であり、まもなくこのシリーズのAAM-N-7サイドワインダーIAに代わられた。このミサイルは当初米空軍ではGAR-8と呼ばれ、のちにAIM-9Bと改名された。

イギリス、フランス、ソ連のミサイル開発

英空軍（RAF）では、フェアリー社開発のビーム・ライディング誘導方式ミサイル、ファイアフラッシュが、試射と評価の目的で限定的に配備され、スウィフトF.7に搭載された。このミサイルは誘導方式によって内部にロケット・モーターを使用できなかったため、切り離し型のブースター・モーター2個を動力とした。イギリスで全飛行中隊に初めて実用配備されたAAMはIR誘導方式のファイアストリークであり、1951年からデ・ハヴィランド・プロペラ（のちのデ・ハヴィランド・エアクラフト）社が、ブルー・ジェイのコードネームで開発した。ファイアストリークは英空軍ジャヴェリンとライトニング戦闘機、英海軍ではシー・ヴェノムとシー・ヴィクセン戦闘機に搭載された。実戦部隊による初めての発射が記録されているのは、1958年、第893海軍飛行隊のシー・ヴェノムによるものだ。

フランスでは、ミサイルの開発はマトラ社とアルスナル航空工廠によりふたつの異なる方式ですすめられた。アルスナルが有線か無線誘導方式をとったのに対し、マトラは自動追尾を取り入れることにした。フランスのAAM開発は、戦時中のドイツ製X-4をコピーしたAA.10からはじまり、X-4の有線誘導方式と液体燃料モーターを使用していた。1947年に試射が開始され、その後1951年には、簡単な無線誘導方式を備えた改良型AA.20（のちのノール5103）が製造された。このミサイルの契約は1953年に行われて1956年に実用配備され、アキロン、ミステールIVA、シュペル・ミステールB2、ボートゥールIIN、ミラージュIIIC、エタンダールIVMに搭載された。約8000発が生産されたノール5103は、フランス初の完全運用能力をもつAAMだ。改良型のノール5104（AA.25）は、レーダー指令誘導方式をノール5103のエアフレームにくわえ、ミラージュIIICのシラノ・レーダーとの利用を可能にした。最終的に、ノール5104は1959年に、これもマトラ社の、SARH方式R530に代わられた。

マトラ社のAAM開発は1949年にはじまった。試験的に制作されたR051は1955-56年にかけ

て試射が行われ、R510の開発につながった。光学誘導方式を採用したこのミサイルは1957年に初飛翔を行い、フランス空軍による評価向け、低率初期生産が発注された。好天時にのみ運用可能なR510に続き、1958年にはR511が開発された。ヨーロッパにおける初のSARH誘導方式AAMであるR511は全天候の運用が可能であり、フランス空軍ボートゥールIINとミラージュIIICに搭載されて実用配備され、フランス海軍アキロンにも搭載された。実験的にIRシーカーを用いたR510とR511の開発は続いたが、成功は限定的であり、1958年には打ち切られた。R511は1973年まで就役し続け、大幅に改良されたR530に代わられた。

ソ連では、K-5（NATOのコードネームはAA-1"アルカリ"）によって初めてAAMの製造、運用が開始された。RS-1Uの制式名をもつK-5の開発は1953年に認可され、敵爆撃機後方からの攻撃を行う設定だった。無線指令誘導方式を組み込んだRS-1UはMiG-17PFU、MiG-19PM、Yak-25K迎撃機に搭載され、その後性能が向上したRS-2Uが登場し、MiG-19PMに搭載された。超音速迎撃機のMiG-19PM、MiG-21、Su-9搭載向けのRS-2USが、派生タイプの最終型だ。

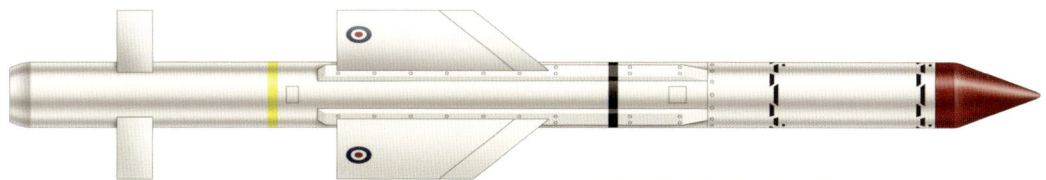

▲ **ファイアストリーク**
イギリスで初めて作戦運用されたAAMは、IR誘導方式のファイアストリークだった。当時の発表によると、ファイアストリーク試射の成功率は85パーセントであり、発射したうち50パーセントがターゲットを直撃したという。

▼ **ライトニングの搭載ミサイル**
イギリス軍のグラウンド・クルーによって、空軍ライトニング戦闘機に慎重に搭載されるファイアストリークIR誘導AAM。

Firestreak

全　　長	3190ミリ
胴体直径	223ミリ
翼　　幅	750ミリ
発射重量	136キロ
弾頭重量	22.7キロ
射　　程	6.4キロ
速　　度	マッハ3
推進システム	マグパイ固体燃料ロケット・モーター
誘導方式	後方赤外線

台湾海峡危機のAAM

AAMを戦闘に使用し初めて成功したのが、1958年の「台湾海峡危機」だった。台湾軍と中国軍が、金門・馬祖島で衝突したのである。

1958年9月24日、台湾空軍（CNAF）のF-86セイバー2機が、AIM-9Bサイドワインダーを放って中国人民解放軍（PLA）空軍のMiG-15を撃墜し、世界で初めてAAMによる攻撃が成功した。いわゆる「台湾海峡危機」のあいだ、米海兵隊（USMC）は蒋介石が率いる台湾にAIM-9Bを供与し、これらミサイルはMiG-15を4機、すべて9月24日に撃墜したことが確定している。同日には、このほか少なくとも2機のMiGがサイドワインダーによって損傷を受け、さらに4機がセイバーの機関銃で撃墜された。

サイドワインダーの実弾試射は1951年にはじまったばかりで、1953年9月11日に初めて無人機の攻撃が成功した。そして5年後に台湾海峡危機でミサイルが初めて戦争に使用され、戦闘機への適合性と使用の簡易性が証明された。初期モデルが、近距離の視界良好な高高度（9144メートル以上）において、ターゲットへの後方からの攻撃にかぎられていた点を考慮すれば、紛争中のサイドワインダーの命中率は素晴らしいものだった。初期のサイドワインダーは、平時においては、1発あたり撃破確率は約70パーセントだった。

台湾海峡危機は、台湾が、実効支配する金門・馬祖島を封鎖したことが背景としてあった。最初の空戦は、AIM-9Bが9月24日の戦闘に使用される以前の1958年8月に起き、台湾空軍は6機のMiGを銃撃で撃墜し、さらに12機ほどを、これもF-86F搭載の機関銃で撃墜したと発表した。台湾空軍のセイバーの空中戦での成功とサイドワインダーの登場が衝撃的だったため、中国は島の奪回にそれ以上の戦闘努力をはらうことはあきらめた。台湾側の損失が、7月のわずか2機（どちらもF-84Gサンダージェット）だった点にも、台湾空軍の優位性は表れていた。計6発のAIM-9Bが台湾海峡危機中の戦闘で発射され、4機の撃墜が確定している。

敵の手に

台湾海峡上空での空戦による予期せぬ結果のひとつが、サイドワインダーに匹敵するIR誘導型AAMの開発にソ連が弾みをつけたことだ。1958年に米海軍の戦闘機が中国本土上空で撃墜され、戦闘機の残骸にあったAIM-9がソ連に運ばれた。そしてこの情報をもとに、R-3S（AA-2"アトール"）が開発された。1959年には、ソ連がサイドワインダーのリバース・エンジニアリング・モデルを生産し、R-3SがMiG-21F-13戦闘機の基本兵装となった。そしてAIM-9とAA-2はその後の戦闘で多数使用されることになる。

AIM-9B Sidewinder

全　　長	2850ミリ
胴体直径	127ミリ
翼　　幅	630ミリ
発射重量	86.2キロ
弾頭重量	9.4キロ
射　　程	1-18.2キロ
速　　度	マッハ2.5
推進システム	固体燃料ロケット・モーター
誘導方式	赤外線

▼ AIM-9Bサイドワインダー
台湾空軍にAIM-9Bを提供するプロジェクトは米海兵隊が主導し、極秘に進められた。台湾空軍F-86Fへの搭載は、これに適合する航空機用高速ロケット弾（HVAR）発射システムを利用した。計20機のセイバーがサイドワインダー搭載向けに改修されたが、台湾海峡危機で戦闘に使用されたのは、このうち4機のみだったという。

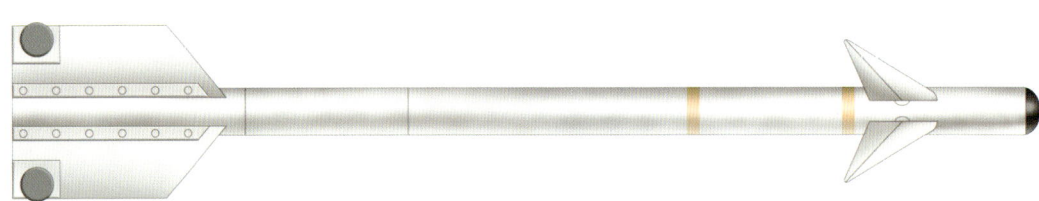

1960年代と1970年代のAAM

1950年代にミサイルのみを兵装とする多数の戦闘機が生まれたが、初期の戦闘では、AAMはまだ発展途上にあった。

　1960年代にはふたつの特徴的なタイプのAAMが出現し、開発がすすめられた。基本的にIR誘導方式の、小型で近距離空戦向けのタイプと、大型で、SARHを用い長距離にあるターゲットを破壊するためのものだ。ソ連では、AAMは、迎撃機、火器管制装置とミサイルからなる「兵器システム」の一部として設計されるのが一般的だったが、西側諸国では、AIM-7とAIM-9をはじめとする既存のAAMファミリーの開発続行に力が入れられた。

　さまざまなタイプが生まれたファルコン・シリーズの開発も1960年代初頭まで続けられ、ついにIRタイプのミサイル、GAR-2B（AIM-4D）も製造された。このAAMはGAR-2Aのエアフレームを用い、GAR-4Aの新型シーカーを装備した。戦闘機戦向けのAIM-4Dは、1963年に実用配備された。米空軍のファルコンで最後に就役したのはAIM-4F/Gであり、1980年代半ばまでF-106A迎撃機に搭載された。

　ファルコン・シリーズのなかでもユニークなタイプが、1.5キロトンの核弾頭を使用するGAR-11（AIM-26A）であり、航空宇宙防衛軍団の迎撃機に搭載された。ほかのモデルよりも大型で重

▼**長射程のミサイル**
ジェネラル・ダイナミクスF-111Bの翼下部にAIM-54フェニックス長射程AAMを固定する米海軍のグラウンド・クルー。1967年6月、ヒューズ・エアクラフト社でのデモンストレーション中のひとコマ

量もある核兵装タイプは、レーダー誘導により、敵爆撃機への正面からの攻撃に用いられる予定だった。GAR-11は、通常弾頭タイプのGAR-11A（AIM-26B）が補完し、1961年に運用されて、スウェーデン空軍のJ35ドラケンにもRb 27という名で搭載された。

1960年には、AAM-N-6aスパローIIIが、米空軍F-110スペクター（のちのF-4ファントムII）戦闘機の兵装とされた。スパローの改良型であるAAM-N-6bは、1963年に実用配備され、まもなくAIM-7Eと改名された。このモデルは新しいロケット・モーターを導入し、射程と性能の向上を図った。2万5000発あまりが製造されたAIM-7Eはミサイルの主要量産モデルとなり、海軍の艦対空ミサイル（SAM）、シースパローのベースともなった。

大幅に改良されたAIM-7Fが、F-15イーグルとF/Aホーネットによる搭載を目的とし1975年に量産に入った。この"フォックストロット"は射程を増すためにデュアル・スラスト・モーターを備え、パルス・ドップラー・レーダーに対応した誘導システムを採用した。

▼殺し屋スパロー
AIM-7Fスパロー・ミサイルを4発搭載する米空軍F-15Eイーグル戦闘機。1975年11月の任務中に。

イギリスでは、ファイアストリークに続きレッドトップが開発され、英空軍のライトニング、英海軍シー・ヴィクセン迎撃機に搭載された。ファイアストリークと同じく、レッドトップはIR誘導方式だが、ファイアストリークが後方からの追跡攻撃にかぎられていたのに対し、レッドトップは全方位からの発射が可能で、超音速のターゲットに対し真正面からの発射も行えた。だが実際には、レッドトップは概して後方からの発射にかぎられていた。1967年に実用配備されたレッドトップは、英空軍の最後のライトニングとともに1988年に退役した。

初期のサイドワインダー

アメリカでは、サイドワインダーの初期タイプは視界良好で近距離後方からの攻撃に限定され、1発あたりの撃破確率（SSKP）は70パーセントだった。SARHタイプのAIM-9Cは米海軍で実用配備され、F-8クルセイダー戦闘機の兵装とされた。このあとにAAM-N-7をベースにしたAIM-9Dが生まれたが、これはIR誘導方式に戻った。AIM-9CとDはともに新しいロケット・モーターを使用して速度と射程を向上させ、大型の弾頭を搭載し、フィンの形が変わった。AIM-9Dは新しい窒素冷却式シーカーを採用し、これによって攻撃可能範囲が拡大した。

サイドワインダーは米海軍のプログラムとしてはじまったが、1955年には米空軍が自軍のGAR-2とサイドワインダーとを比較テストし、サイドワインダーのほうがすぐれていることを確認した。AIM-9Bのあと、米空軍にはAIM-9Eが実用配備され、これが初めて空軍独自の要求に基いたミサイルとなった。AIM-9Bをベースにしたこの"エコー"ミサイルは、追跡率を向上させるための新しい熱電冷却タイプのシーカーを備えていた。AIM-9EはまたNATO向けにドイツでも製造されてAIM-9Fとなり、1969年に実用配備された。

海軍の派生タイプ

つぎに登場したのが米海軍の派生タイプ、AIM-9Gであり、これはAIM-9Dの捕捉領域を向上させたもので、1970年に生産がはじまった。1972年に開発された海軍のAIM-9Hにはソリッドステートの電子機器がくわわり、シーカーによるロックオン率が向上した。一方、米空軍もまた改良型のサイドワインダーを求めており、AIM-9Eにソリッドステートの電子機器をくわえ、耐久性を増し、ダブルデルタ型のカナード翼を取り入れた、AIM-9Jの生産が1972年からはじまった。おもに輸出向けに製造されたAIM-9Nは高性能のシーカーを備えたAIM-9Jの改良型だ。

冷戦中に西側諸国で開発された究極のAAMが、超長射程のAIM-54フェニックスである点は間違いない。1960年に導入され、米海軍艦載迎撃機F-111Bの兵装向けとしてAAM-N-11と命名された。パルス・ドップラー火器管制装置のAWG-9とともに運用され、F-111BとAIM-54の組み合わせは、1966年に実弾試射までこぎつけた。しかし、フェニックスは最終的に米海軍F-14トムキャットの兵装となり、このための生産が1973年に開始され、翌年実用配備された。

艦隊の護衛

AIM-54はソ連海軍の爆撃機と対艦ミサイルに対する空母戦闘群の防衛を目的としたものであり、航空機に搭載された1発のフェニックスは、3万1079平方キロメートルもの領域を防衛することができた。ミサイルは巡航段階にはおもにSARHを使用し、ミサイル装着のパルス・ドップラー・レーダーに切り替えてアクティヴ誘導の終末飛翔に入る。AWG-9レーダーは同時に24個のターゲットを130海里まで追跡することが可能で、F-14はAIM-54により、6個のターゲットと同時に交戦可能だった。

いくらか修正をくわえたAIM-54Bが1977年に登場し、その後最終型のAIM-54Cが開発された。AIM-54Cの開発は、AIM-54の唯一の輸出先であるイランからソ連に渡ったミサイル技術をつぶす目的で行われた。このためAIM-54Bと比較すると、AIM-54Cはソリッドステート化したレーダーと、デジタル式電子機器、ストラップダウン方式の慣性航法装置と改良型のECCM（電子対抗手段）を備えていた。

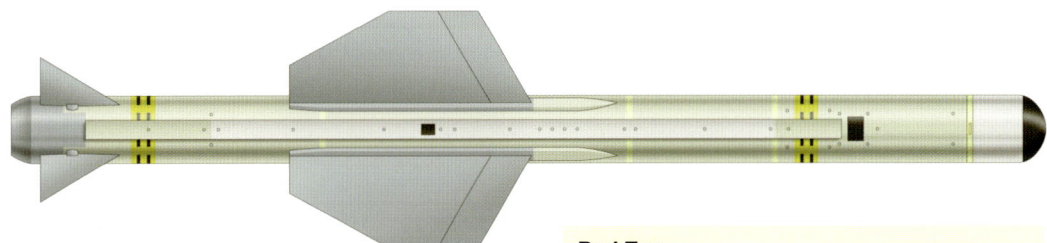

▲レッドトップ
イギリスのレッドトップは1960年代半ばに導入され、世界初の全方位AAMという先駆的ミサイルだった。シーカーは高感度で、ターゲット機の表面が空力加熱で温められて出すシグナルが非常に微細でも探知可能だった。レッドトップはライトニング迎撃機で多用された。

Red Top

全　　長	3320ミリ
胴体直径	230ミリ
翼　　幅	914ミリ
発射重量	154キロ
弾頭重量	31キロ
射　　程	12キロ
速　　度	マッハ3.2
推進システム	リネット固体燃料モーター
誘導方式	赤外線、全方位（限定的）

| 18 | Air-to-Air Missiles

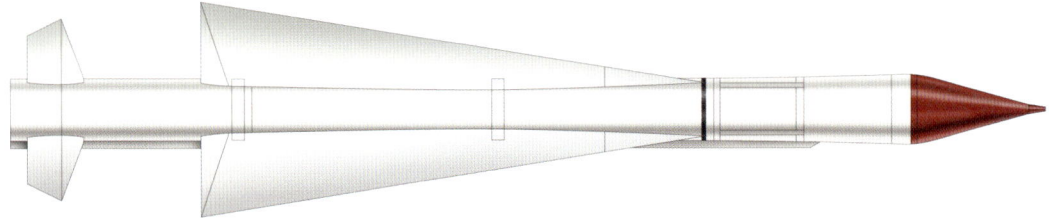

▲ **R-4R（AA-5 "アッシュ"）**
イラストは全方位のSARHタイプ。R-4Rは、世界最大の迎撃機Tu-128の主兵装だった。高速および低速飛行の爆撃機をターゲットとするため、R-4Rは発射前に、秒速200から1600メートルの速度で攻撃が設定された。

▼ **ミサイルの母機**
写真のフランス海軍F-8E（FN）クルセイダー戦闘機は、鮮やかな色のマトラR530 AAMを1発搭載している。

R-4R（AA-5 'Ash'）

全　　長：5200ミリ (R-4T)、5450ミリ (R-4R)
胴体直径：310ミリ
翼　　幅：1300ミリ
発射重量：480キロ (T)、492.5キロ (R)
弾頭重量：53キロ
射　　程：2-15キロ (T)、2-25キロ (R)
速　　度：マッハ1.6
誘導方式：赤外線 (T)、セミアクティヴ・レーダー (R)

　AIM-54Cの配備は1981年に開始された。5000発あまりのAIM-54ミサイルが生産され、米海軍では2004年に廃止されたが、イラン空軍では現在も使用されている。

ソ連のミサイル

　ソ連では第1世代のK-5シリーズに続き多数の改良型中・長射程のミサイルが開発され、初期の信頼度の低い無線指令方式が、より向上したレーダーおよびIR誘導に代わった。

　K-8ミサイル（R-8［AA-3"アナブ"］）は、1950年代半ばからSu-11向け兵装として開発され、SARHとIR誘導タイプが生産された。当初タイプのR-8Mミサイルは1961年に製造が開始

された。1963年のR-8M1はSu-15（中および高高度）とYak-28P（低および中高度）迎撃機と組み合わせて運用された。全方位攻撃能力はR-98に導入され、これもSARHとIR誘導方式のものが生産され、1967年からオリョールDレーダー装着のSu-15向け主兵装とされた。Su-15がアップグレードしてタイフーン・レーダーを備えたSu-15TMとなると、兵装も改良され、最終的にR-98Mとなった。R-98Mを搭載したSu-15TMは、1983年9月1日に日本海で大韓航空007便を撃墜して悪評を買った。

K-80シリーズのひとつである巨大なR-4（AA-5"アッシュ"）ミサイルは、ソ連防空軍のTu-128重迎撃機のみの兵装であり、開発は1950年代半ばにはじまった。スメルチ・レーダーを装着するTu-128と組み合わせ、R-4は1963年からSARHかIRシーカー・ヘッドを利用可能となり、1960年代後半にはスメルチM・レーダーに対応した改良型のR-4Mが生産された。

マッハ3の高速飛行が可能な新型MiG-25迎撃機向けに、ソ連は1960年代初期にK-40ミサイルとR-40（AA-6"アクリッド"）ミサイルを開発した。R-40はSARHまたはIRシーカー・ヘッドが使用可能で、電子妨害に大きな対抗力をもつよう設計されていた。MiG-25がアップグレードされてMiG-25PDとなると、この新型航空機向けにR-40Dシリーズというアップグレード版が用意された。IR誘導のR-40TDミサイルはMiG-31の兵装とすることも可能で、この迎撃機の主兵装である長射程のR-33ミサイルを補完した。

ミラージュ向けミサイル

フランスでは、新型の中射程AAMの開発競争でR530が残り、短期ではあるがAA.26というプロジェクト名で、当初はミラージュIIIとボートゥールに兵装される予定となった。そしてミラージュのシラノ・レーダーと組み合わせ、初の全方位、全天候能力を備えた。開発は1957年に開始され、1959年にR530が選定されて1960年に実弾発射が行われた。R530は1962年からミラージュIIICの主兵装となり、またフランス海軍F8E（FN）クルセイダーにも搭載された。当初要求されたのはSARH方式のミサイルだったが、R530はIRシーカー・ヘッドも装着可能だった。多数の国に輸出され、またミラージュF.1C迎撃機が登場したときにも変わらず主兵装とされ、その後1980年代初頭に、高性能のシュペル530Fがこれに代わった。

R530の短射程タイプとして、1969年からマトラ社は自社負担でR550マジックを開発し、1972年に初めて誘導発射を行った。1975年にフランス空軍と海軍に実用配備されたこのミサイルは、IR誘導方式を使用し、ミラージュ・ファミリー向け兵装として多数の国に輸出された。

▼**R-8MR（AA-3"アナブ"）**
基本タイプのR-8MRは追跡モードの迎撃向けであり、発射母機（おもにSu-11）はターゲット（通常は爆撃機）の下後方を飛ぶ必要があった。このミサイルのセミアクティヴ・レーダー・シーカーが機能するためには、発射母機のレーダーが、発射から爆発までターゲットを照射する必要があった。

R-8MR（AA-3'Anab'）

全　　長：4270ミリ
胴体直径：280ミリ
翼　　幅：1300ミリ
発射重量：292キロ
弾頭重量：40キロ爆風破砕
射　　程：23キロ
速　　度：マッハ2
誘導方式：セミアクティヴ・レーダー誘導

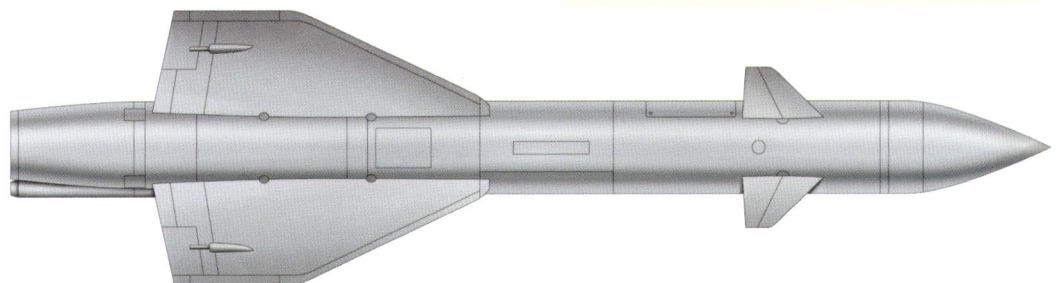

ヴェトナム戦争のAAM

米軍は厳格な交戦規則に縛られてはいたものの、東南アジアにおける厳しい空中戦は、AAMとそれに関わる戦術の試金石とされた。

東南アジアの戦闘におけるAAMの実績によって、この兵器の効果は再検証されることになった。SARHタイプのAIM-7の1発あたり撃破確率は0.09、IR誘導方式のAIM-9では0.18だった。性能の不足を考慮し、空中戦の戦術を改める必要があることは明白だった。とくに、低空飛行を行う、運動性の高い戦闘機サイズのターゲットを攻撃するさいには、AAMの効果が限定的であることが判明した。

最初に実用配備されたAAMであるAIM-4ファルコンは、高高度を飛行する爆撃機をターゲットとする設計だったが、ヴェトナム戦争では、ドッグファイト対応の派生タイプ、AIM-4D（以前はGAR-2B）が、LAU-42/Aランチャーを装着可能な米空軍F-4DファントムIIに搭載された。最終的に、F-4DとAIM-4Dの組み合わせが、北ヴェトナム空軍（NVAF）MiG-17を4機と、MiG-21を1機破壊した。近接信管をもたないAIM-4Dミサイルは、ターゲットを撃墜するためには命中する必要があり、このために対戦闘機戦闘にはあまり適していなかった。

AIM-4Dを使用するさいの大きな制約はおそらくはシーカー・ヘッドにあり、冷却材が一定時間しかもたなかった。そのため、シーカーの冷却はミサイル発射の直前にはじめなければならなかった。近接戦では、ターゲットを攻撃するさいに冷却時間は大きな負担だった。また発射に多数失敗して冷却剤がなくなると、ミサイルは利用できない。米空軍第8戦術戦闘航空団指揮官でMiGを4機撃墜したロビン・オールズは、指揮下のファルコン搭載のF-4D機をサイドワインダー搭載向けに変更するよう命じた。

ヴェトナム戦争でこれにまさる戦績をあげた

▼メンテナンス
AIM-9サイドワインダー・ミサイルがF-8クルセイダー戦闘機に正しく搭載されていることを確認する、米海軍の航空機搭乗員。1967年3月、南シナ海での作戦中に、米空母ボノム・リシャール（CVA-31）上にて。

のは、米空軍、米海軍、海兵隊のF-4が使用したAIM-7だった。理論上は、スパローは十分なスタンドオフ射程で発射できるはずだったが、実際には、アメリカ政府が定めた厳格な交戦規則のせいで、米軍戦闘機は、目視確認するためにターゲットに接近することを求められた。

スパローの欠陥

最小射程1524メートルのスパローは、ターゲットと接近しすぎることが頻繁にあり、発射設定値を満たしたとしても、低高度飛行や密集飛行を行うターゲットに対処するのに悪戦苦闘した。不適切な訓練も大きな問題であり、オルト・レポートがこれを指摘し、米海軍戦闘機兵器学校「トップ・ガン」が設置されることになった。フランク・オルト大佐が米海軍の空中戦における欠点解明のための事実調査を行うと、米空軍とは違い、海軍F-4のパイロットの大半は、まったくミサイルを発射した経験がないことが判明したのだ。これに対し米空軍は、「チャージング・スパロー」計画によって、東南アジアに派遣されたファントム機乗員全員がAIM-7の発射を行わなければならなかった。とはいえ、海軍のパイロットは素晴らしい成功も収めている。1965年6月17日、米海軍

ヴェトナム戦争におけるAA-2による撃墜

日付	発射母機	撃墜機	日付	発射母機	撃墜機
1966年3月4日	MiG-21	AQM-34	1968年2月23日	MiG-21	F-4D
1966年5月5日	MiG-21	AQM-34	1968年5月7日	MiG-21	F-4B
1966年7月7日	MiG-21	F-105D	1968年6月16日	MiG-21	F-4J
1966年7月11日	MiG-21	F-105D	1968年8月	MiG-21	AQM-34
1966年10月5日	MiG-21	F-4C	1969年11月	MiG-21	AQM-34
1966年10月9日	MiG-21	F-4B	1969年12月	MiG-21	AQM-34
1966年12月5日	MiG-21	F-105D	1970年1月28日	MiG-21	HH-53B
1966年12月14日	MiG-21	F-105D	1972年4月27日	MiG-21	F-4B
1967年4月28日	MiG-21	F-105D	1972年5月10日	MiG-21	F-4J
1967年4月30日	MiG-21	F-105D	1972年5月10日	MiG-21	F-4B
1967年4月30日	MiG-21	F-105D	1972年5月10日	MiG-21	F-4B
1967年4月30日	MiG-21	F-105D	1972年5月11日	MiG-21	F-105G
1967年8月23日	MiG-21	F-4D	1972年5月11日	MiG-21	F-4D
1967年8月23日	MiG-21	F-4D	1972年5月23日	MiG-21	A-7B
1967年9月16日	MiG-21	RF-101C	1972年6月13日	MiG-21	F-4E
1967年9月16日	MiG-21	RF-101C	1972年6月21日	MiG-21	F-4E
1967年10月7日	MiG-21	F-105F	1972年6月24日	MiG-21	F-4E
1967年10月9日	MiG-21	F-105D	1972年6月24日	MiG-21	F-4D
1967年11月8日	MiG-21	F-4D	1972年6月27日	MiG-21	F-4E
1967年11月18日	MiG-21	F-105F	1972年6月27日	MiG-21	F-4E
1967年11月18日	MiG-21	F-105D	1972年6月27日	MiG-21	F-4E
1967年11月20日	MiG-21	F-105D	1972年7月5日	MiG-21	F-4E
1967年12月16日	MiG-21	F-4D	1972年7月5日	MiG-21	F-4E
1967年12月17日	MiG-21	F-4C	1972年7月8日	MiG-21	F-4E
1967年12月17日	MiG-21	F-105D	1972年7月24日	MiG-21	F-4E
1968年1月3日	MiG-21	F-105D	1972年7月29日	MiG-21	F-4E
1968年1月14日	MiG-21	EB-66C	1972年7月30日	MiG-21	F4D
1968年2月3日	MiG-21	F-102A	1972年8月26日	MiG-21	F-4J
1968年2月4日	MiG-21	F-105D			

Air-to-Air Missiles

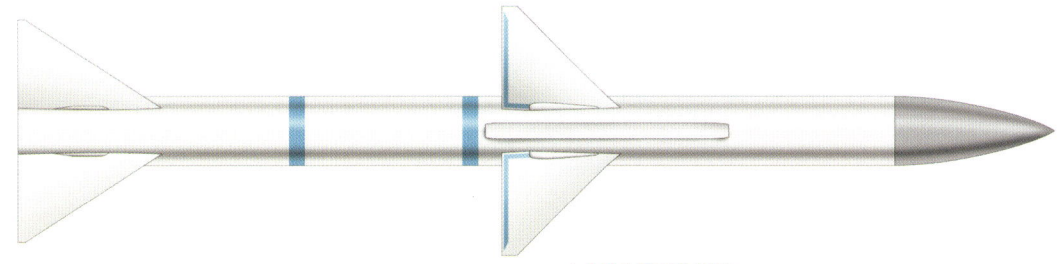

AIM-7E Sparrow

全　　　長	3657ミリ
胴体直径	200ミリ
翼　　　幅	810ミリ
発射重量	230キロ
弾頭重量	30キロ
射　　　程	32キロ（C/D）、45キロ（E/E2）
速　　　度	マッハ4
推進システム	ロケットダイン・ロケット・モーター
誘導方式	セミアクティヴ・レーダー

▲AIM-7Eスパロー
本来はAAM-N-6bとして開発されたAIM-7Eは、1963年に生産開始され、東南アジアの戦闘で多用された。AIM-7Eタイプは新型のロケットダイン固体燃料モーターを利用し、射程と速度が増した。

▼AIM-4Dファルコン
AIM-4Dはファルコンの「戦術」タイプであり、戦闘機同士の戦闘を目的とした。AIM-4Cのエアフレームに AIM-4GのIRシーカーを組み合わせたファルコン・シリーズの最終型だ。1963年に実用配備され、ヴェトナム戦争では全般的に期待はずれの結果に終わった。

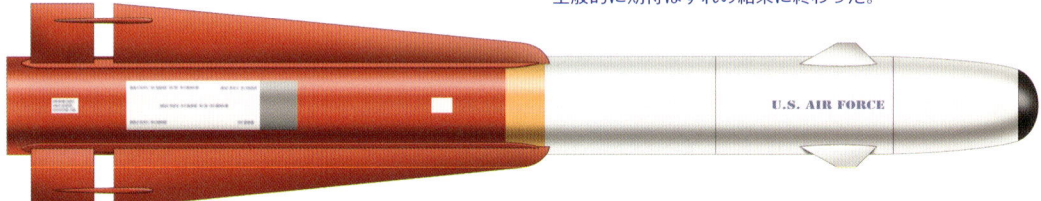

AIM-4D Falcon

全　　　長	1980ミリ
胴体直径	163ミリ
翼　　　幅	508ミリ
発射重量	61キロ
弾頭重量	3.4キロ
射　　　程	9.7キロ
速　　　度	マッハ3
推進システム	チオコールM58固体燃料ロケット
誘導方式	後方赤外線

ヴェトナム戦争におけるAIM-4による撃墜

日付	発射母機	撃墜機
1967年10月26日	F-4D	MiG-17
1967年12月17日	F-4D	MiG-17
1968年1月3日	F-4D	MiG-17
1968年1月18日	F-4D	MiG-17
1968年2月5日	F-4D	MiG-21

第21戦闘飛行隊（VF-21）の2機のF-4Bが、4機のMiG-17と遭遇した。3機のMiGがAIM-7で破壊され、レーダー誘導のAAMによる初の撃墜成功を記録したのだ。

　1969年には改良型のAIM-7E-2が実戦投入された。これは、最小射程を短くし、運動性を強化してオートパイロット機能と信管を改良するなど、ドッグファイトの能力を向上させた、頑丈なタイプのミサイルだった。敵味方識別装置（IFF）のコンバット・ツリー送信機と改良型早期警戒機（AEW）とを組み合わて運用することで、AIM-7E-2は1972年に高い戦績を残した。スパロー・シリーズのミサイルは、ヴェトナム戦争を通じて計61機の撃墜が確定している。

優位をほこるサイドワインダー

　86機の空対空の撃墜記録が確定するサイドワインダーは、ヴェトナム戦争ではもっとも戦績のよいAAMであり、米空軍、米海軍と海兵隊が使用した。空中戦において米軍戦闘機で一番の撃墜数をあげたのはF-4ファントムIIであり、さまざまなタイプのサイドワインダーを使用し、空中戦の全勝利数のうちおよそ60パーセントを占めた（米空軍ファントムのパイロット、ロバート・タイタス中佐は、AIM-7、AIM-9、機関砲を使用してMiG3機を仕留めて名をあげた）。米空軍

ヴェトナム戦争におけるAIM-7による撃墜

日付	発射母機	撃墜機	日付	発射母機	撃墜機
1965年6月17日	F-4B	MiG-17	1968年6月16日	F-4B	MiG-21
1965年6月17日	F-4B	MiG-17	1972年2月21日	F-4D	MiG-21
1965年6月17日	F-4B	MiG-17	1972年3月1日	F-4D	MiG-21
1965年10月6日	F-4B	MiG-17	1972年3月30日	F-4D	MiG-21
1966年6月14日	F-4B	An-2	1972年4月16日	F-4D	MiG-21
1966年6月14日	F-4B	An-2	1972年4月16日	F-4D	MiG-21
1966年11月5日	F-4C	MiG-21	1972年4月16日	F-4D	MiG-21
1966年12月20日	F-4B	An-2	1972年5月8日	F-4D	MiG-19
1966年12月20日	F-4B	An-2	1972年5月8日	F-4D	MiG-21
1967年1月2日	F-4C	MiG-21	1972年5月10日	F-4D	J-6
1967年1月2日	F-4C	MiG-21	1972年5月10日	F-4D	J-6
1967年1月2日	F-4C	MiG-21	1972年5月11日	F-4D	MiG-21
1967年1月2日	F-4C	MiG-21	1972年5月12日	F-4D	J-6
1967年1月6日	F-4C	MiG-21	1972年5月23日	F-4E	MiG-19
1967年1月6日	F-4C	MiG-21	1972年5月31日	F-4D	MiG-21
1967年4月23日	F-4C	MiG-21	1972年7月8日	F-4E	MiG-21
1967年4月26日	F-4C	MiG-21	1972年7月8日	F-4E	MiG-21
1967年5月13日	F-4C	MiG-17	1972年7月29日	F-4D	MiG-21
1967年5月14日	F-4C	MiG-17	1972年7月29日	F-4E	MiG-21
1967年5月20日	F-4C	MiG-21	1972年8月10日	F-4J	MiG-21
1967年5月20日	F-4C	MiG-17	1972年8月12日	F-4E	MiG-21
1967年6月5日	F-4C	MiG-17	1972年8月15日	F-4E	MiG-21
1967年10月26日	F-4D	MiG-21	1972年8月19日	F-4E	MiG-21
1967年10月26日	F-4D	MiG-17	1972年8月28日	F-4D	MiG-21
1967年10月26日	F-4B	MiG-21	1972年9月2日	J-6	F-4E
1967年10月30日	F-4B	MiG-17	1972年10月5日	F-4E	MiG-21
1968年2月6日	F-4D	MiG-21	1972年10月13日	F-4D	MiG-21
1968年2月12日	F-4D	MiG-21	1972年12月18日	F-4E	MiG-21
1968年2月14日	F-4D	MiG-17	1972年12月28日	F-4D	MiG-21
1968年5月9日	F-4B	MiG-21	1972年1月7日	F-4D	MiG-21
1968年5月9日	F-4B	MiG-21			

のサイドワインダーによる撃墜のうち28がAIM-9B/Eを使用したもので、撃破率は約16パーセントだった。これに対し、米海軍のサイドワインダーによる撃墜の大半はAIM-9D/Gを使用したものだった。撃破率では、ヴェトナム戦争で使用されたサイドワインダーのうち一番高かったのはAIM-9Hだったが、使用されたのはわずかだった。ヴェトナム戦争中、米海軍の戦闘機で一番撃墜数が多かったのはF-8クルセイダーであり、計19機を空対空で撃墜し、うち14機がAIM-9B/Cによるものだった。

北ヴェトナム軍が唯一使用できたAAMが、第1世代のAA-2"アトール"（ソ連の制式名R-3S）だった。これはAIM-9Bと同等のミサイルといえ、このため、後方からの攻撃に限定された。しかし、北ヴェトナム空軍のパイロットは全MiG戦闘機に機関砲を標準装備している点で優位にあり、これは多くの米軍ファントム機のクルーにはできない「ぜいたく」だった。

ヴェトナム戦争におけるAIM-9による撃墜

日付	発射母機	撃墜機	日付	発射母機	撃墜機
1965年7月10日	F-4C	MiG-17	1968年7月10日	F-4J	MiG-21
1965年7月10日	F-4C	MiG-17	1968年7月29日	F-8E	MiG-17
1966年4月23日	F-4C	MiG-17	1968年8月1日	F-8H	MiG-21
1966年4月23日	F-4C	MiG-17	1968年12月19日	F-8C	MiG-21
1966年4月26日	F-4C	MiG-21	1970年3月28日	F-4J	MiG-21
1966年4月26日	F-4C	MiG-17	1970年3月28日	F-4J	MiG-17
1966年4月30日	F-4C	MiG-17	1972年1月19日	F-4J	MiG-21
1966年5月12日	F-4C	MiG-17	1972年3月6日	F-4B	MiG-17
1966年6月12日	F-8E	MiG-17	1972年5月6日	F-4B	MiG-17
1966年6月21日	F-8E	MiG-17	1972年5月6日	F-4J	MiG-21
1966年7月13日	F-4B	MiG-17	1972年5月6日	F-4J	MiG-21
1966年7月14日	F-4C	MiG-21	1972年5月8日	F-4J	MiG-17
1966年7月14日	F-4C	MiG-21	1972年5月10日	F-4J	MiG-21
1966年9月16日	F-4C	MiG-17	1972年5月10日	F-4J	MiG-17
1966年10月9日	F-8E	MiG-21	1972年5月10日	F-4J	MiG-17
1966年11月5日	F-4C	MiG-21	1972年5月10日	F-4J	MiG-17
1967年1月2日	F-4C	MiG-21	1972年5月10日	F-4J	MiG-17
1967年1月2日	F-4C	MiG-21	1972年5月10日	F-4J	MiG-17
1967年1月2日	F-4C	MiG-21	1972年5月10日	F-4J	MiG-17
1967年4月24日	F-4B	MiG-17	1972年5月10日	F-4B	MiG-17
1967年4月24日	F-4B	MiG-17	1972年5月18日	F-4B	MiG-17
1967年5月1日	F-8E	MiG-17	1972年5月18日	F-4B	MiG-19
1967年5月4日	F-4C	MiG-21	1972年5月18日	F-4B	MiG-19
1967年5月13日	F-105D	MiG-17	1972年5月23日	F-4B	MiG-17
1967年5月13日	F-105D	MiG-17	1972年5月23日	F-4B	MiG-17
1967年5月13日	F-4C	MiG-17	1972年5月31日	F-4E	MiG-21
1967年5月19日	F-8E	MiG-17	1972年6月11日	F-4B	MiG-17
1967年5月19日	F-8E	MiG-17	1972年6月11日	F-4B	MiG-17
1967年5月19日	F-8C	MiG-17	1972年6月21日	F-4J	MiG-21
1967年5月19日	F-8C	MiG-17	1972年6月21日	F-4E	MiG-21
1967年5月20日	F-4C	MiG-21	1972年7月8日	F-4E	MiG-21
1967年5月20日	F-4C	MiG-17	1972年7月18日	F-4E	MiG-21
1967年5月20日	F-4C	MiG-17	1972年9月9日	F-4D	MiG-19
1967年5月20日	F-4C	MiG-17	1972年9月9日	F-4D	MiG-19
1967年5月22日	F-4C	MiG-21	1972年9月11日	F-4J	MiG-21
1967年6月3日	F-105D	MiG-17	1972年9月12日	F-4E	MiG-21
1967年6月5日	F-4C	MiG-17	1972年9月12日	F-4D	MiG-21
1967年7月21日	F-8C	MiG-17	1972年9月16日	F-4E	MiG-21
1967年8月10日	F-4B	MiG-21	1972年10月15日	F-4E	MiG-21
1967年8月10日	F-4B	MiG-21	1972年10月15日	F-4D	MiG-21
1967年9月21日	F-4B	MiG-17	1972年12月22日	F-4E	MiG-21
1967年12月14日	F-8E	MiG-17	1972年12月28日	F-4J	MiG-21
1968年6月26日	F-8H	MiG-21	1973年1月12日	F-4B	MiG-17

第3次中東戦争（6日間戦争）のAAM

1967年の第3次中東戦争は中東における初の「ミサイル戦争」となり、この戦争でイスラエルはドッグファイト向け、IR誘導のAAMを優先的に開発し、シャフリルが誕生した。

　イスラエル国産第1号のAAMはシャフリルIであり、1967年の第3次中東戦争で実戦使用された。6月6日に、ミラージュIIICJが対空砲の援護を受けて、イラク空軍のTu-16爆撃機を破壊したという例外はあるが、戦闘中にシャフリルを繰り返し使用しても、撃墜成功が確定されたことはなかった。しかし第3次中東戦争後、数年かけて性能が改良され、シャフリルIを搭載したミラージュIIICJは、1967年7月から1969年6月にかけて、アラブ首長国連邦空軍（UARAF）とエジプト軍のMiG-21を5機撃墜した。

　1967年の戦争中にイスラエル軍戦闘機が使用したAAMには、ほかに、ミラージュIIICJの兵装であるフランス製R530があった。このミサイルは、戦争前の1966年11月にMiG-19に対して使用され、約9キロの射距離で戦闘機撃墜を記録したものの、第3次中東戦争中にそれ以上の撃墜をあげることはなかった。

　1967年6月の紛争に参戦したエジプトとシリアは、ソ連からR-3Sミサイルを供与されMiG-21の兵装としていた。結局、R-3Sミサイルも期待されたほどの成果はあげなかった。とくに、低高度で作戦行動中のターゲットを狙うときには、R-3Sは効果が限定的だった。この問題に追い打ちをかけたのがイスラエルの戦術だった。1966年にイラクのMiG-21を捕獲し、この機への対抗策を開発していたのだ。この結果、アラブ軍パイロットは、内部搭載の機関砲があったために旧型のMiG-21F-13を好み、近接した空中戦にはこの機が必須とされた。しかし、「ミサイルのみ」搭載のエジプト空軍（EAF）MiG-21PFのパイロットは、戦闘中には、イスラエル空軍のシュペル・ミステールB2とミラージュIIICJを相手に、R-3Sミサイルを使うしかなかった。

捕獲されたミサイル

　イスラエル国防軍が捕獲した装備には、シナイ半島におかれていたエジプト軍の飛行場で発見した大量のR-3Sがあった。シャフリルが期待にそわなかったため、イスラエル空軍はイスラエル軍戦闘機にR-3Sを装備し、多数がミラージュIIICJ戦闘機に搭載されて戦闘を行った。高性能とはいえなかったものの、R-3SはシャフリルIよりはすぐれ、1967年7月15日には撃墜（皮肉にもエジプト軍のMiG機）に成功している。

Shafrir I

全　　　長	2500ミリ
胴体直径	140ミリ
翼　　　幅	520ミリ
発射重量	93キロ
弾頭重量	11キロ
射　　　程	5キロ
速　　　度	超音速
推進システム	固体燃料ロケット・モーター
誘導方式	赤外線

▼シャフリルI
ラファエル社開発のシャフリル（トンボ）短射程IR誘導方式ミサイルは、AIM-9Bのイスラエル改良型だ。1967年の第3次中東戦争で初めて使用されたが、イスラエル軍パイロットは全般にこのミサイルを嫌い、近接空中戦では機関砲を使用するのを好んだ。

消耗戦争におけるAAM

第3次中東戦争では第1世代のAAMの限界が浮き彫りになったものの、戦間期の中東の空軍では、より進歩したミサイルの再装備がはじまった。

　第3次中東戦争後、イスラエル空軍はまだ効果的なAAMを所有しておらず、初期のシャフリルIと捕獲したR-3Sに頼っている状態だった。より高性能のAAM確保を優先すべき点は明白であり、そこにアメリカ製AIM-9Dサイドワインダーが登場し、さらにイスラエル製シャフリルIIが続いた。これら新しい兵器の導入によって交戦可能範囲は拡大したものの、まだ、通常は後方からの攻撃に限定されていた。だが視程外射程（BVR）ミサイルの配備という大きな進歩もあり、AIM-7Eがイスラエル空軍のF-4の航空隊に搭載された。しかし射程15-20キロメートルという触れ込みにもかかわらず、結局スパローはもっと短射程で使用せざるをえず、それは、ミサイルの信頼性が限定的であったことも一因だった。よく使われたのは、アラブ軍の飛行編隊に対しもっと短距離からAIM-7を撃ち、防御態勢にさせるという戦術だった。

　1969年にはイスラエル空軍で初めてAIM-9Dを使用可能になり、同時期にはシャフリルIIも改良して配備に備えていた。シャフリルIIは非常に信頼性が高いことが判明し、1967年7月から1970年8月まで続いた消耗戦争では最高の戦績をあげたミサイルとなり、1973年の第4次中東戦争でもその撃墜力の高さを証明した。イスラエルでは、AIM-7Eを搭載したF-4E機が、1969年9月に初めて登場した。スパローを発射するイスラエル軍パイロットは、米軍パイロットがヴェトナム戦争で経験したのと同じ問題を抱えた。低高度にある、機動的ターゲットを苦手としたのだ。消耗戦争中、AIM-7はわずか1機（ソ連のMiG-21MF）の撃墜という成果に終わりそうな気配だったが、この紛争はアメリカの戦術家たちにとってはテストケースとなり、長射程のAIM-7による交戦を間近に観察できたのである。

深刻な不利

　イスラエル軍が進歩した新型AAMを導入する一方で、アラブ側空軍はこのときR-3Sを使用し続けていた。第3次中東戦争での経験から、イスラエル空軍のパイロットは、R-3Sの信頼性や、追跡や交戦範囲の限界に十分気づいており、その

◀ **パトロール中のファントム**
イスラエル軍は1969年に強力なF-4ファントムIIの供与を受けはじめ、その後20年にわたり、戦闘ではこの機が大量に使用された。写真のエルサレム上空を飛ぶF-4Eファントムは、第119飛行隊「バット」の所属。

結果、ミラージュの威力と機動性を利用してミサイルを回避するなど、R-3Sの欠点をついた戦術を開発した。

低高度や近接した空中戦において、エジプト空軍のMiG-21PFとMiG-21PFMには、決定的に不利な点があった。機関砲をもたず、低高度では発射できないAAMを搭載していたのだ。この問題に対処するため、エジプト軍パイロットは作戦行動中ではないイスラエル機をターゲットに選ぶようにした。後方の長射程から攻撃可能だったからだ。この戦術はある程度の成果をあげ、戦争中に、エジプトとシリア軍のパイロットが、R-3Sにより23機の撃墜を成功させた。しかし一番大きかったのは、エジプトが1970年に改良型MiG-21MFを導入した点だった。この策によって機内搭載の機銃を23ミリ機関砲に変え、以前は2発だったR-3Sを4発使搭載可能になったのだ。

イスラエル軍のミサイルによる撃墜　1966-73年*

日付	発射母機	ミサイル	撃墜機	撃墜機運用国
1967年6月6日	ミラージュIIICJ	シャフリルI	Tu-16	イラク
1967年7月15日	ミラージュIIICJ	シャフリルI	MiG-21	アラブ連合共和国
1967年7月15日	ミラージュIIICJ	シャフリルI	MiG-21	アラブ連合共和国
1967年7月15日	ミラージュIIICJ	R-3S	MiG-17	アラブ連合共和国
1969年5月29日	ミラージュIIICJ	シャフリルI	MiG-21	エジプト
1969年6月26日	ミラージュIIICJ	シャフリルI	MiG-21	エジプト
1969年6月26日	ミラージュIIICJ	シャフリルI	MiG-21	エジプト
1969年7月2日	ミラージュIIICJ	シャフリルII	MiG-21	エジプト
1969年7月2日	ミラージュIIICJ	シャフリルII	MiG-21	エジプト
1969年7月8日	ミラージュIIICJ	シャフリルII	MiG-21	シリア
1969年7月8日	ミラージュIIICJ	シャフリルII	MiG-21	シリア
1969年7月8日	ミラージュIIICJ	シャフリルII	MiG-21	シリア
1969年7月22日	ミラージュIIICJ	シャフリルII	MiG-21	エジプト
1970年2月8日	F-4E	AIM-9D	MiG-21	エジプト
1970年2月8日	F-4E	AIM-9D	MiG-21	エジプト
1970年3月25日	ミラージュIIICJ	シャフリルII	MiG-21	エジプト
1970年3月27日	ミラージュIIICJ	AIM-9D	MiG-21	エジプト
1970年7月10日	ミラージュIIICJ	AIM-9D	MiG-21	エジプト
1970年7月10日	ミラージュIIICJ	AIM-9D	MiG-21	エジプト
1970年7月27日	ミラージュIIICJ	AIM-9D	MiG-17	エジプト
1970年7月30日	ミラージュIIICJ	シャフリルII	MiG-21MF	ソ連
1970年7月30日	F-4E	AIM-9D	MiG-21MF	ソ連
1970年7月30日	F-4E	AIM-7E	MiG-21MF	ソ連
1972年11月21日	F-4E	AIM-9D	MiG-21	シリア
1973年1月8日	RF-4E	AIM-9D	MiG-21	シリア
1973年1月8日	RF-4E	AIM-9D	MiG-21	シリア
1973年9月13日	F-4E	AIM-9D	MiG-21	シリア
1973年9月13日	ミラージュIIICJ	AIM-9D	MiG-21	シリア
1973年9月13日	ミラージュIIICJ	AIM-9D	MiG-21	シリア

*この表には、撃墜が確定し、使用した兵器ができるだけ確認できているもののみを掲載している。1967年から1973年までに、イスラエルの撃墜数は総数200を超える。このうちかなりの数がAAMによるものと思われる。

第4次中東戦争（ヨム・キプール戦争）のAAM

1973年10月の第4次中東戦争勃発時には、イスラエルとアラブの空軍はミサイル戦に十分精通していたものの、イスラエル空軍のほうが技術的にすぐれていることは明白だった。

第4次中東戦争で当初イスラエル軍パイロットが空対空に用いた主兵装は、実績のあるシャフリルIIであり、これにくわえアメリカ供与のAIM-9DとAIM-7Eも使用したが、AIM-7Eは撃墜が確定されることはなかった。この戦争ではネシェル戦闘機（イスラエル軍向けミラージュ5の派生タイプ）も使用でき、この機はミラージュIIIとともにサイドワインダーかシャフリルを主翼下面に搭載可能だった。

アラブ側にとっては好ましい事態とはいえず、MiG-21が、時代遅れで性能が劣るR-3Sを搭載するという状況が続いていた。おそらく、アラブ側が航空機の兵装で唯一有利にあったのが、派生型MiG-21MFに機関砲が標準装備されている点だった。1973年10月には、シリア空軍（SyAAF）の多様なタイプのMiG-21が、R-3S AAMでイスラエル機を26機撃墜し、さらに、機関砲による交戦での撃墜も記録した。一方、エジプト空軍のMiG-21は少なくとも10機のイスラエル機をR-3Sミサイルで撃墜し、機関砲その他の手段による撃墜もあったと発表している。

シャフリルの支配

イスラエル軍からも嫌われたシャフリルIの後継ミサイルであるシャフリルIIが、第4次中東戦争中に真価を発揮した。このミサイルはアラブ側のR-3Sよりも信頼性は高く、サイドワインダーよりも大型の弾頭を備えていた。ミサイルを製造したラファエル社によると、シャフリルIIは、発射失敗も含め、遭遇戦の撃破率が60パーセントだったという。シャフリルIを装備した機のパイロットは機関砲の使用を優先させていたが、シャフリルIIになると、ようやくAAMを兵装に選ぶようになった。

サイドワインダーと同じく、シャフリルIIはロックオンに成功したとき、パイロットが耳と目で確認できた。そしてAIM-9DがときにはMiG-21に損傷を与えるだけである一方で、サイドワインダーより直径が大きなミサイル弾体に高性能爆薬／破砕弾頭が搭載されたシャフリルIIは、ソ連製戦闘機を破壊することができたのである。しかし、IRシーカー・ヘッドは初期タイプからあまり変わらず、後方からの攻撃にしか使えなかった。

ミラージュIIIとネシェル戦闘機の兵装になったのにくわえ、シャフリルIIは、サールともいわれるイスラエル軍のアップグレード型シュペル・ミステールB2にも用いられた。空対地任務向けのものではあったが、サールは自衛用に、各翼根本下部にもシャフリル搭載用のパイロンが装着されていた。

戦争末期には、シャフリルIIはミラージュIIIBJ複座練習機にも搭載されて撃墜を記録し、エースパイロットのギオラ・エプスタインが1度の任務でMiG-21を2機撃墜した（30ミリ機関砲でもう1機撃墜）。

スパローに関するかぎり、イスラエル空軍ファントム機のパイロットは、アラブ側の地上からの防空策への対抗手段として、機体のウエポンベイに電子対抗手段（ECM）ポッドを装着して飛ぶことが多くなった。そしてスパロー用のウエポンベイはサイドワインダーも搭載可能に変更された。

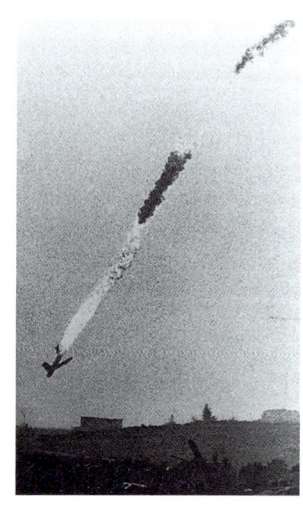

◀ **撃墜されたMiG機**
1973年の戦争中に撃墜されたエジプトのMiG-17。MiGはF-4ファントムの敵ではなかった。

第4次中東戦争におけるイスラエル軍のミサイルによる撃墜*

日付	発射母機	ミサイル	撃墜機	撃墜機運用国
1973年10月6日	F-4E	AIM-9D	MiG-17	エジプト
1973年10月6日	F-4E	AIM-9D	MiG-17	エジプト
1973年10月6日	F-4E	AIM-9D	MiG-17	エジプト
1973年10月6日	F-4E	AIM-9D	MiG-17	エジプト
1973年10月6日	F-4E	AIM-9D	MiG-17	エジプト
1973年10月6日	F-4E	AIM-9D	MiG-17	エジプト
1973年10月6日	ミラージュIIICJ	シャフリルII	Su-7	エジプト
1973年10月6日	ミラージュIIICJ	シャフリルII	Su-7	エジプト
1973年10月6日	ネシェル	シャフリルII	Su-7	エジプト
1973年10月6日	ネシェル	シャフリルII	MiG-17	エジプト
1973年10月6日	F-4E	AIM-9D	Mi-8	エジプト
1973年10月6日	F-4E	AIM-9D	Mi-8	エジプト
1973年10月6日	F-4E	AIM-9D	Mi-8	エジプト
1973年10月6日	F-4E	AIM-9D	Mi-8	エジプト
1973年10月6日	F-4E	AIM-9D	Mi-8	エジプト
1973年10月6日	F-4E	AIM-9D	Mi-8	エジプト
1973年10月7日	ネシェル	シャフリルII	MiG-21	エジプト
1973年10月7日	ネシェル	シャフリルII	MiG-21	エジプト
1973年10月8日	ネシェル	シャフリルII	Su-7	エジプト
1973年10月8日	ネシェル	AIM-9D	MiG-21	シリア
1973年10月8日	ネシェル	シャフリルII	Su-20	エジプト
1973年10月8日	ミラージュIIICJ	シャフリルII	Su-7	エジプト
1973年10月8日	ミラージュIIICJ	AIM-9D	ハンター	イラク
1973年10月12日	ネシェル	シャフリルII	Su-7	シリア
1973年10月12日	ネシェル	シャフリルII	Su-7	シリア
1973年10月13日	ネシェル	シャフリルII	MiG-21	イラク
1973年10月14日	F-4E	AIM-9D	MiG-21	エジプト
1973年10月18日	ネシェル	シャフリル	ミラージュ5	エジプト／リビア
1973年10月19日	ネシェル	AIM-9D	Su-7	エジプト
1973年10月19日	ネシェル	シャフリルII	Su-7	エジプト
1973年10月20日	ネシェル	シャフリルII	MiG-21	エジプト
1973年10月20日	ネシェル	シャフリルII	MiG-21	エジプト
1973年10月21日	ネシェル	シャフリルII	MiG-21	エジプト
1973年10月21日	ネシェル	シャフリルII	MiG-21	エジプト
1973年10月22日	ネシェル	シャフリルII	MiG-21	シリア
1973年10月22日	ネシェル	シャフリルII	MiG-21	シリア
1973年10月24日	ミラージュIIIBJ	AIM-9D	MiG-21	エジプト
1973年10月24日	ミラージュIIIBJ	AIM-9D	MiG-21	エジプト
1973年10月24日	ミラージュIIICJ	シャフリルII	MiG-21	エジプト

＊この表には、撃墜が確定し、使用した兵器ができるだけ確認できているもののみを掲載している。第4次中東戦争におけるイスラエルの撃墜確定数は総数180を超える。このうちかなりの数がAAMによるものと思われる。

1980年代と1990年代のAAM

1980年代初期には、初の全方位IR誘導方式ミサイルが戦争に使用され、また東西両陣営において中射程ミサイルの開発が続けられてAAMは大きく発展した。

　ソ連が新型のAAMを多様な兵器群の一部として導入し続けたのに対し、アメリカのAAM開発は既存システムのアップグレードを基本とし、全方位の交戦範囲や、中射程ミサイル向けのルックダウン／シュートダウン能力など、大きな進歩が見られた。

　新型スパローは1982年にAIM-7Mとして導入され、シーカー・ヘッドの向上によってルックダウン／シュートダウン能力が備わった。AIM-7Mの能力向上のカギはモノパルス・シーカーにあり、これは低高度での使用と、ECM（電子妨害）への対抗を目的として開発されたものだった。この"マイク"ミサイルは、デジタル・コンピュータ化し、新しい弾頭とアクティヴ・レーダーによる信管とオートパイロットも導入した。オートパイロット導入で、航空機は、ターゲットを中間飛翔と終末段階の誘導にのみ「レーダー照射」すればよかった。

　AIM-7Pは1987年にAIM-7Mの改良型として登場し、アップデートした電子機器やコンピュータ、新型のレーダー信管、また中間飛翔誘導用にデータ受信可能なオートパイロットを備えていた。

　英軍は1969年に、ファントムの兵装向けにAIM-7Eを採用し、改良してスカイフラッシュを製造した。このミサイルは新型のSARHモノパルス・シーカー・ヘッドを使用し、電子対抗手段（ECCM）を改良した。1978年に実用配備され、当初は英空軍ファントム、のちにトーネードF.Mk3に搭載された。スウェーデン空軍はスカイフラッシュを導入し、Rb 71としてJA 37ビゲンに搭載した。

　1970年代後半、サイドワインダーは西側諸国でもっとも大量に生産されたAAMであり続けた。そして米空軍／海軍の共同計画において、このミサイル開発のつぎのステップとして、作戦行動中の高速ターゲットを狙うための全方位交戦能力が導入された。これが、1971年に開発がはじまったAIM-9Lだ。AIM-9Lの生産は1978年にはじまり、最新のシーカー・ヘッドと改良型弾頭、性能が向上したロケット・モーターとレーザー式近接信管を備えていた。この"リマ"の性能と全方位能力とを備えたAIM-9Mには、さらに排煙を低減させたロケット・モーターとすぐれた誘導システムをくわえていた。AIM-9Mの生産は1982年にはじまり、このミサイルは米軍において前線にあり続け、第3世代サイドワインダーを代表する発展型となった。

AIM-9P Sidewinder

全　　　長	3000ミリ
胴体直径	127ミリ
翼　　　幅	640ミリ
発射重量	80キロ
弾頭重量	9.9キロ
射　　　程	16キロ
速　　　度	マッハ2＋
推進システム	チオコール・ハーキュリーズ／バーマイトMk36 Mod11、1段式固体燃料ロケット・モーター
誘導方式	パッシヴ赤外線

▼AIM-9Pサイドワインダー

米空軍が採用したものの、AIM-9Pは輸出モデルとして開発され、AIM-9J/Nと類似点が多いミサイルだ。このミサイルはレーザー近接信管を使用し、のちの、これをベースにした派生モデルには、AIM-9L/Mの先進テクノロジーを取り入れている。

第1章 空対空ミサイル 31

▼R-24R（AA-7"エイペックス"）

R-23/24の形状はそれ以前のR-4ミサイルをモデルとしたものだ。このイラストは改良型R-24Rで、MiG-23戦闘機の後期型搭載向けに生産された。R-23とは異なり、R-24の胴体中ほどの翼は後縁が前進角を持つのが特徴で、方向舵は簡素化された。

R-24R（AA-7 'Apex'）
全　　長：4500ミリ
胴体直径：223ミリ
翼　　幅：1000ミリ
発射重量：222キロ
弾頭重量：25キロ
射　　程：35キロ
速　　度：マッハ3
誘導方式：誘導方式：セミアクティヴ・レーダー

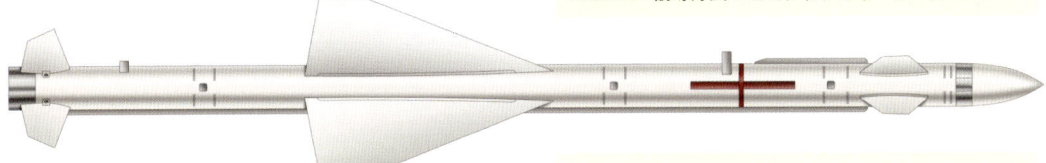

▼R-60（AA-8"エイフィド"）

小型のR-60は非常に軽量なため、ヘリコプターへの搭載も可能であり、試射は、Mi-24攻撃ヘリコプターの搭載兵器とともに行われた。戦術戦闘機の兵装のほか、R-60は攻撃機の兵装を補完する兵器ともされ、Su-24や、MiG-25などの重迎撃機にも搭載された。

R-60（AA-8 'Aphid'）
全　　長：2090ミリ
胴体直径：120ミリ
翼　　幅：390ミリ
発射重量：43.5キロ
弾頭重量：3キロ
射　　程：8キロ
速　　度：マッハ2.7
推進システム：固体燃料ロケット・モーター
誘導方式：赤外線

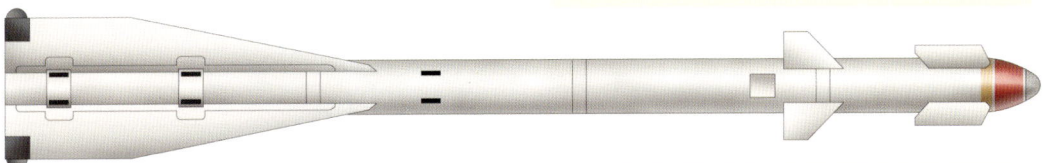

▼シュペル530D

シュペル530Dの「D」は「ドップラー」を表し、中射程におけるミラージュ2000の主兵装とする計画で開発された。またそれ以前のシュペル530Fにくらべ、低抵抗型である点が特徴だった。シュペル530Dは「砂漠の嵐」作戦中、フランス空軍ミラージュ2000Cが搭載してペルシア湾に配備された。

Super 530D
全　　長：3800ミリ
胴体直径：263ミリ
翼　　幅：620ミリ
発射重量：270キロ
弾頭重量：30キロ
射　　程：37キロ
速　　度：マッハ4.5
推進システム：デュアル・スラスト固体燃料モーター
誘導方式：セミアクティヴ・レーダー

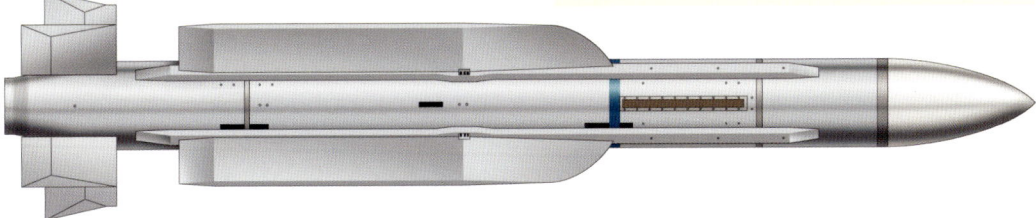

輸出向けサイドワインダー

AIM-9L/Mより性能と調達価格をいくらか抑えたAIM-9Pが米空軍向けに開発されたものの、これはおもに輸出を目的としていた。外見はAIM-9J/Nに似ているAIM-9Pには改良が多数くわえられ、レーザー近接信管や、排煙を低減さ せたロケット・モーターを備え、誘導、制御システムの強化によってある程度の全方位能力を得た。

スパローとよく比較されるソ連のR-23（AA-7"エイペックス"）は、MiG-23戦闘機とそのサフィール23レーダー向けに設計されたものだ。1960年代初期から、R-8とR-98と同じビスノ

Air-to-Air Missiles

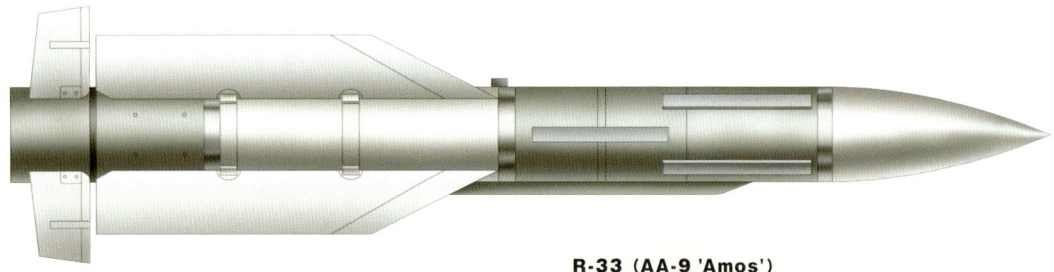

▲ R-33（AA-9"エイモス"）
R-33はMiG-31に特化した兵装として開発された。デュアルモードの誘導装置を採用したこのミサイルは、まず搭載したオートパイロットで飛翔し、その後、ミサイルが装着するセミアクティヴ・レーダー誘導シーカーに切り替わる。MiG-31は機体下に半埋め込み式で4発搭載する。

R-33（AA-9 'Amos'）

全　　長	4150ミリ
胴体直径	380ミリ
翼　　幅	1160ミリ
発射重量	490キロ
弾頭重量	47.5キロ
射　　程	160キロ
速　　度	マッハ4.5
誘導方式	慣性およびセミアクティヴ・レーダー

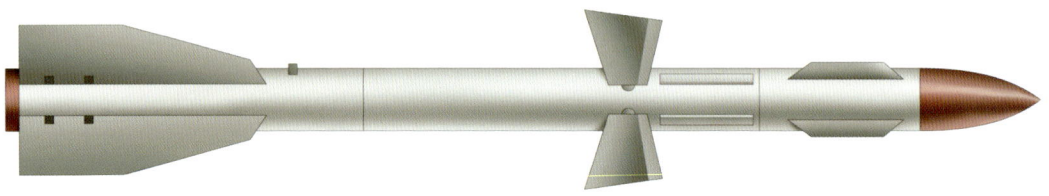

R-27R（AA-10 'Alamo'）

全　　長	4080ミリ
胴体直径	230ミリ
翼　　幅	772ミリ
発射重量	253キロ
弾頭重量	39キロ
射　　程	80キロ
速　　度	マッハ2.5-4.5
推進システム	固体燃料ロケット・モーター
誘導方式	セミアクティヴ・レーダー誘導

▲ R27-R（AA-10"アラモ"）
モジュール式のR-27は、5個の分離、交換可能なモジュールからなる。ミサイルの尾部から、固体燃料ロケット・モーター（モジュール5）と弾頭（モジュール4）が続く。射程延伸型では、モジュール5に大型のモーターを収容しているため、全長と胴体直径が大型化している。

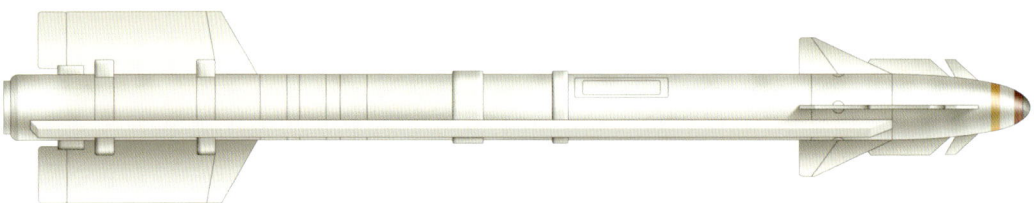

▲ R-73（AA-11"アーチャー"）
R-73は、初の、短射程で運動性が非常に高いAAMのひとつであり、推力偏向と空力制御の組み合わせという当時としては画期的な性質を特徴とした。R-73は今もロシア軍のドッグファイト用主力ミサイルであり、多くのアップグレード・タイプと、基本設計のさらなる開発が計画されてきた。

R-73（AA-11 'Archer'）

全　　長	2900ミリ
胴体直径	170ミリ
翼　　幅	510ミリ
発射重量	105キロ
弾頭重量	7.4キロ
射　　程	20キロ（R-73E）、30キロ（R-73M1）、40キロ（R-73M2）
速　　度	マッハ2.5
推進システム	固体燃料ロケット・システム
誘導方式	全方位赤外線

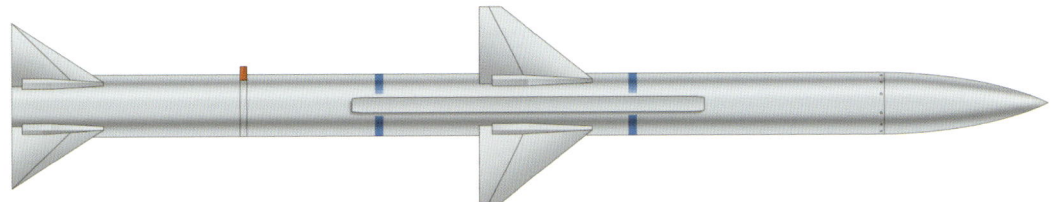

▲ **スカイフラッシュ**
イギリスはAIM-7E-2スパローの改良型としてスカイフラッシュを開発した。アメリカ製スパローのエアフレームとモーター、弾頭をマルコーニ社開発の新型モノパルス・シーカーと組み合わせたものだ。シーカーはAIM-7Fの円錐状に走査するシーカーよりもかなり電子妨害への対抗力があった。

Skyflash

全　　　長	3680ミリ
胴体直径	203ミリ
翼　　　幅	1020ミリ
発射重量	193キロ
弾頭重量	9.5キロ
射　　　程	45キロ
速　　　度	マッハ4
推進システム	ロケットダイン固体燃料ロケット・モーター
誘導方式	マルコーニ逆モノパルス式セミアクティヴ・レーダー

ヴァト（のちのヴィンペル）設計局が開発をすすめ、このミサイルはIR誘導でもSARHシーカー・ヘッドでも運用可能であり、MiG-23はそれぞれのミサイルを1発搭載しているのが一般的だった。前のモデルにくらべると、R-23は射程と機動性が向上し、全方位能力を備えた。IR誘導方式のR-23Tは交差ターゲットや後方からの追跡モードで好天時の使用を前提としたものだったが、レーダー誘導方式のR-23Rは全天候型であり、ルックダウン／シュートダウン能力を備えていた。R-23の基本タイプが1970年に実用配備され、その後、これもIRとSARHを使用可能な改良型のR-24が続いた。R-24は1981年に、サフィール23MLレーダーとともにMiG-23MLに導入された。このレーダーはターゲットを長距離で捕捉でき、またミサイル自体は、重量を減らしたために機動性が向上し、より高感度のシーカーとアップデートした信管を用いた。

R-23/24と同クラスのR-27は、当初から長射程の攻撃とドッグファイト向けに開発されたミサイルだ。R-27はMiG-29とSu-27の主兵装となり、完全なルックダウン／シュートダウン能力と全方位交戦能力、ECMへの高度な対抗力を備えた。IRかSARHシーカー・ヘッドを選べるモジュラー型R-27は、「早期燃焼終了」と射程延伸タイプが利用可能だった。ふたつの異なるモーターによって異なる射程での交戦が可能で、推力も変わり、長射程タイプは名称の最後に「E」がつく。R-27T（あるいはR-27ET）は、発射前に戦闘機のレーダーからターゲットの情報を受信できるが、R-27R（あるいはR-27ER）はターゲットのロックオン前の発射も選択でき、この後中間飛翔誘導を介してターゲットのデータを受信する。ふたつのターゲットに対して、同時にミサイルを2発まで発射可能だ。

ソ連の短射程AAM

中射程のR-23/24、R-27ファミリーにくわえ、ソ連は、旧型の"アトール"シリーズに代えるため、新型の短射程ミサイルの導入をはじめた。このタイプの最初のミサイルがR-60（AA-8"エイフィド"）であり、1970年代初期に開発され、70年代末に、迎撃機向けの短射程兵器を補完するためと、攻撃機の主要自衛用兵器として実用配備された。R-60はIR誘導のドッグファイト向け兵器であり、対抗策を阻むためにふたつの異なる近接信管を利用できた。結果として航空機は、光学式とレーダー式信管のミサイルを搭載して撃破率を向上させることになった。R-60Mは"エイフィド"の改良型として開発され、これもふたつの信管が利用可能だったが、さらに改良型のシーカーと大型の弾頭を備えていた。

短射程向けR-60の後継ミサイルはR-73（AA-11"アーチャー"）であり、史上もっとも影響力のあるAAMのひとつだ。このミサイルの登場は西側諸国に衝撃をもたらした。初めて、同クラスのアメリカ製ミサイルを上回る性能を備えていたからだ。またなんといっても、R-73は空力制御と姿勢制御を組み合わせた結果、運動性が突出していた。姿勢制御は、排気の向きを変える推力偏

▲ 射程
ドイツ、ラーゲ航空基地から飛来したソ連製MiG-29フルクラム戦闘機。操縦するのはドイツ空軍第73戦闘航空団ピーター・メイスベルゲル少佐。空中にある実物大標的機QF-4"リノ"に向け、レーダー誘導方式のAA-10早期燃焼終了型AAMを発射。

向ベーンを採用している。MiG-29かSu-27のパイロットがどの方位や高度、速度からも高機動攻撃を行うことができ、またヘルメット装着式照準器と組み合わせ、「狙って撃つ」戦術も使えた。R-73の射程延伸タイプも、R-73Eとして開発された。

MiG-31迎撃機の兵装は新型の超長射程ミサイルをベースとし、ECM使用の巡航ミサイルなど、低高度飛翔するターゲット向けにR-33（AA-9"エイモス"）が開発された。長距離にあるターゲット破壊のため、R-33は中間飛翔の補正に慣性誘導方式を取り入れ、SARHを組み合わせている。1985年にMiG-31の兵装システムが支障をきたすと、ソ連は、アップデート型MiG-31BとMiG-31BS向けに、R-33Sを開発した。R-33との大きな違いは、ECMへの対抗能力が増した点だった。

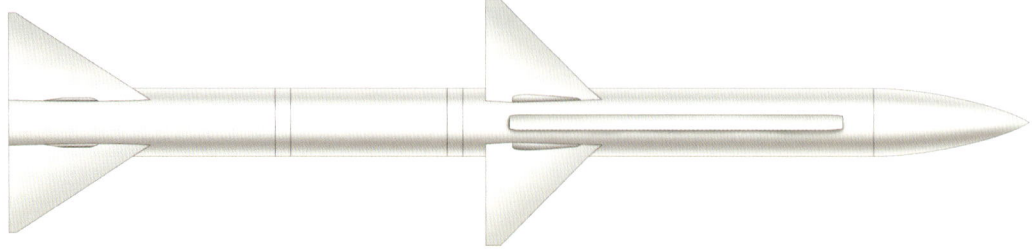

▲ アスピデ
セレニア（のちのアレニア）社開発のアスピデも、AIM-7Eスパローをベースにした改良型ミサイルであり、アメリカ製ミサイルとは、モノパルス・シーカーと大型ロケット・モータを採用した点で異なる。イドラと命名されたアクティヴ・レーダーの開発が計画されたが、アップグレードの規模を抑えたために中止された。

Aspide

全　　　長	3650ミリ
胴体直径	203ミリ
翼　　　幅	1000ミリ
発射重量	230キロ
弾頭重量	3キロ
射　　　程	75キロ
速　　　度	マッハ4
推進システム	スニア・ビスコサ固体燃料ロケット・モーター1基
誘導方式	セレニア・モノパルス・セミアクティヴ・レーダー

▲霹靂5
1966年に開発がはじまった霹靂5は、中国の第1世代AAMのひとつであり、サイドワインダーをリバース・エンジニアリングしたもの。このミサイルは多くの点でAIM-9Gと同等であり、このため全方位攻撃能力を欠く。SARHタイプ霹靂5Aの試射が行われたものの、1980年代初期には中止され、その後の開発はIR誘導方式のみが行われた。

▼霹靂7
外見はマジックに似ており、輸出用の霹靂7は、フランス製ミサイルのリバース・エンジニアリング版だと思われる。殲撃7型戦闘機と強撃5型攻撃機の輸出タイプ（F-7とA-5）におもに搭載され、中国人民解放軍には配備されていない。基本タイプはIRシーカー・ヘッドを使用するため、後方からの攻撃のみ可能。

霹靂5
- 全　　長：2890ミリ
- 胴体直径：127ミリ
- 翼　　幅：617ミリ
- 発射重量：83キロ
- 弾頭重量：6キロ
- 射　　程：0.5-18キロ
- 速　　度：マッハ2.5
- 推進システム：固体燃料ロケット・モーター
- 誘導方式：赤外線誘導、多素子、デュアル・バンド・ディテクター

霹靂7
- 全　　長：2743ミリ
- 胴体直径：165ミリ
- 翼　　幅：508ミリ
- 発射重量：89キロ
- 弾頭重量：12.5キロ
- 射　　程：7キロ
- 速　　度：マッハ2.5
- 推進システム：固体燃料ロケット・モーター
- 誘導方式：赤外線

ヨーロッパのAAM

フランスでは、マトラ530ファミリーの開発が続き、シュペル530Fが生まれた。SARH誘導方式の長射程ミサイルである530Fは、ミラージュF.1C迎撃機搭載向けであり、1979年に運用がはじまった。ミラージュ2000Cが就役すると、戦闘機のドップラー・レーダーを補完するために改良型ミサイルが開発された。その結果、1987年に実用配備されたシュペル530Dには、モノパルスの継続波ドップラーSARHシーカー・ヘッドがくわわり、低高度飛行のターゲットとのスナップ・ダウン交戦が可能であり、さらにマッハ3までの高速飛行をするターゲットに対し、高高度での攻撃も行えた。そのほかには、デジタル・データ処理と低抵抗化もくわえられている。シュペル530シリーズを補完したのが、短射程R550ミサイルのアップデート型、マジック2だった。1970年代後半に開発がはじまったこのミサイルは、1985年にはじめて配備された。より高感度の全方位IRシーカーを使用している点がマジック1とは異なり、ミサイル発射母機のレーダーによって発射前のロックオンが可能になった。もう1点は、新型の近接信管がくわわったことだ。これによってヘッドオン迎撃の性能が向上した。マジック1はIRシーカーの性能が限定的なために、後方からの攻撃にかぎられていたのだ。

イタリアで初めて生産が開始されたAAMはアスピデであり、AIM-7Eの設計をベースとしていた。このため、イギリスのスカイフラッシュと同等のミサイルだ。1969年に実現可能性の検討がはじまり、1974年に最初の試射が行われた。スカイフラッシュと違い、アスピデは空と地からの発射に向けたもので、モノパルスの継続波シーカ

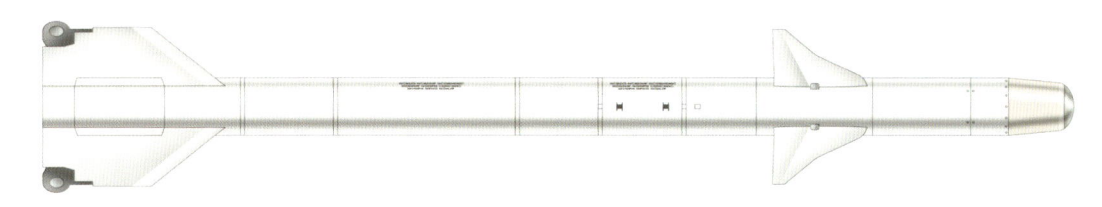

Air-to-Air Missiles

▲霹靂9
中国の輸出用ミサイルのひとつである霹靂9は外見がパイソン3とそっくりで、国内向け同タイプのミサイル、霹靂8と並行して開発された。霹靂9はF-7シリーズの戦闘機をもつ多数の国に輸出されており、現在のモデルである霹靂9Cは射程と運動性が大きく改良されている。

霹靂9
全　　長	2900ミリ
胴体直径	157ミリ
翼　　幅	856ミリ
発射重量	115キロ
弾頭重量	11.8キロ
射　　程	22キロ
速　　度	マッハ3+
推進システム	固体燃料ロケット・モーター
誘導方式	多素子赤外線

霹靂11
全　　長	3890ミリ
胴体直径	208ミリ
翼　　幅	680ミリ
発射重量	220キロ
弾頭重量	未公表
射　　程	40-75キロ
速　　度	マッハ4
推進システム	固体燃料ロケット・モーター
誘導方式	セミアクティヴ・レーダー

▼霹靂11
スパローとそっくりの霹靂11は中国初の実用配備中射程AAMである。射程を延伸し、より強力な弾頭を備えた霹靂11Aなど、開発が進んでいる。霹靂11Aは、終末飛翔段階のみ、発射母機によるターゲットへのレーダー照射を必要とする。霹靂11Bは霹靂11Aのアクティヴ・レーダー誘導タイプだとされている。

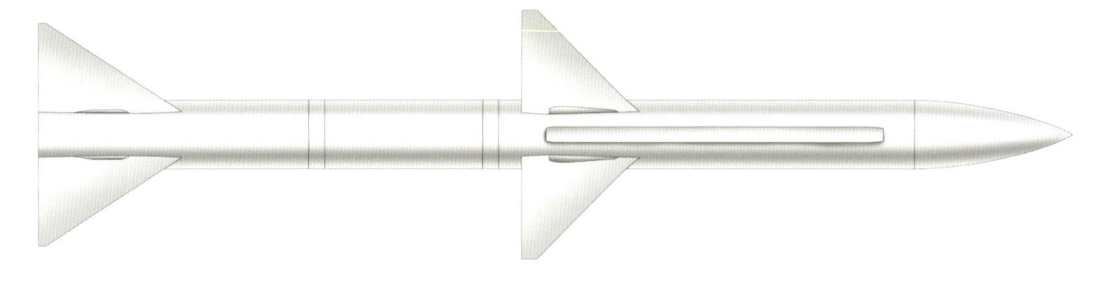

ーによる誘導と大型ロケット・モーターが導入された。AAMとしては、イタリア空軍のF-104Sスターファイター迎撃機のみがアスピデ1を搭載した。1980年代に、ミサイルは大幅にアップグレードされてアスピデ2となり、新型のアクティヴ・レーダーがくわわった。中間誘導にストラップダウン方式の慣性誘導を用い、飛翔中のアップデートはデータリンクを介して行われるが、結局このミサイルの開発は中止された。

中国のミサイル開発

中国のAAM開発は、ソ連のK-5のコピーである霹靂1にはじまった。これに続く霹靂2は、後方からの追尾型R-3Sのライセンス生産で1967年に実用配備された。量産は1970年にはじまったが、霹靂2は1966年に実戦で使用され、中国人民解放軍J-7戦闘機が米空軍 AQM-34ファイヤービー無人偵察機を撃墜した。1975年には、新型のロケット・モーターを備えた改良型の霹靂2Bが導入された。霹靂2の後継ミサイルは霹靂5であり、これもR-3Sのテクノロジーをベースにしたものだったが、形状はアメリカ製AIM-9Gと似ていた。このミサイルの開発は1966年にはじまり、当初はIRとSARHの両方のタイプの開発が行われたが、開発が完了したのは1980年代初期であり、1980年代後半になってIR誘導の霹靂5Bが実用配備された。その後改良がくわえられて霹靂5Cが生産され、また霹靂5Eは全方位能力を備え、前方の制御翼を改善した。

霹靂7も短射程のIR誘導AAMであり、これは明らかにR550マジックを参考にしたものだ。輸出用のみの生産である霹靂7は1984年に試射を行い、1987年に生産がはじまった。霹靂8は、イスラエルのパイソン3を中国がライセンス生産

▲ 試写
実弾射撃訓練にて、韓国沖でAIM-9ミサイルを発射する米空軍 F-16ファイティング・ファルコン。このF-16は、韓国、群山空軍基地の第80戦闘飛行隊に配属。

したもので、1990年代初頭に中国人民解放軍に実用配備された。霹靂8で得た経験を参考に、中国は1986年から並行して霹靂9を開発した。これは、霹靂5と霹靂7のフレームに、パイソン3の技術をもとにした新しいIRシーカーをくわえたものだ。中国が中射程AAMのプロジェクトに初めて成功したのが霹靂11だ。これは1980年代半ばに中国に試用として供与された、イタリア製アスピデのシーカーの技術を使用している。アスピデのライセンス生産は1989年の天安門事件の影響で中止されたものの、アスピデをコピーした、モノパルスのSARHシーカー・ヘッドを使用したミサイルの開発は続けられた。1992年に初試射が行われ、ミサイルは1990年代半ばから中国人民解放軍の部隊に配備されている。

台湾海峡を挟み、台湾もまた国産AAMの開発を進めていた。天剣ファミリーには、AIM-9をベースとした全方位IR誘導方式で1986年に初試射が行われた天剣1、レーダー誘導方式の中射程ミサイルで、AIM-7をベースにしたとみられる天剣2がある。1980年代後半から開発された天剣2は、台湾のFC-K-1戦闘機の主兵装である。

▲ 天剣2
切り落としの小型翼が特徴の天剣2は、台湾の国産戦闘機FC-K-1「経国」の兵装であり、各機が2発の天剣2を、胴体下部に並べて搭載する。ミサイルのシーカー・ヘッドはモトローラ／レイセオン社製で、本来はAMRAAM向けに開発されたものだ。

Sky Sword II

全　　　長：3600ミリ
胴体直径：203ミリ
発射重量：190キロ
弾頭重量：30キロ
射　　　程：60キロ
速　　　度：未公表
推進システム：固体推進剤
誘導方式：慣性誘導（中間飛翔）、レーダー誘導（終末飛翔）

1982年のレバノン戦争におけるAAM

1982年、中東と南大西洋における戦争で短射程IR誘導方式のAAMが成果をあげ、レバノン上空では、全方位能力をもつAIM-9Lとパイソン3がかなりの撃墜数を記録した。

1982年夏の、レバノンのベッカー渓谷における空中戦では、数種類の重要な新型兵器が登場し、中東その他のそれまでの紛争から学んだ新しい戦術がとられた。たとえば、無人航空機（UAV）が戦闘のさまざまな場面で使用されている。空対空の戦闘では、イスラエルがAIM-9Lと国産のパイソン3を投入し、全方位AAMを使用した点は非常に重要だ。F-15イーグルとF-16ファイティング・ファルコンを運用するイスラエル空軍は、明らかに技術を向上させていた。当初発表では、6月9日だけでも、これら戦闘機がシリア空軍のジェット機を29機撃墜し、イスラエル軍の損失はゼロだった。

イスラエルが「ガリラヤのための平和」作戦として行った6月6日のレバノン侵攻に続き、イスラエル空軍のF-15戦闘機は繰り返しシリア空軍のMiG-23と衝突し、結果は明らかにイスラエル有利だった。シリアは、中射程AAMを搭載した高性能のMiG-23MFを投入可能だったものの、存在をアピールするチャンスはほとんどなく、シリア軍MiF-23MFのパイロットがこの作戦中に3機の撃墜に成功したと発表したが、自軍にも3機の損失があったことも認めている。

この戦争に先立つ数年に、イスラエルはアメリカの最新軍事テクノロジーを一部供与されていたが、一方ソ連は、シリアとその他中東諸国軍にハイテクノロジーの兵器を供与することを渋っていた。シリア空軍のMiG-21戦闘機部隊は、徐々に、より高性能のR-3RとR-13Mミサイルの提供を受けるようにはなったものの、MiG-23MS戦闘機が主兵装とするのは、いまだに時代遅れの"アトール"ミサイルであり、ソ連はしばらく、最新のR-60短射程AAMを供与しようとはしなかった。

改良型"アトール"

初期のR-3SミサイルのR改良型を代表するR-3RはSARH誘導方式だったが、R-13MはIR誘導方式を使用した。R-3Rは、MiG-21の後期タイプで使用したRP-22レーダーと組み合わせることを念頭に設計され、1966年に配備された。R-13Mは液体窒素冷却IRシーカーとレーダー信管と、より強力な弾頭を採用していた。1973年に配備されたこのミサイルがさらに改良され1976年にはR-13M1が誕生し、操舵翼が新しくなった。しかしどちらのミサイルも、ベッカー渓谷上空で初めて実戦使用されたパイソン3にはかなわなかった。運動性が高く、全方位IR誘導方式のこのミサイルは、間違いなく当時の短射程ミ

PYTHON III

全　　長	2950ミリ
胴体直径	47ミリ
翼　　幅	800ミリ
発射重量	120キロ
弾頭重量	11キロ
射　　程	15キロ
速　　度	マッハ3.5
誘導方式	赤外線

▼パイソン3
パイソン3（本来はシャフリルIII）は、1982年のレバノン侵攻直前に初めて実戦使用されたと思われる。1981年にイスラエル空軍で運用試験がはじまっていたミサイルだ。新しい設計の核となるのが全方位IRシーカーであり、感度強化と視界の拡大、敵対抗策への対抗力の改善が行われた。

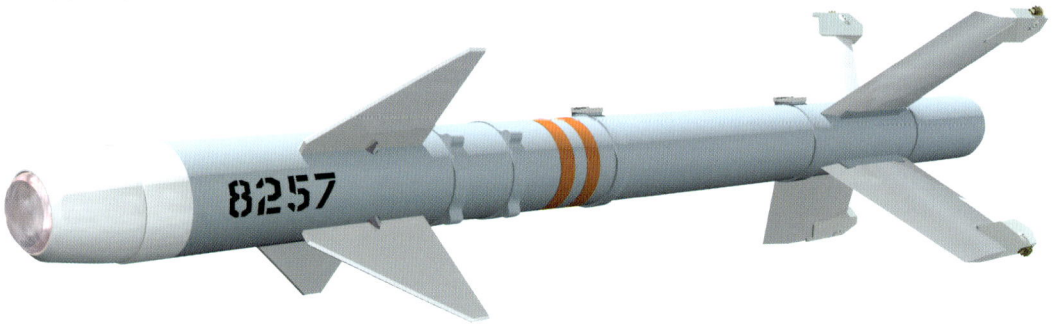

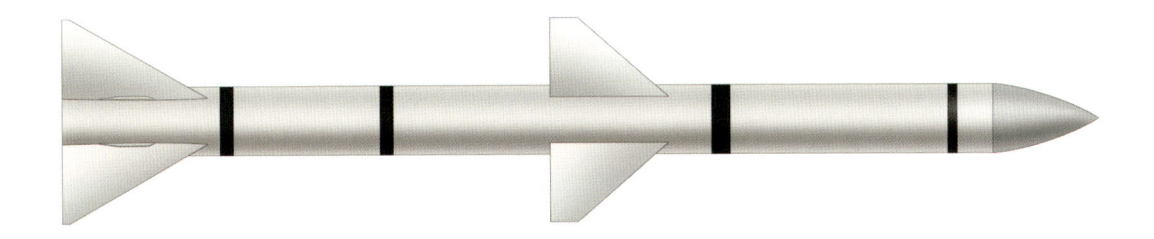

サイルのなかでは最高の性能を誇った。高度なオフボアサイト能力とECM能力、高感度のシーカーを備えるべく、1978年から開発されていたミサイルだ。1981年に運用試験がはじまり、イスラエル発表によると、1982年にレバノン上空で50機を撃墜したという。

イスラエルはベッカー渓谷での制空権を確立しようと力をつくし、1982年6月9日に大規模な防空網制圧作戦が開始された。シリアの地対空ミサイル（SAM）サイトを破壊し（当日だけで19ヶ所が破壊されたと発表）、さらに、シリア空軍の迎撃機が頼る、レバノン東部のレーダー網の多くを使用不能にすることにも成功した。同時に、シリア内の防空レーダーがイスラエル機に妨害を受け、シリア軍戦闘機の能力はさらに低下した。シリアのMiG戦闘機はSAMの援護を受けられず、地上迎撃管制基地との通信もできない一方で、イスラエル空軍のF-15とF-16のパイロットは、E-2Cホークアイ早期警戒機（AEW）が提供する戦場画像とターゲットのデータのおかげで優位に立った。これによって敵機を同時に250機まで追尾でき、30機までの迎撃を行うことが可能だった。

シリア側は、1981年4月から1982年6月までにイスラエル機を19機撃墜したと主張したが、

▲ **AIM-7Fスパロー**
1970年代後半において、スパロー・ファミリーの主要生産ミサイルとなったのがAIM-7Fだ。このミサイルは、加速と維持を行う2段推力ロケット・モーターを使用し、射程を延伸させた。最新のパルス・ドップラー・レーダーにも対応の誘導方式を採用した初のミサイルで、この方式はレバノン上空でイスラエル空軍のF-15戦闘機が使用した。

AIM-7F Sparrow
全　　長：3700ミリ
胴体直径：200ミリ
翼　　幅：810ミリ
発射重量：510キロ
弾頭重量：40キロ
速　　度：マッハ2.5
推進システム：ハーキュリーズMk-58固体燃料ロケット・モーター
誘導方式：セミアクティヴ・レーダー

イスラエルのデータで確認されているのはわずか3機だ。シリア空軍のMiG-23がイスラエルの無人偵察機1機を、MiG-21がクフィルとF-4Eをそれぞれ1機撃墜している。シリア側情報では、6月6日から11日までに85機の損失を出しており、同じ情報源により、イスラエル側の損失は21機だという。今日にいたるまで、イスラエルは、空中戦でシリア軍航空機を82-85機撃墜したが、イスラエル軍の損失はまったくないと主張している。

1982年5-6月のイスラエル軍ミサイルによる撃墜数*

日付	発射母機	ミサイル	撃墜機
1982年5月25日	F-15	AIM-7F	MiG-21
1982年5月25日	F-15	AIM-7F	MiG-21
1982年5月26日	F-16	AIM-9L	MiG-21
1982年5月26日	F-16	AIM-9L	MiG-21
1982年5月26日	F-16	AIM-9L	MiG-21
1982年6月6日	F-15	AIM-7F	MiG-23MS
1982年6月7日	F-15	パイソン3	MiG-23
1982年6月8日	F-15	AIM-7F	MiG-21

日付	発射母機	ミサイル	撃墜機
1982年6月8日	F-15	パイソン3	MiG-21
1982年6月8日	F-16	パイソン3	MiG-23BN
1982年6月8日	F-16	パイソン3	MiG-23BN
1982年6月8日	F-16	パイソン3	MiG-23BN
1982年6月8日	F-15	AIM-9L	MiG-23BN
1982年6月9日	F-15	AIM-9L	MiG-23MF
1982年6月9日	F-15	パイソン3	MiG-21
1982年6月9日	F-15	AIM-9L	MiG-21
1982年6月9日	F-16	AIM-9L	MiG-21
1982年6月9日	F-16	AIM-9L	MiG-21
1982年6月9日	F-16	AIM-9L	MiG-21
1982年6月9日	F-16	AIM-9L	MiG-21
1982年6月9日	F-16	AIM-9L	MiG-21
1982年6月9日	F-16	パイソン3	MiG（タイプは不明）
1982年6月9日	F-16	AIM-9L	MiG（タイプは不明）
1982年6月10日	F-15	AIM-7F	MiG-23
1982年6月10日	F-15	AIM-7F	MiG-23
1982年6月10日	F-15	AIM-9L	SA.342ガゼル
1982年6月10日	F-16	パイソン3	SA.342ガゼル
1982年6月10日	F-16	パイソン3	SA.342ガゼル
1982年6月10日	F-16	パイソン3	MiG-21
1982年6月10日	F-16	パイソン3	MiG-21
1982年6月10日	F-16	パイソン3	MiG-21
1982年6月10日	F-16	パイソン3	MiG-21
1982年6月10日	F-16	パイソン3	MiG-21
1982年6月10日	F-16	パイソン3	MiG-21
1982年6月10日	F-16	AIM-9L	MiG-23MF
1982年6月10日	F-4E	パイソン3	MiG-21
1982年6月11日	F-15	パイソン3	MiG-21
1982年6月11日	F-15	AIM-7F	MiG-23
1982年6月11日	F-15	AIM-7F	MiG-23
1982年6月11日	F-16	パイソン3	MiG-21
1982年6月11日	F-16	パイソン3	MiG-21
1982年6月11日	F-16	AIM-9L	MiG-23BN
1982年6月11日	F-16	AIM-9L	MiG-23BN
1982年6月11日	F-16	AIM-9L	MiG-23BN
1982年6月11日	F-16	AIM-9L	MiG-23BN
1982年6月11日	F-16	AIM-9L	SA.342ガゼル
1982年6月24日	F-16	パイソン3	MiG-23BN
1982年6月24日	F-16	パイソン3	MiG-23BN

＊この表は使用したミサイルが明確で、撃墜数が確定したもののみを掲載する。1982年のレバノン戦争におけるイスラエルによる確定撃墜総数は90を超す。このうちかなりがAAMによるものと思われる。

フォークランド紛争のAAM

フォークランド紛争では、英海軍が空対空の戦闘において優位に立った。シーハリアーが大きな成果をあげたが、その撃墜の多くはAIM-9Lミサイルによるものだった。

1982年4月にフォークランド諸島をめぐるアルゼンチンとイギリス間の紛争が勃発するまでは、英空軍と艦隊航空隊（FAA）が使用する短射程ミサイルはおもにAIM-9D/Gサイドワインダーであり、全方位能力は限定的なものだった。だが紛争初期に英軍にAIM-9Lが供給されると、艦隊航空隊の20機のシーハリアーFRS.Mk1が、およそ60機のアルゼンチン軍のミラージュおよびダガー戦闘機にまさる制空力をもつことが証明された。

フォークランド紛争がはじまる前に、アメリカからイギリスの機動艦隊へとつぎつぎともたらされた高性能ミサイルのひとつがAIM-9Lだった。AIM-9Lが新型だったため、機動艦隊が紛争地帯へと航行するあいだに、兵器担当者はシーハリアーに搭載するため休む間もなく作業し、火器管制ソフトウエアのコードも、衛星経由でイギリスから安全に提供された。南への航行中に、フレアに向けてAIM-9Lの発射訓練を行う機会があったシーハリアーのパイロットはわずかだった。

サイドワインダーの利点

結局、シーハリアーのパイロットがアルゼンチンのターゲットに対して行ったのは、ほぼ後方からの攻撃だったが、AIM-9L配備による自信と、このミサイルの信頼性が英機の勝因となったことは明らかだ。さらに、アルゼンチン機のパイロットは、サイドワインダーが全方位から発射可能であることに気づいていたため、より慎重に戦闘に臨んでいた。フォークランド紛争中、サイドワインダーは、英空軍ハリアーGR.Mk.3にも搭載可能だった。この機はおもに攻撃的任務を担ったが、AIM-9GかAIM-9Lミサイルを搭載することもあった。

フォークランド紛争におけるミサイルによる撃墜数

日付	発射母機	ミサイル	撃墜機
1982年5月1日	シーハリアー	AIM-9L	ミラージュIIIEA
1982年5月1日	シーハリアー	AIM-9L	ダガー
1982年5月1日	シーハリアー	AIM-9L	キャンベラ
1982年5月21日	シーハリアー	AIM-9L	A-4C
1982年5月21日	シーハリアー	AIM-9L	A-4C
1982年5月21日	シーハリアー	AIM-9L	ダガー
1982年5月21日	シーハリアー	AIM-9L	ダガー
1982年5月21日	シーハリアー	AIM-9L	ダガー
1982年5月21日	シーハリアー	AIM-9L	A-4Q
1982年5月23日	シーハリアー	AIM-9L	ダガー
1982年5月24日	シーハリアー	AIM-9L	ダガー
1982年5月24日	シーハリアー	AIM-9L	ダガー
1982年5月24日	シーハリアー	AIM-9L	ダガー
1982年6月1日	シーハリアー	AIM-9L	C-130E
1982年6月8日	シーハリアー	AIM-9L	A-4B
1982年6月8日	シーハリアー	AIM-9L	A-4B
1982年6月8日	シーハリアー	AIM-9L	A-4B

シーハリアーのパイロットは、この"ナイン・リマ"ミサイルが提供する高度な能力を十分に活用したが、対するアルゼンチン機のパイロットは、自軍のAAMの性能が限定的であるために力を発揮できずにいた。ミラージュ迎撃機の部隊が搭載するのは、南大西洋上空で行われるタイプの空中戦にまったく適しない、レーダー誘導方式R530ミサイルだった。実際に一時は、R530を空中戦ではなく、エグゾセ・ミサイルを補完して対艦に運用することも提案されたのだが、この策が進められることはなかった。

1982年4月にR550マジック・ミサイルの供与を受けはじめたアルゼンチン空軍では、多数のミラージュが、まだR530のみの搭載仕様だった。可能なかぎり、マジック搭載のミラージュが戦闘任務に投入され、R530のみの搭載機が行った出撃はわずか2回だった。そしてこのミサイルが発射されたのはたったの1度で、それも撃墜には失敗した。ミラージュにはミサイル発射のチャンスが複数回あったのだが、レーダーがロックオンするだけの探知を行うことができなかった。アルゼンチン機のパイロットはさらに、戦闘行動半径の境界域で行動しているという点でも不利であり、フォークランド上空では、1回攻撃するだけの燃料しかないのが一般的だった。

一方、攻撃向けダガーの主兵装はイスラエル製のシャフリルIIであり、これはアルゼンチン初の短射程AAMだった。だがシャフリルIIもマジックに劣っていると判断された。一例をあげると、パイロットがシーハリアーから約3.2キロ、後方6時の位置につけたとしても、ミサイルのシーカー・ヘッドが太陽の影響を受けると発射することができなかった。防空任務を行う場合、ダガーは2発のシャフリルIIと30ミリ機関砲を搭載した。そしてアルゼンチン軍が利用できるミサイルは、ほかには旧型のAIM-9Bしかなかった。

最終結果

1982年5月1日から6月8日までの空中戦では、シーハリアーが、計9機のダガーと8機のA-4スカイホーク、それにミラージュIII、キャンベラ、プカラ、C-130ハーキュリーズをそれぞれ1機とヘリコプター2機を撃墜した。このうち、18機をAIM-9Lが撃墜している（ミラージュをもう1機、シーハリアーがAIM-9Lで撃墜したとされていることが多いが、ミサイルで損傷を受けただけで、その後、フォークランド上空のアルゼンチン防空システムに誤射されたというのが事実だ）。計27発のミサイルがこの作戦中に発射され、うち24発がターゲットをとらえ、AIM-9Lはこの紛争で最高の成果をあげたミサイルだといわれてきた。しかしそれと引き換えに、シーハリアー2機が地上からの射撃で撃墜されている。

フォークランド紛争では、このほかにはミサイルによる空対空での撃墜はなかった。紛争終結後も、英空軍はAIM-9L搭載への装備変更を続け、ファントム迎撃機にも搭載し、またバッカニア、トーネード、ニムロッドの防空能力を向上させた。

▼シーハリアー
AIM-9サイドワインダー・ミサイルを搭載し、空母〈ハーミーズ〉からの発艦準備をする第800海軍飛行隊のシーハリアー。

インドとパキスタンのAAM

1947年に独立宣言して以降、パキスタンは3度にわたりインドと戦争を行っており、両国の航空機はそれ以外にも多数の小競り合いに投入されている。

インドとパキスタンとの空中戦に初めてAAMが使用されたのは、カシミール地方をめぐって1965年に勃発した紛争だった。

このとき、両国でミサイルを搭載した戦闘機は、インド空軍（IAF）のMiG-21とパキスタン空軍（PAF）のF-86セイバーとF-104スターファイターのみであり、それぞれR-3S、AIM-9Bサイドワインダーを搭載していた。この紛争の初期には、インド空軍のMiG-21が2発のR-3SでパキスタンのF-86に損傷を与えるのに成功したが、インド軍戦闘機は、紛争中に撃墜に成功することはできなかった。また空中戦の多くが、インド空軍の機関砲搭載機ナットと、ハンター、ミステール戦闘機によるものだったともいわれている。実際、当時インド空軍唯一のMiG-21飛行隊は消耗しており、また作戦遂行能力を獲得中の段階であって、その役割はかぎられていた。

ミサイル戦での成功が多かったのはパキスタン空軍のセイバー飛行隊であり、およそ30機がサイドワインダーを搭載し、3機の撃墜を記録している。一方スターファイターは、唯一、この紛争中にレーダーを装備した戦闘機であり、インド空軍キャンベラを1機撃墜した。

1971年の戦争勃発時には、インド空軍は大規模な再装備を済ませ、ミサイルを搭載したMiG-21の8個飛行隊を編成しており、一方パキスタン空軍は、中国が供与したAIM-9B搭載のF-6戦闘機（中国版MiG-19）と、R530とAIM-9Bを搭載したフランス製ミラージュIIIを導入していた。

さらに、サイドワインダー搭載のF-86とF-104も就役中だった。パキスタンはまた、紛争中にヨルダンからF-104を供与されたが、これらの機はサイドワインダー搭載のための装備はなかった。およそ50機のセイバー隊のうち、1971年までに、24機のF-86FがAIM-9B発射向けに改修された。パキスタン空軍にとっては不運だったが、1964年以降配備されたAIM-9Bはごくわずかであり、このうち一部は寿命がつきかけていた。F-6は、18機が、アメリカの支援を受けてAIM-9B搭載向けに改修されていた。

1971年段階では、ミラージュIIIはパキスタン空軍において一番高性能の戦闘機であり、シラノIbisレーダーとR530ミサイルは信頼性に欠けることが判明したものの、このフランス製戦闘機でインド軍戦闘機を5機撃墜したと発表した。

インド機の勝利

この紛争中、インド空軍のミサイルが撃墜に成功したのはMiG-21FLによるものだけで、F-104を3機、F-6を1機撃ち落とした。MiG-21とR-3Sの組み合わせは、この紛争で担った制空の役割には最適とはいえず、急きょ改修が行われ、胴体下部に23ミリ機関砲が取り付けられた。それでも、インドの空対空撃墜の大半は、機関砲搭載のナットとハンター戦闘機が記録したものだった。さらに、少なくとも1回「同士撃ち」の例があり、12月11日に、インド空軍のMiG-21がR-3Sで別のMiG-21を撃墜した。

インド軍ミサイルによる撃墜

日付	発射母機	ミサイル	撃墜機
1971年12月6日	MiG-21FL	R-3Sと機関砲	F-6
1971年12月17日	MiG-21FL	R-3S	F-104A
1971年12月17日	MiG-21FL	R-3S	F-104A
1971年12月17日	MiG-21FL	R-3S	F-104A
1999年8月10日	MiG-21bis	R-60	アトランティック

▲インド空軍"フランカー"
2008年、米空軍との合同訓練中に、ネヴァダ州ネリス空軍基地に着陸するインド空軍のスホーイSu-30"フランカー"。

1979年12月にはソ連がアフガニスタンで紛争をはじめた。ソ連とアフガニスタン民主共和国空軍（DRAAF）双方の機が国境を越えてパキスタンに入り込んだため、パキスタン空軍はさらに空中戦の機会を得た。1980年3月には、F-6戦闘機とアフガニスタン空軍のAn-26輸送機との最初の衝突が起き、1986年から1988年にかけては、立て続けに領空侵入が発生して武装したパキスタン空軍が対応した。この紛争中にパキスタン空軍戦闘機がミサイルで撃墜に成功したのは8機であり、すべてF-16によるものだが、1986年5月17日には、同機が銃撃でSu-22を1機撃墜した。別の日には、2機のソ連MiG-23MLDがパキスタン空軍のF-16に狙われた。パキスタンによる情報では、AIM-9Lで2機を撃墜したともいわれているが、MiG機のうち1機が損傷を受けたのみで、もう1機は無傷で逃れている。

その後、インド空軍とパキスタン空軍は散発的に衝突を繰り返しており、1999年8月には、パキスタン海軍のアトランティック哨戒機が、R-60を搭載した（R550マジック・ミサイルだったという情報もある）MiG-21bisに撃墜されている。近年では、2002年にインド・パキスタン間の緊張が高まったおり、インド軍のサーチャーI UAVがパキスタン空軍のF-16にラホール付近で夜間に撃墜された。

パキスタン軍発表のミサイルによる撃墜（太字は確定したもの）

日付	発射母機	ミサイル	撃墜機	撃墜機運用国
1965年9月6日	F-104A	AIM-9B	ミステールIVA	インド
1965年9月7日	F-86E	AIM-9B	ハンター	インド
1965年9月7日	F-86E	AIM-9B	ハンター	インド
1965年9月7日	**F-86E**	**AIM-9B**	**ミステールIVA**	**インド**
1965年9月10日	F-86E	AIM-9B	ナット	インド
1965年9月10日	F-86E	AIM-9B	ナット	インド

日付	発射母機	ミサイル	撃墜機	撃墜機運用国
1965年9月13日	F-86E	AIM-9B	ナット	インド
1965年9月14日	F-104A	AIM-9B	キャンベラ	インド
1965年9月14日	F-86F	AIM-9B	キャンベラ	インド
1965年9月16日	F-86E	AIM-9B	ハンター	インド
1965年9月18日	F-86E	AIM-9B	ナット	インド
1965年9月18日	F-86E	AIM-9B	C-119K	インド
1965年9月22日	F-104A	AIM-9B	キャンベラ	インド
1971年12月4日	F-104A	AIM-9B	ナット	インド
1971年12月4日	F-104A	AIM-9B	ナット	インド
1971年12月4日	F-6	AIM-9B	Su-7	インド
1971年12月4日	ミラージュIIIEP	AIM-9B	ハンター	インド
1971年12月4日	ミラージュIIIEP	R530とAIM-9B	キャンベラ	インド
1971年12月5日	ミラージュIIIEP	AIM-9B	ハンター	インド
1971年12月5日	ミラージュIIIEP	AIM-9B	ハンター	インド
1971年12月5日	ミラージュIIIEP	AIM-9B	ハンター	インド
1971年12月5日	ミラージュIIIEP	AIM-9B	ハンター	インド
1971年12月6日	ミラージュIIIEP	AIM-9B	Su-7	インド
1971年12月6日	ミラージュIIIEP	R530	Su-7	インド
1971年12月7日	F-6	AIM-9B	Su-7	インド
1971年12月7日	F-104A	AIM-9B	キャンベラ	インド
1971年12月10日	F-104A	AIM-9B	アリゼ	インド
1971年12月11日	セイバーMk 6	AIM-9B	Su-7	インド
1971年12月11日	ミラージュIIIEP	R530	キャンベラ	インド
1971年12月14日	F-6	AIM-9B	MiG-21	インド
1971年12月17日	ミラージュIIEP	R530	キャンベラ	インド
1986年4月16日	ミラージュIIIEP	AIM-9P	MiG-21	アフガニスタン
1986年5月10日	ミラージュIIIEP	AIM-9P	MiG-21	アフガニスタン
1986年5月17日	F-16A	AIM-9P	Su-22	アフガニスタン
1987年3月30日	F-16A	AIM-9P	An-26	アフガニスタン
1987年4月16日	F-16A	AIM-9P	Su-22	アフガニスタン
1987年4月16日	F-16A	AIM-9P	Su-22	アフガニスタン
1987年4月	F-16A	AIM-9	An-26	アフガニスタン？
1987年4月	F-16A	AIM-9	An-26	アフガニスタン？
1987年4月	F-16A	AIM-9	Mi-8	アフガニスタン？
1987年4月	F-16A	AIM-9	Mi-8	アフガニスタン？
1987年4月	F-16A	AIM-9	Mi-8	アフガニスタン？
1987年4月	F-16A	AIM-9	Mi-8	アフガニスタン？
1987年8月	F-16A	AIM-9	An-26	アフガニスタン
1988年5月17日	F-16A	AIM-9L	Su-22	アフガニスタン
1988年5月17日	F-16A	AIM-9L	Su-22	アフガニスタン
1988年8月4日	F-16A	AIM-9L	Su-25	ソ連
1988年11月3日	F-16A	AIM-9L	Su-22	アフガニスタン
1988年11月21日	F-16A	AIM-9L	An-26	アフガニスタン
2002年6月8日	F-16B	AIM-9L	サーチャーIUAV	インド

イラン・イラク戦争のAAM

中東における他の空中戦とは異なり、イラン・イラク戦争では、双方が東西両陣営の最新戦闘機と、それに関連する兵器を配備していた。

　長期化したイラン・イラク戦争（1980-88年）では、ミサイル時代において最大規模の、またテクノロジー面ではもっとも高度な空対空の戦闘が行われたのは間違いない。イラン・イラク戦争が、中射程と、超長射程のAIM-54Aフェニックス、ソ連製R-40ミサイルなど長射程のAAMを、両陣営が大量投入した初めての戦争だった点は重要だ。空中戦では、電子対抗手段が大規模に使用されたことでわかるように、現代戦の実験場としても重要な戦争だった。

　イラン共和国空軍（IRIAF）がもつ最高性能の戦闘機はF-14Aであり、AIM-54A、AIM-7E、AIM-9ミサイルという強力な兵器を備えていた。数のうえでは、イラン空軍の戦闘機の屋台骨はF-4D/Eであり、空戦向けのAIM-7EとAIM-9Pを搭載していた。こうした重量級戦闘機を支援するのがF-5Eであり、おもに地上攻撃に用いられたが、自衛用にAIM-9J/Pミサイルも搭載可能だった。イラン空軍が、革命以前にアメリカがイラン帝国空軍に供与した戦闘機とAAMに頼っていた一方で、開戦時のイラク空軍（IrAF）の兵器は、ソ連製が占めていた。

主流にあるMiG

　およそ100機が配備されていたMiG-21はイラク空軍の防空における要石だった。利用可能なミサイルはR-3S（現在は第一線から退いている、第1世代のMiG-21F-13、MiG-21FL、MiG-21PFMに搭載）、R-13M1（MiG-21MFに搭載）、R-60（MiG-21bisの派生タイプに搭載）である。イラクが、MiG-21をフランス製R550マジック1も搭載可能に改修していた点は興味深く、これは1980年に初めて配備された。R-3とR-13は実戦における信頼性がないことが判明したため、イラク軍はサイドワインダーの入手を試み、最終的に1983年に、ヨルダンから200発のAIM-9Bを手に入れた。イラクの情報筋によると、このミサイルはMiG-21に搭載され、5機のイラン軍航空機とヘリコプターを撃墜したという。このミサイルには欠点もあったが、イラン軍パイロットはその運動性に舌を巻いた。しかしドッグファイトになると、イラク軍パイロットが使用するのは、信

イラン・イラク戦争におけるイラク機による撃墜*

日付	発射母機	ミサイル	撃墜機	撃墜機運用国
1980年9月23日	MiG-21MF	R-13	F-5E	イラン
1980年9月23日	MiG-21MF	R-13	F-5E	イラン
1980年9月25日？	MiG-21MF	R-13	RF-4E	イラン
1980年10月9日	MiG-21MF	R550	F-4D	イラン
1980年10月12日	MiG-21MF	R-13	F-5E	イラン
1980年10月12日	MiG-21MF	R-13	AB.214C	イラン
1980年10月12日	MiG-21MF	R-13	AB.214C	イラン
1980年10月15日	MiG-23MS	R-13	F-4E	イラン
1980年10月15日	MiG-23MS	R-13	F-4E	イラン
1980年10月15日	MiG-21MF	R-13	F-4E	イラン
1980年10月19日	MiG-21MF	R-13	F-4E	イラン
1980年10月20日	MiG-21MF	R-13	F-5E	イラン
1980年10月20日	MiG-21MF	R-13	F-5E	イラン

日付	発射母機	ミサイル	撃墜機	撃墜機運用国
1980年10月23日	MiG-21MF	R-13	F-5E	イラン
1980年10月23日	MiG-21MF	R-13	F-5E	イラン
1980年11月	MiG-21MF	R-13	F-5E	イラン
1980年11月14日	MiG-23MS	R-13	F-5E	イラン
1980年11月22日	MiG-23MS	R-13	F-4D	イラン
1980年11月26日	MiG-21MF	R-13	F-5E	イラン
1980年11月28日	MiG-23MS	R-13	F-4E	イラン
1980年10月16日	MiG-23MS	R-13	F-4E	イラン
1980年12月16日	MiG-21	R-13	F-5E	イラン
1981年1月18日	MiG-21	R-13	F-4E	イラン
1981年4月	MiG-21MF	R550マジック	MiG-21R	シリア
1981年5月3日	MiG-25PD	R-60	ガルフストリームIII	アルジェリア
1981年5月	MiG-21MF	R550マジック	F-4E	イラン
1981年5月	MiG-21MF	R550マジック	F-4E	イラン
1981年5月	MiG-21MF	R550マジック	F-5E	イラン
1981年5月	MiG21MF	R550マジック	F-5E	イラン
1981年5月	MiG-21MF	R550マジック	AH-1J	イラン
1981年5月7日	MiG-21MF	R550マジック	F-4E	イラン
1981年5月8日	MiG-21MF	R550マジック	F-5E	イラン
1982年1月27日	ミラージュF.1EQ	シュペル530F	RF-4E	イラン
1982年2月26日	ミラージュF.1EQ	シュペル530F	F-5E	イラン
1982年7月6日	ミラージュF.1EQ	R550マジック	F-4E	イラン
1982年12月	MiG-23MF	R-23	F-5E	イラン
1983年1月27日	ミラージュF.1EQ	シュペル530F	RF-4E	イラン
1983年8/9月	ミラージュF.1EQ	シュペル530F	F-4E	イラン
1983年1月	ミラージュF.1EQ	シュペル530F	F-100	トルコ
1983年1月	ミラージュF.1EQ	シュペル530F	F-100	トルコ
1984年	ミラージュF.1EQ	シュペル530F	F-5E	イラン
1984年	ミラージュF.1EQ	シュペル530F	EC-130	イラン
1984年8月11日	MiG-23ML	R-60	F-14A	イラン
1984年12月29日	ミラージュF.1EQ	シュペル530F	F-4E	イラン
1985年2/3月	ミラージュF.1EQ	シュペル530F	F-4E	イラン
1985年3月21日	MiG-25PD	R-40	F-4D	イラン
1985年6月5日	MiG-25PD	R-40	F-4E	イラン
1986年2月13日	MiG-23ML	R-24	F-5E	イラン
1986年2月15日	ミラージュF.1EQ	R550マジック	F-4E	イラン
1986年2月23日	MiG-25PD	R-40	EC-130E	イラン
1986年6月10日	MiG-25PD	R-40	RF-4E	イラン
1986年10月2日	MiG-25PD	R-40	MiG-21RF	シリア
1987年3月27日	ミラージュF.1EQ-4	R550マジック	F-4E	イラン
1988年7月19日	ミラージュF.1EQ-6	シュペル530D	F-14A	イラン
1988年7月19日	ミラージュF.1EQ-6	シュペル530D	F-14A	イラン
1988年7月19日	ミラージュF.1EQ-6	シュペル530D	F-4E	イラン

＊この表には使用したミサイルが明確で、空対空向けミサイルが使用されているもののみを掲載する。

イラン・イラク戦争におけるイラン機による撃墜

日付	発射母機	ミサイル	撃墜機	撃墜機運用国
1980年9月14日	F-14A	AIM-54A	Su-20M	イラク
1980年9月17日	F-14A	AIM-54A	MiG-21MF	イラク
1980年9月23日	F-14A	AIM-54A	MiG-21RF	イラク
1980年9月23日	F-14A	AIM-7E	MiG-23	イラク
1980年9月23日	F-14A	AIM-7E	MiG-23MS	イラク
1980年9月23日	F-5E	AIM-9J	Su-20	イラク
1980年9月23日	F-14A	AIM-9P	MiG-21MF	イラク
1980年9月24日	F-14A	AIM-7E	MiG-21MF	イラク
1980年9月24日	F-14A	AIM-9P	MiG-21MF	イラク
1980年9月24日	F-14A	AIM-54A	MiG-21MF	イラク
1980年9月25日	F-4E	AIM-9P	An-26	イラク
1980年9月25日	F-4E	AIM-9P	MiG-21MF	イラク
1980年9月25日	F-14A	AIM-54A	MiG-21MF	イラク
1980年9月25日	F-14A	AIM-9P	MiG-21MF	イラク
1980年9月25日	F-4E	AIM-9P	MiG-23MS	イラク
1980年9月25日	F-14A	AIM-7E	MiG-23BN	イラク
1980年9月25日	F-4E	AIM-9P	MiG-23BN	イラク
1980年9月25日	F-4E	AIM-9P	MiG-21MF	イラク
1980年9月27日	F-4E	AIM-9P	MiG-23BN	イラク
1980年9月27日	F-4E	AIM-9P	MiG-23BN	イラク
1980年9月28日	F-4E	AIM-7E	MiG-23BN	イラク
1980年9月28日	F-4E	AIM-7E	MiG-23BN	イラク
1980年9月28日	F-4E	AIM-7E	MiG-23BN	イラク
1980年9月28日	F-4E	AIM-7E	MiG-23BN	イラク
1980年10月2日	F-14A	AIM-9P	MiG-23MS	イラク
1980年10月3日	F-4D	AIM-9P	MiG-21MF	イラク
1980年10月3日	F-4D	AIM-9P	MiG-21MF	イラク
1980年10月8日	F-5E	AIM-9J	Su-20	イラク
1980年10月8日	F-5E	AIM-9J	Su-20	イラク
1980年10月12日	F-14A	AIM-9P	Su-20	イラク
1980年10月13日	F-4E	AIM-9P	MiG-23BN	イラク
1980年10月18日	F-14A	AIM-9P	MiG-23BN	イラク
1980年10月18日	F-14A	AIM-9P	MiG-23BN	イラク
1980年10月20日	F-14A	AIM-7E	MiG-21MF	イラク
1980年10月22日	F-14A	AIM-9P	MiG-21MF	イラク
1980年10月25日	F-14A	AIM-9P	Su-20	イラク
1980年10月26日	F-14A	AIM-9P	MiG-21MF	イラク
1980年10月26日	F-14A	AIM-9P	MiG-21MF	イラク
1980年10月29日	F-14A	AIM-54A	MiG-23MLA	イラク
1980年10月29日	F-14A	AIM-54A	MiG-23MLA	イラク
1980年10月29日	F-14A	AIM-9P	MiG-23MLA	イラク
1980年10月29日	F-14A	AIM-9P	MiG-23MLA	イラク
1980年10月29日	F-14A	AIM-54A	Tu-22B	イラク

日付	発射母機	ミサイル	撃墜機	撃墜機運用国
1980年11月10日	F-14A	AIM-7E	MiG-23BN	イラク
1980年11月21日	F-14A	AIM-7E	MiG-21	イラク
1980年11月27日	F-14A	AIM-54A	MiG-21MF	イラク
1980年12月2日	F-14A	AIM-54A	MiG-21MF	イラク
1980年12月7日	F-4E	AIM-7E	MiG-23BN	イラク
1980年12月19日	F-4E	AIM-9P	Su-20	イラク
1980年12月19日	F-4E	AIM-9P	Su-20	イラク
1980年12月19日	F-4E	AIM-9P	Su-20	イラク
1980年12月22日	F-14A	AIM-54A	MiG-21またはSu-20	イラク
1980年12月22日	F-14A	AIM-54A	MiG-21またはSu-20	イラク
1981年1月7日	F-14A	AIM-54A	MiG-23BN	イラク
1981年1月7日	F-14A	AIM-54A	MiG-23BN	イラク
1981年1月7日	F-14A	AIM-54A	MiG-23BN	イラク
1981年1月14日	F-5E	AIM-9P	Mi-25	イラク
1981年1月21日	F-4E	AIM-9P	MiG-23BN	イラク
1981年1月21日	F-4E	AIM-9P	MiG-23BN	イラク
1981年1月29日	F-14A	AIM-54A	Su-22M3K	イラク
1981年4月21日	F-14A	AIM-9P	MiG-23BN	イラク
1981年4月26日	F-4E	AIM-9P	MiG-21MF	イラク
1981年4月26日	F-4E	AIM-9P	MiG-23BN	イラク
1981年5月15日	F-14A	AIM-9P	MiG-21MF	イラク
1981年5月15日	F-4E	AIM-9P	MiG-21MF	イラク
1981年9月1日	F-4D	AIM-7E	MiG-23MF	イラク
1981年9月22日	F-4E	AIM-9P	MiG-21MF	イラク
1981年10月22日	F-14A	AIM-54A	ミラージュF.1EQ	イラク
1981年10月22日	F-14A	AIM-54A	ミラージュF.1EQ	イラク
1981年10月22日	F-14A	AIM-54A	ミラージュF.1EQ	イラク
1981年10月22日	F-14A	AIM-54A	MiG-21MF	イラク
1981年12月11日	F-14A	AIM-54A	ミラージュF.1EQ	イラク
1981年12月11日	F-14A	AIM-54A	MiG-21	イラク
1982年	F-4	AIM-7E	ミラージュF.1EQ	イラク
1982年	F-4	AIM-7E	ミラージュF.1EQ	イラク
1982年3月19日	F-4E	AIM-9P	MiG-21MF	イラク
1982年4月4日	F-4E	AIM-9P	MiG-21MF	イラク
1982年4月22日	F-4E	AIM-9P	An-26	イラク
1982年	F-14A	AIM-54A	MiG-25RB	イラク
1982年7月16日	F-4E	AIM-9P	MiG-21MF	イラク
1982年7月21日	F-14A	AIM-54A	MiG-23MF、2機	イラク
1982年7月21日	F-14A	AIM-54A	MiG-23MF	イラク
1982年8月28日	F-4E	AIM-9P	An-26TV	イラク
1982年9月15日	F-4E	AIM-9P	MiG-21MF	イラク
1982年9月16日	F-14A	AIM-54A	MiG-25RB	イラク
1982年10月10日	F-14A	AIM-54A	MiG-23BN	イラク
1982年10月10日	F-14A	AIM-54A	MiG-23BN	イラク

日付	発射母機	ミサイル	撃墜機	撃墜機運用国
1982年11月7日	F-14A	AIM-7E	Su-22M3K	イラク
1982年11月20日	F-4E	AIM-9P	MiG-23BN	イラク
1982年11月20日	F-5E	AIM-9P	Mi-8	イラク
1982年11月20日	F-5E	AIM-9P	MiG-21MF	イラク
1982年11月21日	F-14A	AIM-54A	MiG-23MF	イラク
1982年11月21日	F-14A	AIM-54A	MiG-23MF	イラク
1982年11月21日	F-14A	AIM-7E	MiG-21MF	イラク
1982年11月21日	F-4E	AIM-9P	Su-22M3K	イラク
1982年12月1日	F-14A	AIM-54A	MiG-25RB	イラク
1982年12月4日	F-14A	AIM-54A	MiG-25PD	イラク
1983年5月4日	F-4E	AIM-9P	Su-22M3K	イラク
1983年8月6日	F-14AとF-5E	AIM-54AとAIM-9J	MiG-25RB	イラク
1983年9月	F-14A	AIM-54	Su-22M	イラク
1983年9月	F-14A	AIM-54	Su-22M	イラク
1982年10月	F-14A	AIM-54	Su-22M	イラク
1984年2月25日	F-14A	AIM-54A	MiG-21bis	イラク
1984年2月25日	F-14A	AIM-54A	不明ジェット機	イラク
1984年2月25日	F-14A	AIM-54A	不明ジェット機	イラク
1984年2月25日	F-14A	AIM-9P	MiG-21bis	イラク
1984年3月1日	F-14A	AIM-54A	Su-22M3K	イラク
1984年3月25日	F-14A	AIM-54A	Tu-22B	イラク
1984年4月2日	F-4E	AIM-7E	シュペル・エタンダール	イラク
1984年4月6日	F-14A	AIM-54A	Tu-22B	イラク
1984年4月6日	F-14A	AIM-54A	Tu-22B	イラク
1984年7月26日	F-14A	AIM-54A	シュペル・エタンダール	イラク
1985年1月14日	F-4E	AIM-9P	MiG-23BN	イラク
1985年3月9日	F-4E	AIM-9P	MiG、タイプは不明	イラク
1985年3月11日	F-4E	AIM-9P	MiG-23BN	イラク
1985年3月15日	F-4E	AIM-9P	MiG-23BN	イラク
1985年3月	F-14A	AIM-54A	MiG-27	ソ連?
1985年3月	F-14A	AIM-54A	MiG-27	ソ連?
1985年3月	F-4E	AIM-9P	MiG-27	ソ連
1985年3月26日	F-14A	AIM-54A	ミラージュF.1EQ	イラク
1985年4月19日	F-4E	AIM-9P	MiG-21MF	イラク
1985年5月11日	F-4E	AIM-7E	Su-22	イラク
1985年5月15日	F-4E	AIM-9P	Su-22	イラク
1986年2月15日	F-14A	AIM-54A	MiG-25RB	イラク
1986年3月14日	F-14A	AIM-9P	ミラージュ5SDE	エジプト
1986年4月	F-5E	AIM-9P	Su-20	イラク
1986年6月18日	F-4D	AIM-7E	Su-22M	イラク
1986年7月12日	F-14A	AIM-7E	MiG-23ML	イラク
1986年10月7日	F-14A	AIM-54A	ミラージュF.1EQ-5	イラク
1986年10月14日	F-14A	AIM-54A	MiG-23ML	イラク
1986年11月15日	F-4E	AIM-9P	MiG-23BN	イラク

日付	発射母機	ミサイル	撃墜機	撃墜機運用国
1986年	F-14A	AIM-54A	MiG-25BN	ソ連
1987年2月18日	F-14A	AIM-7E	ミラージュF.1EQ	イラク
1987年2月18日	F-14A	AIM-9P	ミラージュF.1EQ	イラク
1987年2月18日	F-14A	AIM-54A	ミラージュF.1EQ	イラク
1987年6月24日	F-14A	AIM-54A	SA.321GVシュベル・フルロン	イラク
1987年11月11日	F-14A	AIM-54A	MiG-25BM	ソ連
1987年11月15日	F-14A	AIM-7E	ミラージュF.1EQ-5	イラク
1987年11月17日	F-4E	AIM-9P	Su-22M-4K	イラク
1987年11月22日	F-4E	AIM-9P	MiG-23BN	イラク
1987年11月25日	F-5E	AIM-9P	Su-22M-4K	イラク
1988年2月	F-14A	AIM-9P	ミラージュF.1EQ-5	イラク
1988年2月	F-14A	AIM-9P	ミラージュF.1EQ-5	イラク
1988年2月9日	F-14A	AIM-7E	ミラージュF.1EQ-5	イラク
1988年2月9日	F-14A	AIM-9P	ミラージュF.1EQ-5	イラク
1988年2月9日	F-14A	AIM-9P	ミラージュF.1EQ-5	イラク
1988年2月15日	F-14A	AIM-54A	ミラージュF.1EQ-5	イラク
1988年2月16日	F-14A	AIM-9P	ミラージュF.1EQ-4	イラク
1988年2月16日	F-14A	AIM-9P	ミラージュF.1EQ-4	イラク
1988年2月25日	F-14A	AIM-54A	B-6D	イラク
1988年2月25日	F-14A	AIM-54A	C-601（ミサイル）	イラク
1988年3月6日	F-4E ?	AIM-7E	ミラージュF.1EQ	イラク
1988年3月19日	F-14A	AIM-54A	Tu-22B	イラク
1988年3月19日	F-14A	AIM-54A	MiG-25RBS	イラク
1988年3月19日	F-4E	AIM-7E	Tu-22B	イラク
1988年3月20日	F-14A	AIM-54A	MiG-25RB	イラク
1988年3月22日	F-14A	AIM-54A	MiG-25RB	イラク
1988年3月24日	F-14A	AIM-54A	ミラージュF.1EQ	イラク
1988年5月15日	F-14A	AIM-9P	ミラージュF.1EQ	イラク
1988年6月14日	F-4E	AIM-9P	MiG-23MF	イラク
1988年6月14日	F-14A	AIM-9P	ミラージュF.1EQ	イラク

＊この表には使用したミサイルが明確で、空対空向けミサイルが使用されているもののみを掲載する。

頼性の低いミサイルではなく23ミリ機関砲だった。

このほかにもさまざまなタイプのMiG-23とSu-20/22攻撃機が投入された。第1世代のMiG-23MSはR-3SとR-13M1ミサイルを搭載し、より高性能のMiG-23MF/MLはそれにくわえ、中射程のR-23R/24RとR-60も搭載可能だった。Su-22M3KとM4KはR-60を自衛用に搭載可能だったが、これらが使用されることはめったになかった。MiG-23はイラン・イラク戦争初期に配備された戦闘機のなかでは最新型だったものの、イラク軍パイロットの期待には沿わず、兵装の性能にも不足があった。しかし、1980年9月22日のイラクによるイラン侵攻に先立ち、イラク政府はソ連に、より高性能の戦闘向け装備を発注しており、そのなかにはMiG-25とMi-25攻撃ヘリコプターもあった。MiG-25の迎撃機タイプに可能な兵装は、R-40RとR-40RD/TD、R-60ミサイルだった。また、イラクがフランスにも大量に発注を行い、ミラージュF.1戦闘機や戦闘ヘリコプターといった西側の最新装備を入手できる態勢にあった点も注目に値する。

戦争初期には、イラン空軍が明らかに優位にあり、1980年秋にイラン軍がイラクに侵攻し、イラク空軍に大きな損失を与えた。イラン機に急襲を試みるたびに、イラク空軍は消耗した。

戦闘におけるミラージュ

イラク空軍はミラージュF.1EQシリーズを1981年に実用配備し、この機はシュペル530Fとマジック1AAMを搭載して迎撃任務で大きな成果をあげた。さらにこのあと、イラク空軍は、おもに性能評価のためにシュペル530Dまでも供与されていた。

1986年には、イラン空軍はSAM搭載の迎撃機を増加させ、F-14はとくに、「交戦地帯」におびき出されたイラク空軍航空機の破壊に効果的であることが判明した。イラク機パイロットのF-14に対する評価は非常に高かったため、F-14との交戦のうちおよそ60パーセントは、ミサイルを発射されるまでもなくイラク機が退却して終わっている。

だが1980年代半ばになると、イラン空軍が消耗戦に勝利するための軍備を欠くことは明白だった。とはいえイラクは、技術面で自軍が劣る点を十分に認識していた。この問題に対処するため、イラクは、ソ連とフランスからさらに先進型の航空機とミサイルを導入しはじめた。

しかし戦争は、アメリカがイラン海軍に対する大規模作戦である「プレイング・マンティス」を開始してからはとくに、膠着状態に向かっていた。

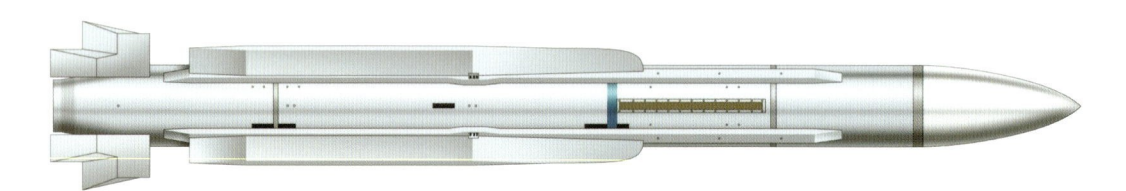

▲シュペル530F

R530をさらに改良したシュペル530Fは、ミラージュF.1C迎撃機のシラノIVレーダーに最適化した高度での運用能力を導入した。また、暫定的にRDMレーダーを備えた初期のミラージュ2000Cにも搭載された。イラクに配備されたシュペル530Fはミラージュ F.1EQに搭載され、イラン空軍機を14機撃墜したともいわれている。

Super 530F

全　　長	3540ミリ
胴体直径	263ミリ
翼　　幅	880ミリ
発射重量	245キロ
弾頭重量	30キロ
射　　程	25キロ
速　　度	マッハ4.5
推進システム	固体燃料ロケット・モーター
誘導方式	セミアクティヴ・レーダー

AIM-54A Phoenix

全　　長	4000ミリ
胴体直径	380ミリ
翼　　幅	910ミリ
発射重量	450-470キロ
弾頭重量	61キロ
射　　程	184キロ
速　　度	マッハ5
推進システム	固体燃料ロケット・モーター
誘導方式	セミアクティヴおよびアクティヴ・レーダー誘導

▼AIM-54Aフェニックス

イラン空軍では、F-14トムキャットとAIM-54フェニックスの組み合わせが、イラクとの戦争中に最大の成果をあげた。1981年1月のできごとは有名だ。イラン空軍のF-14が1発のフェニックスを、イラク空軍MiG-23BNの4機編隊に発射した。MiGの先頭機を破壊するさいにミサイルの爆発によってほかの2機にも損傷を与え、その結果2機は激突したのだ。

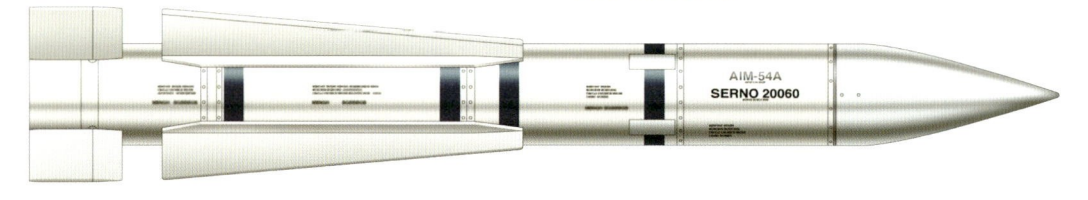

サハラ以南のアフリカにおけるAAM

第2次世界大戦後、アフリカは多数の紛争に悩まされ、そこではAAMが断続的に使用されている。アフリカ大陸においては、南アフリカが最大のAAM使用国であり、また開発国でもある。

　1960年代に国際社会から排斥された南アフリカは国境周辺での紛争に備え、独自のAAMを開発した。そしてAIM-9Bの後継ミサイルとして、マジックをベースとしたV3ククリが開発された。

　1973年に生産がはじまった初代のV3Aは、1981年にはV3Bに引き継がれた。これはより高感度のIRシーカーを備え、ヘルメット装着式の照準器と組み合わせて使用することができた。ククリ搭載のミラージュ戦闘機は、1980年代のブッシュ戦争中に、アンゴラとキューバが投入したミサイル搭載のMiG-21とMiG-23と戦った。V3Bは1機を撃墜し、3機のMiG-23が損傷したとされている。

東アフリカの戦争

　近年では、エリトリア、エチオピア間の紛争にかなりのソ連製新型AAMが使用されている。バドメ村をめぐるエチオピア・エリトリア国境紛争ではMiG-29とSu-27が衝突し、エチオピアのSu-27がとくに視程外射程で多数のミサイル攻撃を行い成功している。

▼R-27R（AA-10"アラモ"）

R-27は1980年代におけるソ連戦闘機向けの標準的中射程AAMであり、エリトリアとエチオピア空軍が使用し、アフリカで大きな戦果をあげた。このミサイルはMiG-29とSu-27に搭載されたが、射程延伸タイプを搭載するのはSu-27だけだ。

R-27R（AA-10 'Alamo'）

- 全　　長：4080ミリ
- 胴体直径：230ミリ
- 翼　　幅：772ミリ
- 発射重量：253キロ
- 弾頭重量：39キロ
- 射　　程：80キロまで
- 速　　度：マッハ2.5-4.5
- 推進システム：固体燃料ロケット・モーター
- 誘導方式：セミアクティヴ・レーダー

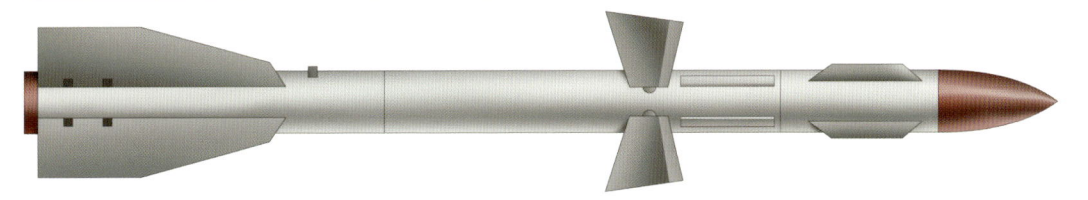

サハラ以南のアフリカにおけるミサイルによる撃墜

日付	運用国	発射母機	ミサイル	撃墜機	撃墜機運用国
1977年7月26日	エチオピア	F-5A	AIM-9B	MiG-21MF	ソマリア
1977年7月28日	エチオピア	F-5A	AIM-9B	MiG-21	ソマリア
1985年12月5日	南アフリカ	ミラージュF.1CZ	V3Bククリ	An-26	アンゴラ
1986年4月3日	アンゴラ	MiG-23ML	R-23	L-100ハーキュリーズ	南アフリカ
1999年2月25日	エリトリア	MiG-29	R-27R	MiG-23BN	エチオピア
1999年2月25日	エチオピア	Su-27	R-27R	MiG-29	エリトリア
1999年2月25日	エチオピア	Su-27	R-73	MiG-29	エリトリア
1999年2月26日	エリトリア	MiG-29	R-73	MiG-21	エチオピア
1999年2月26日	エリトリア	MiG-29	R-73	MiG-21	エチオピア
1999年3月18日	エチオピア	Su-27	R-27R	MiG-29	エリトリア
1999年3月18日	エチオピア	Su-27	R-27R	MiG-29	エリトリア
2000年5月18日	エチオピア	Su-27	R-73	MiG-29	エリトリア

ラテン・アメリカのAAM

ラテン・アメリカでは、ミサイルが航空機の兵装とされたのは比較的遅かったが、その導入以降、AAMは多数の空中戦において非常に大きな役割を担っている。

フォークランド紛争でアルゼンチン機パイロットが数回、撃墜寸前まで持ち込んだが、それ以外にラテン・アメリカの空中戦で初めてAAMが使用されたのは、1992年のベネズエラのクーデター未遂事件においてだった。1機のF-16AがOV-10Eブロンコ2機を撃墜し、別の機が20ミリ機関砲でツカノを撃墜した。また、ベネズエラのF-16が機関砲で2機を撃墜している。この空中戦において、2機のF-16は政府側についたパイロットが操縦するもので、一方OV-10Eとツカノは反乱軍パイロットによるものだった。この撃墜は反乱軍の航空戦力をつぶすには十分だった。カラカス上空の制空権を確立すると、F-16は反乱軍のミラージュも寄せ付けることはなかった。

アルタ、セネパ上空の空中戦

エクアドルとペルー間の長期にわたる国境紛争は頂点に達して1995年2月にセネパ戦争が勃発し、エクアドルのミラージュF.1JAとクフィルC2戦闘機が、エクアドル国境の監視所に空襲を行った3機のペルー空軍Su-22とA-37B攻撃機を撃墜した。2月10日までは、ペルー空軍のA-37B、キャンベラ、ミラージュ5PとSu-22が、エクアドル空軍に阻まれることなく任務を遂行していた。しかしこの日は、領空侵入機がエクアドルの防空システムに探知され、2機のミラージュF1がスクランブル発進した。エクアドル軍はSu-22を最初はレーダーでとらえ、その後目視確認した。そしてミラージュの先頭機と僚機パイロットは、それぞれマジック2発を放ってスホーイ2機を撃墜した。このときエクアドル軍クフィルもその領空をパトロールしており、1機のA-37Bが低高度でどうにか逃れたものの、別のジェット機の中央部に、クフィルの先頭機が発射したシャフリルIIが命中した。

▼R550マジック2

R550マジックは、ラテン・アメリカ諸国でよく使用されたミラージュ戦闘機ファミリーに搭載され、この地域での戦闘に投入されている。アルゼンチン軍では、フォークランド紛争には実戦配備が遅すぎたが、エクアドル軍のミラージュF.1はマジックを搭載し2機を撃墜したとされている。

R550マジック2

全　　長	2720ミリ
胴体直径	157ミリ
翼　　幅	660ミリ
発射重量	89キロ
弾頭重量	13キロ
射　　程	15キロ
速　　度	マッハ3
推進システム	固体燃料ロケット・モーター
誘導方式	赤外線

ラテン・アメリカにおけるミサイルによる撃墜*

日付	運用国	発射母機	ミサイル	撃墜機	撃墜機運用国
1992年11月27日	ベネズエラ	F-16A	AIM-9P	OV-10	ベネズエラ
1992年11月27日	ベネズエラ	F-16A	AIM-9P	OV-10	ベネズエラ
1995年2月10日	エクアドル	ミラージュF.1JA	R550マジック2	Su-22	ペルー
1995年2月10日	エクアドル	ミラージュF.1JA	R550マジック2	Su-22	ペルー
1995年2月10日	エクアドル	クフィルC2	シャフリルII	A-37B	ペルー

＊掲載した撃墜は空中戦におけるもののみであり、麻薬密売や民間人がからむものは含まれない。

現代のAAM

冷戦終結によってAAM開発の勢いは全般的に低下したものの、1990年代には、運動性と耐久性を備えた新世代の多目的ミサイルが出現した。

1980年に共同開発契約を結び、アメリカ、イギリス、フランス、西ドイツは、旧型のAIM-7とAIM-9を新タイプのAAMに置き換える作業を開始した。アメリカは中射程を担当し、AIM-120発達型中射程空対空ミサイル（AMRAAM）を開発することになった。SARHタイプのAIM-7に対し、AMRAAMは撃ちっ放しの誘導方式を採用した。発射に先立ちミサイルは、慣性航法装置によるオートパイロットに発射母機からデータを受信する。ミサイルは、長距離のターゲットに向けて飛翔中、発射母機からのアップデートにより中間飛翔を行うことができ、ターゲットに接近すると装着したアクティヴ・レーダー・シーカーに切り替わり、終末段階には自動追尾する。

AMRAAMの開発契約は1981年にヒューズ社が獲得し、1984年に最初の試射が行われ、AIM-120Aが1988年に配備された。

AMRAAMの後継モデルには、アップグレードした誘導システムをもつAIM-120Bと、F-22とF-35の機内兵器倉に収容可能な、小型化した制御翼をもつAIM-120Cがある。AIM-120Cは、アップデートした誘導方式と改良型弾頭も導入している。このタイプからの派生モデルには、大型モーターと強化したECCMを備えたAIM-120C-5と、探知能力を改良したAIM-120C-6がある。さらにECCMを強化し、アップデートしたシーカーをもつ射程延伸型のAIM-120C-7が、米海軍のAIM-54フェニックスの後継ミサイルとして開発された。最新のAIM-120Dには双方向のデータリンクと、全地球測位システム（GPS）利用の航法装置がくわわり、射程も延伸し、オフボアサイトの性能が強化された。

米軍は、一度はヨーロッパのAIM-132発達型短射程空対空ミサイル（ASRAAM）を、広く

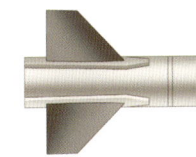

▲ AIM-9Xサイドワインダー
AIM-9の前モデルのインターフェースと互換性をもつのにくわえ、F-22とF-35の機内兵器倉に搭載可能であり、またターゲット捕捉にはヘルメット装着式照準システム（JHMCS）も使用できる。排気口部のベーンを使用することで高度な運動性が確保されている。

AIM-132 ASRAAM
- 全　　長：2900ミリ
- 胴体直径：166ミリ
- 翼　　幅：450ミリ
- 発射重量：88キロ
- 弾頭重量：10キロ
- 射　　程：0.3-18キロ
- 速　　度：マッハ3+
- 推進システム：固体燃料ロケット・モーター
- 誘導方式：画像赤外線

AIM-9X Sidewinder
- 全　　長：3000ミリ
- 胴体直径：127ミリ
- 翼　　幅：353ミリ
- 発射重量：85キロ
- 弾頭重量：9.4キロ
- 射　　程：40キロ超
- 推進システム：ハーキュリーズ／バーマイトMk36
- 誘導方式：画像赤外線

▼ AIM-132 ASRAAM
英空軍タイフーン戦闘機のおもな短射程兵装であるASRAAMは高度なオフボアサイト攻撃が可能であり、パイロットは発射後ロックオン（LOAL）モードで「肩越し」操作が可能だ。こうした交戦向けには、ASRAAMはヘルメット装着型の照準器と組み合わせて使用される。最初にASRAAMが輸出されたのはオーストラリアで、F/A-18ホーネット向けだった。

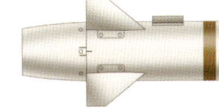

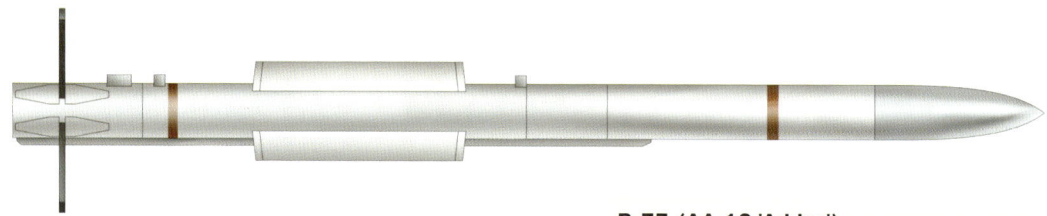

Air-to-Air Missiles

▲R-77（AA-12"アッダー"）
ロシアは、ラムジェットを推力とし、射程を大幅に延伸した次世代モデルをはじめ、撃ちっ放しのR-77の派生ミサイルを数種類計画している。イラストは基本的なR-77ミサイルであり、珍しい格子状の尾翼が特徴だ。

R-77 (AA-12 'Adder')

全　　長	3600ミリ
胴体直径	200ミリ
翼　　幅	350ミリ
発射重量	175キロ
弾頭重量	22キロ
射　　程	40-80キロ
速　　度	マッハ4.5
推進システム	固体燃料ロケット・モーター
誘導方式	中間飛翔用アップデート付き慣性航法、アクティヴ・レーダー（終末段階）

Meteor

全　　長	3650ミリ
胴体直径	178ミリ
翼　　幅	未公表
発射重量	185キロ
射　　程	100キロ超
速　　度	マッハ4超
推進システム	推力可変型ダクテッド・ロケット
誘導方式	データリンクを介した中間飛翔用アップデート付き慣性航法、アクティヴ・レーダー（終末段階）

▼ミーティア
ミーティアは新世代AAMの初期ミサイルのひとつであり、ロケットとラムジェットモーターを推力とし、100キロを超える射程においても、ミサイルが作戦行動中のターゲットと交戦できるだけのエネルギーを確保可能にしている。

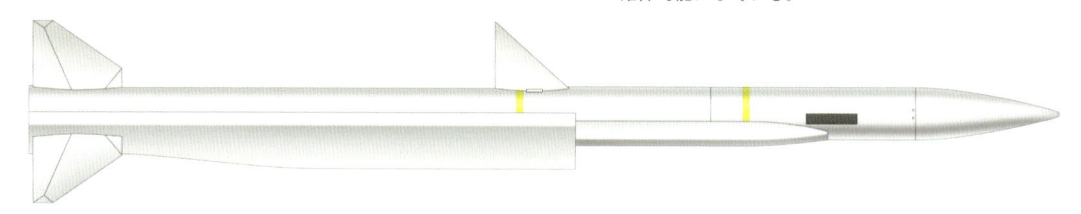

▼ミサイル投下
ミサイルの評価任務において、レーダー誘導方式の空対空AIM-7スパローを標的無人機に発射する、米空軍F-15イーグルのパイロット教官フィリップ・キャンベル少佐。少佐はフロリダ州ティンダル空軍基地において第95戦闘飛行隊で任務につく。

使用されているAIM-9の後継として獲得する予定だったが、その後、1991年に最新型サイドワインダー、AIM-9Xの開発が決定した。実証プログラムが1994年にはじまり、ヒューズ社（のちのレイセオン）と1996年に開発契約が結ばれた。最初の試射が1998年に行われ、AIM-9Xの初期製品は2002年に米空軍と海軍に配備された。AIM-9XはAIM-9Mのモーターと弾頭に、低抵抗型の操舵翼を備えたまったく新しいエアフレームをもつ。新型の画像赤外線（IIR）シーカーを装着し、排気ベーン制御を取り入れて機動性が強化されている。

ヨーロッパの短射程AAM

アメリカは独自にサイドワインダー後継ミサイルを開発することにしたが、ヨーロッパでは、1980年にはじまったASRAAMの開発を続行した。これは当初、イギリス、ドイツ、ノルウェーの合同プロジェクトだった。だがドイツのチームは1989年に撤退して競合するIRIS-Tを開発することになり、最終的にBAeダイナミクス社（現在はMBDAミサイル・システムズの一部）が残って単独開発を行った。イギリス国防省（MOD）は1991年に、新型のドッグファイト用ミサイルが必要であると発表し、1992年にBAeと契約を交わした。最初の試射が1994年に行われ、ASRAAMは1998年に英空軍に配備され、2002年に運用能力をもった。ASRAAMは低抵抗型の操舵翼と強力なモーターを組み合わせ、運動性を確保している。また長射程での運用向けにIIRシーカーを備え、高度なオフボアサイト能力を提供する。ASRAAMは発射後ロックオン（LOAL）モードでも使用可能だ。

イギリスはASRAAMを高速および長射程というコンセプトで開発したが、元東ドイツ空軍から獲得したソ連製R-73の影響を受けていたドイツは、運動性を最優先としたミサイルを求めた。その結果、ドイツはASRAAM計画から脱退し、推力偏向制御を使ったサイドワインダーの後継ミサイルの開発をはじめた。この新型ミサイルがIRIS-T（赤外線画像システム・尾部制御／

MICA IR
全　　　長：3100ミリ
胴体直径：160ミリ
翼　　　幅：560ミリ
発射重量：112キロ
弾頭重量：12キロ
射　　　程：60キロ
速　　　度：マッハ4
推進システム：SNPE固体燃料ロケット・モーター
誘導方式：赤外線

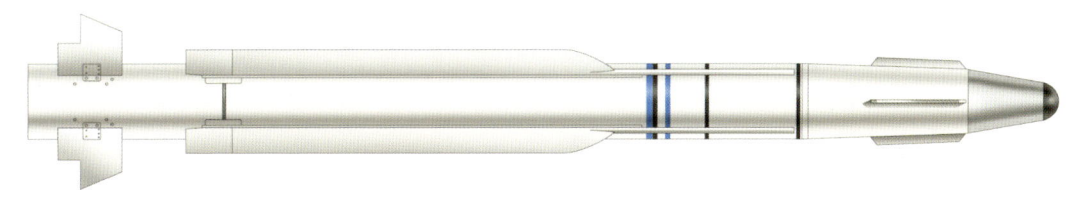

▲**MICA IR**
MICA IRは、短射程交戦向けのパッシヴ画像赤外線シーカー・ヘッドを使用する。誘導部は2種類あり、2タイプのミサイルのうちMICA IRは、発射後ロックオン（LOAL）と発射前ロックオン（LOBL）モードでの発射が可能だ。

▼**MICA RF**
MICA RFはアクティヴ・レーダー・シーカー・ヘッドを装着する。ミサイル飛翔の第1段階はストラップダウン式の慣性航法装置で誘導し、終末段階ではモノパルス・ドップラー・アクティヴ・レーダー・シーカーを使用する。

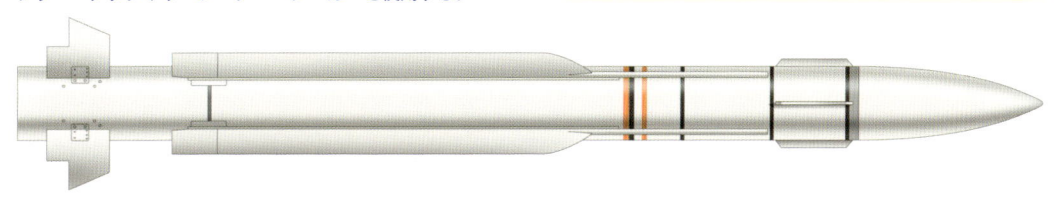

MICA RF
全　　　長：3100ミリ
胴体直径：160ミリ
翼　　　幅：560ミリ
発射重量：112キロ
弾頭重量：12キロ
射　　　程：60キロ
速　　　度：マッハ4
推進システム：SNPE固体燃料ロケット・モーター
誘導方式：慣性航法とアクティヴ・レーダー誘導（終末段階）

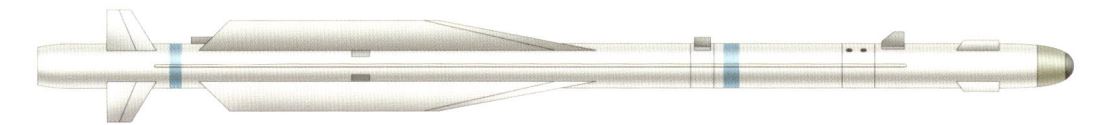

Air-to-Air Missiles

▲ IRIS-T

IRIS-Tは2005年後半にヨーロッパの6ヶ国で実用配備され、オーストリア（EF2000向け）、南アフリカ（グリペン）、サウジアラビア（タイフーン）などにも輸出されている。サイドワインダーのライセンス生産を行ったドイツのディールBGTディフェンスが主体となって共同企業体を作り、このミサイル開発をすすめている。

IRIS-T

全　　長	：2936ミリ
胴体直径	：127ミリ
翼　　幅	：447ミリ
発射重量	：87.4キロ
弾頭重量	：未公表
射　　程	：およそ25キロ
速　　度	：マッハ3
推進システム	：固体燃料ロケット・モーター
誘導方式	：赤外線

推力偏向制御）であり、現在はドイツ、ギリシア、イタリア、ノルウェー、スペイン、スウェーデンの共同計画として進められている。IIRシーカーの装着とLOALが選択可能な点は大きな特徴であり、開発者は独特な対ミサイル能力があることもうたっている。

　ヨーロッパでは、BVR（視程外射程）ミサイルのプロジェクトである、フランスのMICAとミーティアの開発も進んでいる。ミーティアはヨーロッパ6ヶ国（イギリス、フランス、ドイツ、イタリア、スペイン、スウェーデン）での使用を念頭に開発中であり、おもにユーロファイター・タイフーン、グリペン、ラファールでの搭載を予定している。ミーティアはアクティヴ・レーダー・シーカーを使用し、ラムジェット推進式で大きなスタンドオフ射程を確保し、高い撃墜能力をもつ。ミーティアの契約は2002年に交わされ、最初の誘導試射が2008年に実施された。

BVR能力

　ミーティアと同じく、MBDAも現在、マトラ社開発のMICAの開発を担っている。これはシュペル530とマジックに代わり、ラファールと最新型ミラージュ2000搭載向けデュアル・ロールのミサイルとなりつつある。このため、短射程と中射程のBVRミサイルとして使用可能だ。西側諸国のミサイルとしては珍しく、MICAは、アクティヴ・レーダー・シーカーとパッシヴIIRの、2種類のシーカー・ヘッドを使用できる。

　最新のロシア製AAMもBVRミサイルであり、なかでもR-77（AA-12"アッダー"）はMiG-29のアップデート機とSu-27などの兵装用に開発された。このミサイルはアクティヴ・レーダー誘導を使用して高度な運動性を提供し、珍しい格子状の尾翼をもつ。

　イスラエルではパイソンの開発が続行されており、パイソン4と5が製作されている。名は同じでも、パイソン4はそれ以前のミサイルと共通性がほとんどない。R-73の登場に対抗して開発され、短射程における高度な運動性に力を入れている。パイソン4は1993年にイスラエル空軍に実用配備され、エクアドルなどに輸出されている。軽量ミサイルであるパイソン4は推力偏向ではなく、18個の異なる制御翼とストレーキをもつ複雑な構成で、全方位IRシーカーを備える。続くパイソン5の外見は4とそっくりだが、光電子誘

R-Darter

全　　長	：3620ミリ
胴体直径	：160ミリ
翼　　幅	：
発射重量	：118キロ
弾頭重量	：未公表
射　　程	：60キロ超
推進システム	：固体燃料ロケット・モーター
誘導方式	：アクティヴ・レーダー

▼ Rダーター

現在は退役している南アフリカのRダーター・ミサイルは、イスラエルのダービーと外見はそっくりだ。このミサイルは南アフリカ空軍チーターC/D戦闘機のみの搭載だったようで、1995年頃に実用配備されたのち、2008年にチーターとともに退役した。

導のIIRシーカーがくわわっている。パイソン4をもとにしたミサイルがダービーであり、アクティヴ・レーダー・シーカーによってBVR能力を導入し、さらにドッグファイトの接近戦用に発射前ロックオン（LOBL）モードももつ。ダービーは多数の国に輸出され、ブラジルではF-5BR戦闘機の近代化改修機に搭載されている。

南アフリカが近年行ったAAM開発では、ダーター・ファミリーが生まれた。このうち最初のミサイルが、1990年の短射程、IR誘導のV3Cダ

▲ミサイル装着担当者
F-22Aラプターの任務終了後、AMRAAMを取り外す米空軍のグラウンド・クルー。

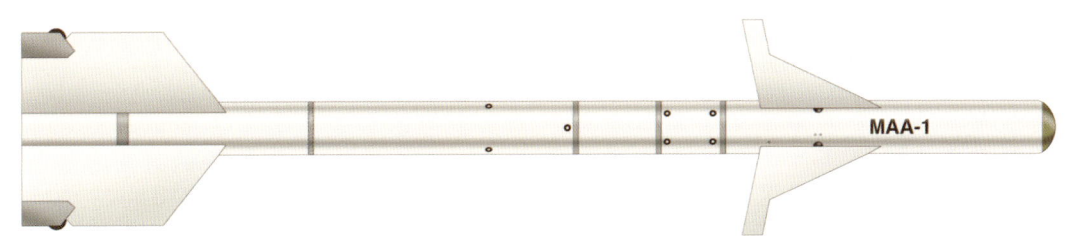

MAA-1 Piranha

全　　長	2800ミリ
胴体直径	150ミリ
翼　　幅	660ミリ
発射重量	89キロ
弾頭重量	12キロ
射　　程	6キロ
推進システム	固体燃料ロケット・モーター
誘導方式	赤外線

▲MAA-1ピラニア
AIM-9Bに代わるブラジル初の国産AAMの開発は1976年にはじまった。1981年まで機密扱いされた計画は1980年代半ばに行き詰まり、その後1990年代に再開した。このミサイルは、Aダーターに置き換えられる予定である。

Astra

全　　長	3570ミリ
胴体直径	168ミリ
翼　　幅	254ミリ
発射重量	154キロ
弾頭重量	15キロ
射　　程	80-100キロ
速　　度	マッハ4+
推進システム	固体燃料ロケット・モーター
誘導方式	慣性航法と位置データ更新（中間飛翔）、アクティヴ・レーダー（終末段階）

▼アストラ
開発が長期化しているアストラは、インドの代表的BVRミサイルとなるはずだ。開発が終了すれば、Su-30MKIとテジャスに実用配備される予定だ。アストラ計画は1998年に明らかになり、終末誘導にアクティヴ・レーダー・シーカー、中間飛翔に慣性誘導と位置データを更新する。

ーターであり、V3Bククリの改良型、全方位タイプとして開発されたものだ。だがまもなく、大型で、短／中射程能力をもつUダーターがこれに代わった。Uダーターは、チーター戦闘機が2008年に退役するまでその兵装とされた。V4（Rダーター）はアクティヴ・レーダー誘導方式、全方位のBVRミサイルであり、1990年代半ばに南アフリカで実用配備され、これもチーターとともに退役した。このミサイルはイスラエルのダービーと外見はよく似ているが、南アフリカのエンジニアは、このミサイル設計へのイスラエルの関与は否定している。現在はAダーターの開発に力が入れられており、2006年以降、新しいIR誘導の短射程AAMを生むべく、南アフリカと

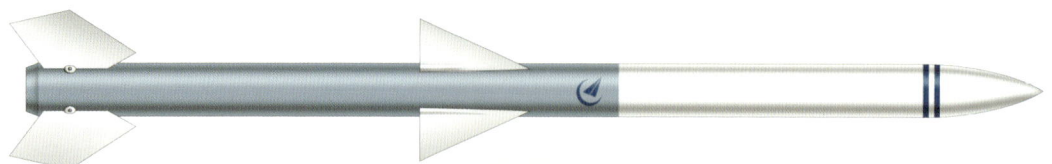

▲霹靂12
中国人民解放軍の撃ちっ放し式霹靂12ミサイルは、国産のJ-8FとJ-10、J-11B、ライセンス生産のSu-27戦闘機に搭載されている。ミサイルのきわめて重要なシーカーについては詳細はわかっていないが、国産のアクティヴ・シーカーであることが報告されており、ロシアかイスラエルの支援で開発されたと思われる。

霹靂12
全　　長：3930ミリ
胴体直径：203ミリ
翼　　幅：670ミリ
発射重量：199キロ
射　　程：90キロ
速　　度：マッハ4
推進システム：推固体燃料デュアル・スラスト・ロケット・モーター
誘導方式：慣性誘導、アクティヴ・レーダー（終末段階）

▼AIM-23Cセジル
F-14Aの兵装向けである、イラン国内開発のセジルは、MIM-23ホーク SAMの空中発射タイプだ。F-14Aへの搭載はイラン・イラク戦争中にはじまったと思われるが、いくつかの問題にぶつかった。今日、セジルを搭載可能な機はごく一部のトムキャットのようだ。

AIM-23C Sedjil
全　　長：5080ミリ
胴体直径：370ミリ
翼　　幅：1190ミリ
発射重量：635キロ
弾頭重量：74キロ（爆風破砕）
射　　程：40キロ
速　　度：マッハ2.5
推進システム：エアロジェットM112デュアル・スラスト固体燃料ロケット・モーター
＊データは、AIM-23Cのベースとなった MIM-23Bのもの

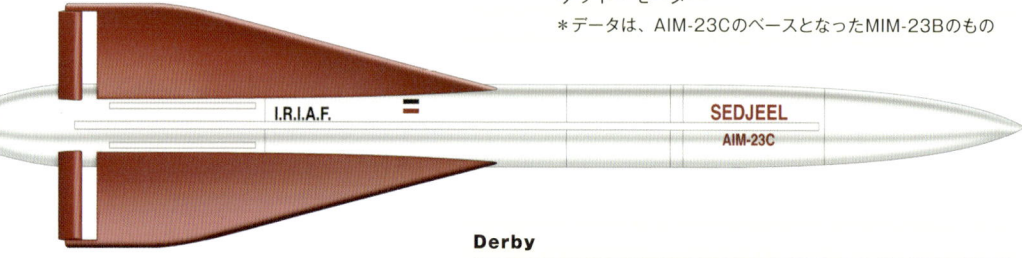

▼ダービー
レーダー誘導方式のダービーは、短射程からBVRまで使用できるミサイルだ。アクティヴ・レーダー・シーカーを装着し、ルックダウン／シュートダウン能力を備え、ドッグファイトの接近戦向けにLOBLモードを使用可能だ。ブラジル、チリなどが配備しており、両国は近代化改修したF-5E/F戦闘機に搭載している。

Derby
全　　長：3620ミリ
胴体直径：160ミリ
翼　　幅：640ミリ
発射重量：118キロ
弾頭重量：23キロ
射　　程：50キロ
速　　度：マッハ4
推進システム：未公表
誘導方式：アクティヴ・レーダー

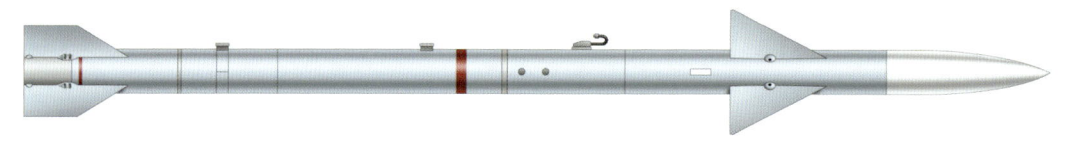

ブラジルの共同計画が進行中だ。このミサイルはIIRシーカーを備え、スラスト・ベクタリングによって高度な運動性をもち、2015年までに南アフリカのグリペンに配備される計画だ。また輸出も予定されている。初めての試射は2010年に行われた。一方、ブラジルも短射程AAMを開発し、ピラニアが誕生した。中国もAAM開発においては大きな進歩を見せており、最新の霹靂12は、AMRAAMクラスの撃ちっ放し方式、BVRミサイルだ。開発は1997年にはじまり、2005年に実用配備試験が開始された。

Python IV

全　　　長	3000ミリ
胴体直径	160ミリ
翼　　幅	500ミリ
発射重量	120キロ
弾頭重量	11キロ
射　　程	15キロ
速　　度	マッハ3.5あるいはマッハ3.5超
誘導方式	赤外線

▼パイソン4
一部ソ連のR-73を踏まえて開発したパイソン4は、パイソン3に大きな改良を施し、最新の性能を多くもつ。全方位のジンバル式シーカーによって高いオフボアサイト交戦能力と大きな追跡角度が得られ、また高度な空力制御が使用されている。

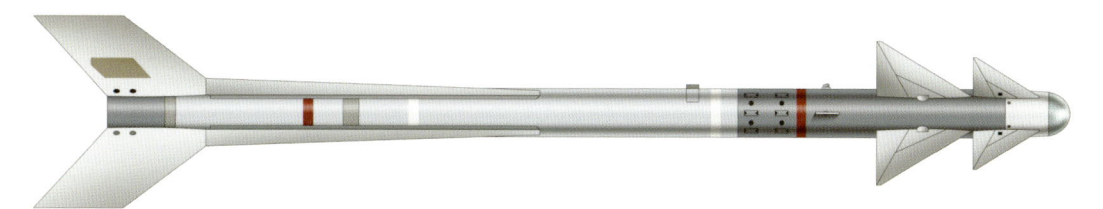

AAM-4（99式空対空誘導弾）

最新の日本製ミサイルが三菱AAM-3（90式）とAAM-4（イラスト）であり、AAM-3は1980年代半ばから開発された運動性の高いドッグファイト用ミサイルだ。AAM-4はアクティヴ・レーダー誘導方式のBVRミサイルで、1999年以降、航空自衛隊（JASDF）のスパローに代わるミサイルとなりつつある。後継の高度なドッグファイト用ミサイルがAAM-5（04式）だ。

AAM-4（Type 99）

全　　　長	3667ミリ
胴体直径	203ミリ
翼　　幅	800ミリ
発射重量	222キロ
射　　程	100キロ
速　　度	マッハ4-5
推進システム	未公表
誘導方式	データリンク＋アクティヴ・レーダー

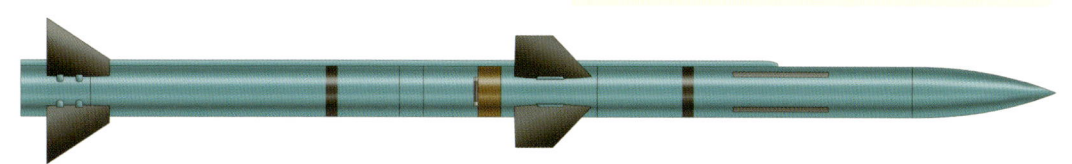

天燕90

全　　　長	1900ミリ
胴体直径	90ミリ
発射重量	20キロ
弾頭重量	3キロ
射　　程	6キロ
速　　度	マッハ2
推進システム	固体燃料ロケット・モーター
誘導方式	赤外線

▼天燕90（TY-90）
過去において、フランス製のミストラルとアメリカのスティンガー地上発射型ミサイルは、航空機による発射が行われたことがある。ソ連製のイグラ・シリースもそうだ。しかし中国の天燕90は、今日のミサイルのなかでも独特のタイプで、最初からヘリコプター搭載向け空対空ミサイルとして開発されている。このIR誘導ミサイルは、低高度を飛ぶ敵ヘリコプターに対するものだ。

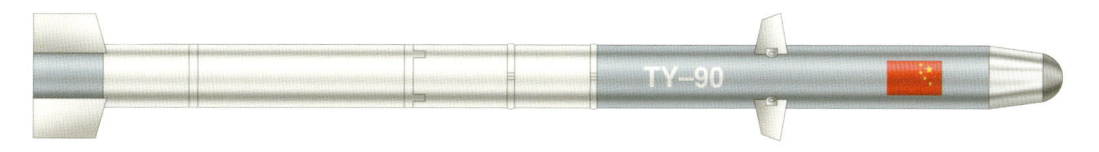

1990年以降の戦闘におけるAAM

イラクと旧ユーゴスラヴィアでは多国籍軍が空戦を行い、このとき最新世代のAAMの一部を戦闘で試用することができた。

多国籍軍の空軍は1991年に「砂漠の嵐」作戦に参加して、おもに実績のあるAIM-7とAIM-9ファミリーを空中戦に使用した。このため、イギリスとフランスのAAMがあったにもかかわらず、効果的に実戦配備されたのはスパローとサイドワインダーだけだった。

米軍機が戦闘に使用したスパローはすべて、大幅に改良された、派生タイプのAIM-7Mと思われる。計26機のイラク航空機がスパローに撃墜されており、71発のAIM-7が発射され、37パーセントの撃墜率を残した。実際には発射に失敗したミサイルが廃棄されたり、搭載機が撃墜されてミサイルを損失したりした例を入れると、計88発のスパローが戦争中に使用された。

一方、サイドワインダーは1991年の「砂漠の嵐」作戦で10機の撃墜を記録し、このうち8つはAIM-9Mモデルによるものだった。2機はサウジアラビア空軍（RSAF）による撃墜で、F-15Cは前世代のAIM-9Pを配備していた。サイドワインダーの撃墜率は、この戦争で計86発が使用されたことをもとに算出される。

イラクの戦闘

しかし、多国籍軍の航空戦力はイラク上空で思うままに攻撃できたわけではなかった。最終的には素晴らしい撃墜数をあげてはいるが、かなりの数のミサイルがターゲットに命中していないし、イラク空軍は少なくとも1機（MiG-25PDSがR-40で米海軍F/A-18Cを撃墜と発表）を撃墜しており、このほかにも撃墜成功はあったと思われる。さらに、イラク空軍のMiG-25が1991年1月30日に、米空軍のF-15CをR-40Rで撃墜したとも主張している。多国籍軍の空襲によって局地防空システムがダウンし、イラクのMiG-21は使用に限界があったため、作戦襲撃は一度のみで、このとき2機が撃墜されている。MiG-23はこれよりはよく戦い、開戦当日の夜、米空軍のF-111Fに（結果は出なかったが）ミサイルを発射した。

少し珍しいものでは、多国籍軍が誘導および無誘導式の空対地ミサイルでイラクの航空機を破壊した例がある。滑走路を走行中のMiG-25が、JP233ディスペンサー兵器搭載の英空軍トーネード機に、またSA.321Hヘリコプターが、米海軍のA-6かF/A-18が発射したAGM-62ウォールアイに破壊されている。また、米空軍のF-15Eが発射したGBU-10誘導爆弾が、ホバリング中のヒューズ500ヘリコプターを破壊した。

少なくとも数発のAIM-120が、「砂漠の嵐」作戦中にこの地域に持ち込まれたのは確かなようだが、戦闘には使用されなかった（戦争中に非公式にAIM-120が使用されたという説もあるが）。戦闘で初めてAMRAAMが公式に使用されたのは、1992年12月27日になってからのこと

▲ **ミサイルの搭載**
上昇中の第33戦術戦闘航空団のF-15Cイーグル。両翼にそれぞれAIM-9サイドワインダー・ミサイルを2発と、胴体の搭載ステーションにAIM-120発達型中射程空対空ミサイル（AMRAAM）を装着している。

だ。「サザン・ウォッチ」作戦中に、AIM-120A搭載のF-16Cが、イラク空軍MiG-25を撃墜した。これは、米空軍のF-16による初の撃墜記録でもあった。「砂漠の嵐」作戦完了から2003年のイラク侵攻にいたるまで、多国籍軍の戦闘機はイラクの「飛行禁止区域」を監視する役割を担っていた。アメリカの発表によると、この期間の戦闘中にAMRAAMが初めて3発発射されて2機を撃墜しており、どちらもF-16戦闘機がイラク機に行ったものだという。2機目はイラク空軍のMiG-23で、1993年1月17日に撃墜されたというが、イラク側はどちらにも異議を唱えている。

イラク上空での追いつ追われつの空中戦は続き、1998年の「砂漠の狐」作戦では、多国籍軍の戦闘機が再度イラク空軍と交戦した。2機の米海軍F-14がイラク空軍の2機のMiG-23MLにAIM-54Cを発射したことがわかっており、ミサイルは2発ともターゲットをはずしたが、MiGの1機は燃料がつき、着陸時に激突した。1999年1月、F-14は再度MiG-23と交戦し、少なくとも1発はAIM-54Cが発射され、これもターゲットをはずした。イラン・イラク戦争以降、MiG-23にはAIM-54を相手にした経験があり、さらにフランスとソ連／ロシアが供与したECM装備を使用して、発射された多数のAMRAAMを回避した。

旧ユーゴスラヴィアでの空戦では、さらに大量のAMRAAMが使用され、1995年の「飛行禁止」作戦と1999年の「同盟の力」作戦では撃墜も記録している。「飛行禁止」作戦では、ボスニア上空の「飛行禁止区域」の監視任務が行われた。8機のユーゴスラヴィア機が1994年2月28日に禁止区域に侵入し、米空軍のF-16Cが急きょ対応した。セルビア人パイロットは禁止区域から出ることを拒否したため、米機が4機のJ-21ヤストレブを撃墜した。最初の3機はあるF-16Cのペアが撃墜し、もう1機は、別のF-16Cのペアによるものだとされている。

「同盟の力」作戦中、米空軍とオランダ空軍（RNAF）が飛ばしたF-16が少なくとも3発の

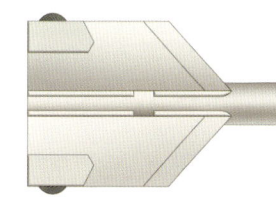

AIM-9M

全　　長	2900ミリ
胴体直径	127ミリ
翼　　幅	635ミリ
発射重量	86キロ
弾頭重量	11.3キロ
射　　程	16キロ
速　　度	超音速
推進システム	チオコール・ハーキュリーズ／バーマイトMk-36 Mod11、1段式固体燃料ロケット・モーター
誘導方式	パッシヴ赤外線

AIM-7Mスパロー

全　　長	3700ミリ
胴体直径	200ミリ
翼　　幅	1000ミリ
発射重量	227キロ
弾頭重量	40キロ
射　　程	55キロ
速　　度	マッハ3.58
推進システム	固体燃料ロケット・モーター
誘導方式	パルス・ドップラー・レーダー

▲**AIM-9Mサイドワインダー**
AIM-9Mは「砂漠の嵐」作戦において、米軍戦闘機の標準的ドッグファイト用AAMだった。しかし、非常に多くの交戦がBVRで行われ、サイドワインダーによる撃墜数はごくかぎられていた。旧ユーゴスラビアの紛争でも同様で、AIM-9Mは、セルビア軍のJ-21ヤストレブ・ジェット機を近距離で2機撃墜したのみだった。

▼**AIM-7Mスパロー**
スパロー後期モデルの戦闘能力は初期世代よりはるかにすぐれていた。この"マイク"は大幅改良モデルであり、モノパルス・シーカーを取り入れて真のルックダウン／シュートダウン能力を備えた最初のスパローだ。AIM-7Mは低高度での性能も向上し、ECCM能力が強化された。

AMRAAMを発射し、2機のMiG-29を破壊したと発表されている。米空軍のF-15も、同作戦中、MiG-29を4機撃墜した。「同盟の力」作戦における6機の空対空の撃墜はすべてBVRの交戦を伴ったもので、早期警戒管制機（AWACS）からの緊密な誘導によって行われた。

航空戦におけるUAVの重要性が増したことで、AAMでUAVを撃墜する国も現れた。2003年のイラク侵攻前に、イラク空軍は、米軍が運用するUAVを撃墜するため全力を挙げた。2002年

「砂漠の嵐」作戦におけるミサイルによる撃墜

日付	運用者	発射母機	ミサイル	撃墜機	撃墜機運用者
1991年1月17日	イラク	MiG-25PDS	R-40	F/A-18C	米海軍
1991年1月17日	米空軍	F-15C	AIM-7M	MiG-29	イラク
1991年1月17日	米空軍	F-15C	AIM-7M	ミラージュF.1EQ	イラク
1991年1月17日	米空軍	F-15C	AIM-7M	ミラージュF.1EQ	イラク
1991年1月17日	米空軍	F-15C	AIM-7M	ミラージュF.1BQ	イラク
1991年1月17日	米海軍	F/A-18C	AIM-7M	MiG-21bis	イラク
1991年1月17日	米海軍	F/A-18C	AIM-9M	MiG-21bis	イラク
1991年1月17日	米空軍	F-15C	AIM-7M	MiG-29	イラク
1991年1月17日	米空軍	F-15C	AIM-7M	MiG-29	イラク
1991年1月19日	米空軍	F-15C	AIM-7M	MiG-25PD	イラク
1991年1月19日	米空軍	F-15C	AIM-7M	MiG-25PD	イラク
1991年1月19日	米空軍	F-15C	AIM-7M	MiG-29	イラク
1991年1月19日	米空軍	F-15C	AIM-7M	ミラージュF.1EQ	イラク
1991年1月19日	米空軍	F-15C	AIM-7M	ミラージュF.1EQ	イラク
1991年1月24日	サウジアラビア	F-15C	AIM-9P	ミラージュF.1EQ	イラク
1991年1月24日	サウジアラビア	F-15C	AIM-9P	ミラージュF.1EQ	イラク
1991年1月26日	米空軍	F-15C	AIM-7M	MiG-23MF	イラク
1991年1月26日	米空軍	F-15C	AIM-7M	MiG-23MF	イラク
1991年1月26日	米空軍	F-15C	AIM-7M	MiG-23MF	イラク
1991年1月27日	米空軍	F-15C	AIM-9M	MiG-23MF	イラク
1991年1月27日	米空軍	F-15C	AIM-9M	MiG-23MF	イラク
1991年1月27日	米空軍	F-15C	AIM-7M	MiG-23MF	イラク
1991年1月27日	米空軍	F-15C	AIM-7M	ミラージュF.1EQ	イラク
1991年1月29日	米空軍	F-15C	AIM-7M	MiG-23	イラク
1991年1月29日	米空軍	F-15C	AIM-7M	MiG-23	イラク
1991年2月2日	米空軍	F-15C	AIM-7Mと機関砲	Il-76	イラク
1991年2月6日	米空軍	F-15C	AIM-9M	MiG-21bis	イラク
1991年2月6日	米空軍	F-15C	AIM-9M	MiG-21bis	イラク
1991年2月6日	米空軍	F-15C	AIM-9M	Su-25K	イラク
1991年2月6日	米空軍	F-15C	AIM-9M	Su-25K	イラク
1991年2月6日	米海軍	F-14A	AIM-9M	Mi-17	イラク
1991年2月6日	米空軍	F-15C	AIM-7M	Su-22M3K	イラク
1991年2月7日	米空軍	F-15C	AIM-7M	Su-22M3K	イラク
1991年2月7日	米空軍	F-15C	AIM-7M	Su-22M3K	イラク
1991年2月7日	米空軍	F-15C	AIM-7M	Mi-24	イラク
1991年2月11日	米空軍	F-15C	AIM-7M	SA.330ピューマ/Mi-8	イラク
1991年2月11日	米空軍	F-15C	AIM-7M	Mi-8	イラク

旧ユーゴスラヴィアにおけるミサイルによる撃墜

日付	運用者	発射母機	ミサイル	撃墜機	撃墜機運用者
1994年2月28日	米空軍	F-16C	AIM-120A	J-21	セルビア
1994年2月28日	米空軍	F-16C	AIM-120A	J-21	セルビア
1994年2月28日	米空軍	F-16C	AIM-9M	J-21	セルビア
1994年2月28日	米空軍	F-16C	AIM-9M	J-21	セルビア
1999年3月24日	オランダ	F-16A-MLU	AIM-120A	MiG-29	セルビア
1999年3月24日	米空軍	F-15C	AIM-120C	MiG-29	セルビア
1999年3月24日	米空軍	F-15C	AIM-120C	MiG-29	セルビア
1999年3月26日	米空軍	F-15C	AIM-120C	MiG-29	セルビア
1999年3月26日	米空軍	F-15C	AIM-120C	MiG-29	セルビア
1999年5月4日	米空軍	F-16C	AIM-120C	MiG-29	セルビア

12月には、イラク空軍のMiG-25が、米空軍のRQ-1AプレデターUAVをミサイルで破壊している。中東では、パイソン5 AAMが初めて実戦使用されたといわれ、2006年のレバノン戦争において、イスラエル空軍のF-16がこのミサイルで、ヒズボラのUAVを撃墜した。パイソン5は1999年頃極秘の開発計画がはじまり、2005年に実用配備されていた。

イスラエルとシリア

シリアとイスラエルの戦闘機は定期的に衝突し、近年ではAAMによる撃墜も行われている。2001年9月14日に、イスラエルの2機のF-15CがAIM-9Mとパイソン4を使用し、この2機の迎撃に向かったシリア空軍MiG-29のペアを撃墜したことはよく知られている。実際には、これがイスラエル空軍が行った初のMiG-29撃墜ではなく、1989年6月2日に、ソ連戦闘機がF-15により破壊されている。逆に、2002年4月には、シリアのMiG-23がイスラエルのUAVを撃墜した。この無人機がヨルダン領空からシリア国境を越えたため、AAMで破壊したのだ。

▼AIM-120C AMRAAM

AMRAAMは、「砂漠の嵐」作戦で十分活用するには間に合わず、1991年9月になって運用された。このミサイルは、破砕弾頭を装着し、近接および着発信管を組み合わせている点が大きな特徴だ。イラストは翼端を切り落としたタイプで、機内収容が可能。

ギリシアとトルコの戦闘機はエーゲ海上空で頻繁に衝突を繰り返し、ここでもAAMによる撃墜が行われたことは確かだ。1996年10月、ギリシア空軍（HAF）のミラージュ2000EGがトルコ空軍（TuAF）のF-16Dを撃墜したことはよく知られている。ギリシア機のパイロットが発射したのはマジック2 AAMだった。ほかにも、迎撃に続くドッグファイトもどきのさなか、激しい機動飛行中にギリシアとトルコの戦闘機が撃墜されている。

旧ソ連の解体以降、ロシアを悩ませている紛争でもかなりの割合で戦闘にAAMが使用されているが、多くは詳細の確認がとれない。第1次チェチェン紛争中の1994年9月4日には、1機のロシア軍Su-27がR-73を使用し、チェチェン軍のL-39を撃墜した。さらに、南オセチア紛争中にもロシアは空対空の撃墜を果たし、2008年8月9日に、グルジアのSu-25がツヒンバリ上空で撃墜されたといわれている。

AIM-120C AMRAAM

全　　長	3700ミリ
胴体直径	180ミリ
翼　　幅	530ミリ
発射重量	152キロ
弾頭重量	23キロ
射　　程	48キロ
速　　度	マッハ4
推進システム	高性能固体燃料ロケット・モーター
誘導方式	慣性航法装置（INS）、アクティヴ・レーダー

第2章
空対地ミサイル

　第2次世界大戦中、高性能の誘導空対地ミサイル（ASM）が、ドイツ空軍により初めて配備された。

　すでにこの初期段階において、こうしたミサイルの開発はふたつの大きく異なる道に分かれた。戦略的ターゲットの破壊を目的とする、より長射程で重量の大きい巡航ミサイルと、橋や戦艦といった重要な戦術的ターゲットを狙うための短射程ミサイルだ。大戦直後、超大国は核搭載の巡航ミサイルの配備に力を入れ、1960年代には第1世代の実用的な戦術空対地ミサイル（AGM）が登場し、そのなかには、敵の防空システム破壊を目的としたものもあった。

◀ **タンクバスター**
2007年4月、実射訓練において太平洋・アラスカ訓練空域を飛ぶA-10サンダーボルト。この対地攻撃機は、アラスカ州エイルソン空軍基地、第355戦闘飛行隊所属。第355戦闘飛行隊は、攻撃態勢を整えたA-10を提供し、救難能力ももっており、アラスカ全土と世界各地に配備される任務を負う。

冷戦初期の戦略ASM

第2次世界大戦終結時、多数のドイツ製V-1飛行爆弾がソ連とアメリカの手にわたり、両国はこれに刺激を受けて核搭載の空中発射巡航ミサイル（ALCM）を開発した。

ドイツ開発のV-1飛行爆弾は技術的には粗雑だったが非常に潜在力があり、鉄のカーテンの両側で、この爆弾のコンセプトを参考に、のちに巡航ミサイルといわれることになる兵器が生まれる。ソ連は、V-1のリバースエンジニアリングした一連のコピー爆弾を開発したものの、この研究を中止した。新設計のMiG-15ジェット戦闘機登場を受けて、1947年に新しいミサイルの開発に着手したのだ。これがKS-1コメートで、NATO／航空関係標準化調整委員会（ASCC）の報告名はAS-1"ケンネル"だ。このミサイルはおもに対艦使用を目的としていたが、戦略的地上ターゲットに対する能力もあった。このミサイルは、軽量化したMiG-15をモデルとし、出力を減じたターボジェット・エンジンを搭載しており、B-29スーパーフォートレスをベースにしたTu-4爆撃機に搭載予定だった。のちにKS-1は、ミサイル搭載タイプTu-16ジェット爆撃機の兵装となる。

KS-1は、飛翔中に発射母機がターゲットにレーダー照射する必要があった。誘導方式を検証するために有人操作タイプのKS-1が開発され、1951年から試験が行われて1953年に実用配備の道筋をつけた。このミサイルは（Tu-16とともに）エジプトとインドネシアに輸出された。輸出向けは通常弾頭装着での配備のみだったが、ソ連が運用するKS-1は核弾頭も搭載可能だった。

KS-1がMiG-15の空力を参考にした一方で、その後のKh-20（AS-3"カンガルー"）はMiG-21超音速ジェット戦闘機の基本構造を採用した（実際は、MiG-21のもとになった実験機I-7をベースとしている）。KS-1と異なり、Kh-20は地上のターゲット攻撃向けであり、おもに政治や産業の中心や、主要な軍事施設を目標とした。Tu-95K爆撃機に搭載されるKh-20はターボジェットを推進力とし、発射母機から中間飛翔用アップデートを受ける慣性誘導方式を使用した。メガトン級の核弾頭を搭載したKh-20は、1959年にソ連で実用配備された。

KS-1とKh-20はミコヤン・グレヴィッチ設計局が開発したのに対し、新型ALCMのファミリーはベレズニャク設計局（のちのラドゥガ）が担当した。KSR-2（AS-5"ケルト"）ミサイルは液体燃料ロケット・モーターを推進システムとし、対艦および地上攻撃向けのミサイルだった。このミサイルはTu-16に搭載されて1962年に実用配備され、エジプトにも（通常は搭載機とともに）

▼**KS-1コメート（AS-1"ケンネル"）**
ソ連で初めて実用配備されたALCMである、ミコヤン・グレヴィッチ設計局開発のKS-1は海軍と陸軍でも採用された。FKR-1は戦場用巡航ミサイルとして支給され、S-2は沿岸防衛軍、KSSはソ連艦艇が採用した。

KS-1 Komet (AS-1 'Kennel')

全　　　長	8290ミリ
胴体直径	1150ミリ
翼　　　幅	4720ミリ
発射重量	2735キロ
弾頭重量	800キロ
射　　　程	80キロ
速　　　度	時速1060キロ
推進システム	クリモフRD-500Kターボジェット
誘導方式	セミアクティヴ・レーダーとパッシヴ誘導（終末飛翔）

輸出され、エジプトは1973年の第4次中東戦争でこのミサイルを採用した。KSR-11はKSR-2と同じエアフレームを使用し、ASCCの報告名も同じだが、対レーダー兵器とされ、通常弾頭のみを装着した。

B-52搭載向けハウンドドッグ

米軍と英軍は新しいクラスのミサイルである、空中発射弾道ミサイル（ALBM）導入を強く望んでいた。初めて開発されたミサイルがGAM-87スカイボルトであり、これは米空軍B-52と英空軍ヴァルカン爆撃機向け兵装の、米英合同プロジェクトだった（ある段階では、英空軍のヴィクターとVC10航空機にもスカイボルトを搭載する計画だった）。しかしスカイボルトは、予算不足と政治問題のために1962年に開発中止された。代わって戦略航空軍団（SAC）では冷戦期間の大部分において、利用可能な空中発射長射程戦略ミサイルは、GAM-77（1962年に導入された三軍航空機統一命名システムによりAGM-28と改名）ハウンドドックのみとなった。1961年から1976年まで就役し、最終的に新型のAGM-69短射程攻撃ミサイル（SRAM）に代わられたが、アメリカでは、このタイプで初の運用能力を獲得したミサイルとなった。1メガトンの核弾頭を搭載し、ターボジェット・エンジン使用のハウンドドッグは、発射直前に発射母機からアップデートを受ける慣性誘導方式を使用し、ソ連の防空システムを破るためにECM能力を備えていた。SACのB-52G/H隊がAGM-28を搭載し、1960年代初期には600発近くが配備されていた。

イギリスでは、空中発射スタンドオフ爆弾（「巡

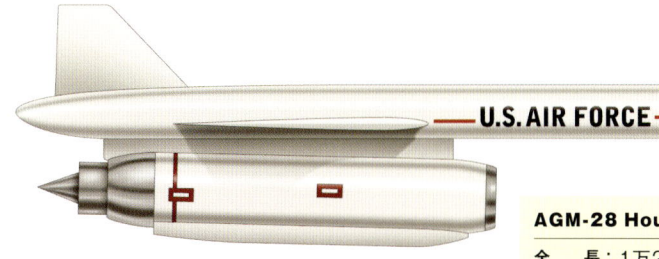

▲AGM-28ハウンドドッグ

ハウンドドッグは、発射母機B-52による推力を補う能力があるという大きな特徴をもつ。B-52の燃料供給システムと連結され、ミサイルのJ52エンジンがパワーを増して、爆撃機による迅速な発射を助ける。B-52G/Hは左右の翼下部に1発ずつ、計2発のハウンドドッグを搭載可能。

AGM-28 Hound Dog

全　　長：	1万2950ミリ
胴体直径：	未公表
高　　さ：	2800ミリ
翼　　幅：	3700ミリ
発射重量：	4603キロ
弾頭重量：	790キロ
射　　程：	1263キロ
速　　度：	マッハ2.1
推進システム：	プラット＆ホイットニー J52-P-3ターボジェット
誘導方式：	慣性航法装置、天測航法による修正

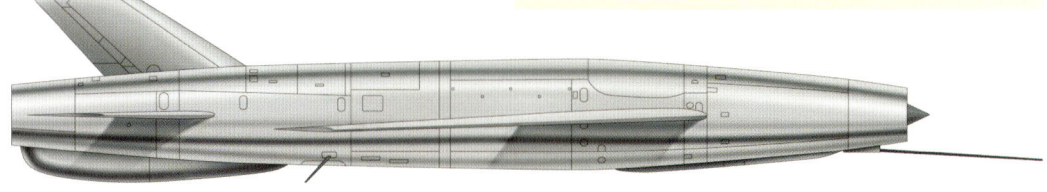

Kh-20（AS-3 'Kangaroo'）

全　　長：	1万4900ミリ
胴体直径：	1900ミリ
翼　　幅：	9200ミリ
発射重量：	1万1000キロ
弾頭重量：	2300キロ
射　　程：	650キロ
速　　度：	時速2280キロ
推進システム：	ツマンスキー R-11、アフターバーナー付き2軸式ターボジェット
誘導方式：	ビーム・ライディング

▲Kh-20（AS-3"カンガルー"）

Tu-95K"ベアB"爆撃機搭載の巨大なKh-20は、1970年代まで就役し、新世代の巡航ミサイルがこれに代わった。発射と上昇にはプログラムによるオートパイロット、中間飛翔には指令誘導付きオートパイロット、ターゲットへの降下は事前プログラムで行うという誘導方式を使用した。

Air-to-Surface Missiles

▲ 格納
イギリス某所の格納庫に並ぶアブロ・ブルースチール・スタンドオフ核ミサイル。1973年。

航ミサイル」という名はあとで採用されたもの)が、英空軍のV爆撃機のうち、ヴァルカンとヴィクター爆撃機の威力改善と生存率向上の手段とされた。ブルースチールは液体燃料ロケット・モーターを使用し超音速の能力を得、このミサイル装着向けに改修されたヴァルカンB.Mk2とヴィクターB.Mk2が、半埋め込み式で1発を搭載可能だった。比較的短射程のブルースチールは、発射母機が守りの固いターゲットに接近しなくてもす

むことをめざし、1962年に英空軍第617飛行中隊のヴァルカンで運用すると発表された。スカイボルト計画が廃止され、ブルースチールがV爆撃機の主要ミサイルであり続けたが、1969年に戦略的役割を失い、英海軍のポラリス潜水艦発射型ミサイルにその地位をゆずった。

▼ ブルースチール
アブロ・ブルースチール爆弾は慣性航法装置を使用した。精度には限界があったものの、核弾頭の使用はこれを補うのに十分だった。1959-60年にかけて、オーストラリアとウェールズで試射が行われた。

Blue Steel

全　　長	1万700ミリ
胴体直径	1220ミリ
翼　　幅	4000ミリ
発射重量	7700キロ
弾頭出力	1.1メガトン
射　　程	240キロ
速　　度	マッハ2.3
推進システム	液体燃料アームストロング・シドレー・ステンター・ロケット
誘導方式	慣性

冷戦後期の戦略ASM

SAMと、戦闘機の防衛力の改良は続き、1960年代後半から、新世代のより高性能な空中発射戦略ミサイルの必要性が高まった。

1969年のブルースチール退役によって、アメリカとソ連には新しいクラスのより性能の高いALCMを開発する必要性が生じた。一方フランスもこのタイプのミサイルを、1980年代に初めて導入した。

アメリカでは、AGM-69 SRAMがハウンドドッグの後継ミサイルとして登場した。概念上はハウンドドッグとかなり異なるSRAMは、小型でB-52かFB-111に内部搭載可能であり、弾道タイプの飛翔と2段式固体燃料ロケット・モーターを取り入れた。B-52G/Hでは、内部（8発）と翼下部のパイロン（12発）に20発まで装着でき、FB-111Aは6発を搭載可能だった。

1964年から開発されたSRAMは1972年に運用がはじまり、主要ターゲットに向かう途上の防空拠点など、固定のターゲットに向けた使用を計画されていた。SRAMは約1500発が製造され、1990年に実用配備を終わった。

ソ連では、Tu-22爆撃機と並行し、Kh-22（AS-4"キッチン"）にはじまる液体燃料巡航ミサイルの開発がラドゥガ設計局で続けられた。Kh-22の開発は1958年にはじまり、当初からミサイルは地上あるいは洋上のターゲットへの使用を目的とされていた。また、単体のターゲット攻撃用のアクティヴ・レーダー・シーカーか、広範なターゲットを攻撃するための慣性航法装置を使用し、弾頭は、核と、通常型の高性能爆薬／徹甲タイプのどちらかを装着した。

▼ AGM-69A SRAM
ボーイングSRAMはB-52G/HとFB-111Aが搭載し運用した。B-1Aとのちにに B-1Bに導入する計画があったが、これらは順に中断され（B-1Aは中止された）、最終的に、ミサイルは冷戦終結後に廃棄された。

Kh-22はTu-22（このタイプのミサイルを1発搭載）に1967年に実用配備され、運用期間は長く、非常に重要な兵器となった。1975年から、改良型のKh-22MがTu-95K-22（2発搭載）とTu-22M（3発まで搭載）の兵装に使われはじめた。何度もアップグレードされ、最終的にKh-22には3つ目の誘導方式である、対レーダー用のパッシヴ・レーダー・シーカーが備わった。

Kh-22と同様のコンセプトをもつのがKSR-5（AS-6"キングフィッシュ"）であり、これは1974年からミサイル搭載タイプTu-16の兵装となった。おもに対艦攻撃に利用されたが、大型の地上ターゲットへの使用も可能だった。前モデルのKSR-2と同じく、基本タイプのアクティヴ・レーダー誘導方式のKSR-5は対レーダー任務にも適しており、1979年には新型のパッシヴ・レーダーを備えたKSR-5Pも誕生した。

冷戦時代の巡航ミサイル

1980年代初期には新世代の巡航ミサイルの第一波が利用可能になった。アメリカとソ連は、それぞれの爆撃機隊の攻撃力と生存率を最大化する

AGM-69A SRAM	
全　　長	4830ミリ（尾部フェアリング含む）
胴体直径	450ミリ
翼　　幅	760ミリ
発射重量	1010キロ
弾頭重量	未公表
射　　程	169キロ
速　　度	マッハ3.5
推進システム	ロッキードSR75-LP-1、2段式固体燃料ロケット・モーター
誘導方式	ジェネラル・プレシジョン／カーフォットKT-76慣性航法装置、およびスチュワート・ワーナー電波高度計

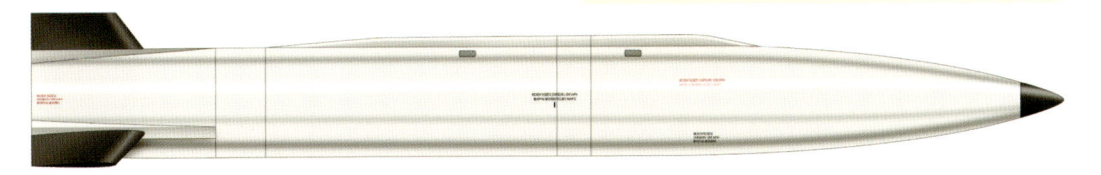

Air-to-Surface Missiles

ために、比較的安価にすむことからこうしたミサイルを採用した。結局、アメリカもソ連も似たような策をとり、性能が向上しつつある敵の防空を回避するために、低高度を飛翔する、長射程のターボファン・エンジン装着のミサイルを採用した。これらのミサイルは比較的小型で、発射母機の内部にも、外部のステーションにも搭載が可能だった。

B-52G/H搭載向けAGM-86空中発射巡航ミサイル（ALCM）の開発は1968年にはじまったが、開発契約は1974年になってようやく交わされた。当初AGM-86Aは地形照合誘導方式（TERCOM）の慣性航法を導入して高精度を確保したが、採用されることはなかった。艦上発射型トマホーク巡航ミサイルの空中発射型であるAGM-109との性能比較飛行ののち、長射程AGM-86Bが採用され、1981年に生産、運用が開始された。B-52Hは、内部に8発、翼下部のパイロンに12発、計20発のALCMを搭載可能だった。

ソ連のKh-55（AS-15"ケント"）は新型のTu-95MSとTu-160戦略爆撃機の兵装向けに開発され、1983年に実用配備された。Tu-95MSは内部に6発と外部のステーションに10発まで搭載が可能で、Tu-160は内部ベイに12発を搭載可能だった。ALCM同様、Kh-55は亜音速のミサイルであり、当初は熱核弾頭を装着した。しかしALCMとは違って、射程延伸タイプで非公式にはKh-55SMと呼ばれるミサイルは、コンフォーマル燃料タンクを使用する。

自由落下核爆弾を搭載したミラージュIVA戦略爆撃機に替えるため、フランスは独自のALCMであるASMPを開発した。1986年に、ミサイルはアップグレードしたミラージュIVPの18機に配備され、その後、この機の後継機で核攻撃を役割とするミラージュ2000Nとフランス海軍のシュペル・エタンダールに搭載された。

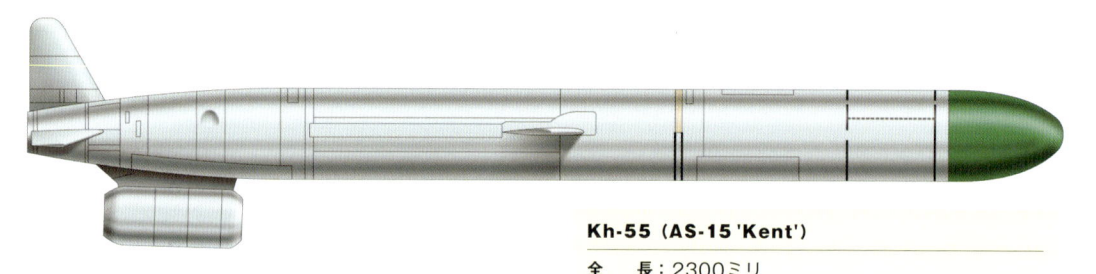

▲Kh-55（AS-15"ケント"）
イラストは飛翔用に翼を展張しターボファン・エンジンを備えたもの。Kh-55は全自動の地形照合誘導ミサイル。迅速に開発され、米空軍において同等のALCMより先に運用試験がはじまった。

Kh-55（AS-15 'Kent'）
全　　長	2300ミリ
胴体直径	180ミリ
翼　　幅	580ミリ
発射重量	100キロ
弾頭重量	30キロ
射　　程	15キロ
速　　度	時速1000キロ
推進システム	無煙ニトラミン固体燃料ロケット・モーター
誘導方式	無線指令

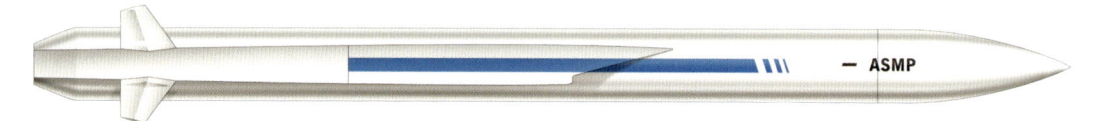

ASMP
全　　長	5380ミリ
胴体直径	300ミリ
翼　　幅	未公表
発射重量	860キロ
弾頭重量	150-300キロトン
射　　程	80-300キロ
速　　度	マッハ2-3
推進システム	液体燃料ラムジェット
誘導方式	赤外線

▲ASMP
液体燃料ラムジェットと固体燃料ロケット・ブースターを推進システムとする超音速ASMPは1978年からアエロスパシアル社により開発された。プラットフォーム方式慣性誘導により、ターゲットまで地形追従飛翔する。実弾発射テストは1983年にはじまった。

現代の戦略ASM

冷戦終結後、核兵器の重要性は低下し、ALCMの一部は通常弾頭装備に変えられはじめた。

冷戦時代の巡航ミサイルで、米空軍において初めて「通常弾頭となった」のがALCMだった。1986年から、AGM-86BをAGM-86C規格へと改修する作業がはじまり、通常弾頭型空中発射巡航ミサイル（CALCM）と呼ばれた。このミサイルは核弾頭を909キロの爆風破砕弾頭に置き換え、GPS誘導を導入した。堅固化ターゲットに使用されるAGM-86D CALCMは貫通弾頭を装着し、2001年にはじめて試射が行われた。

B-52HのALCMは通常タイプの任務に運用されたが、ステルス性の高いAGM-129発展型巡航ミサイル（ACM）は、搭載されたのは同じ機だが、もっぱら核弾頭装備型だった。このミサイルは1982年から開発され、生産、引き渡しは1990年にはじまった。AGM-86Bと同じ熱核弾頭を装着するACMは、前進角を持った主翼と尾翼、TERCOM誘導を特徴とした。ACMが2007年に退役するまで、B-52Hはこのミサイルを20発搭載可能で、8発は内部に装着した。

通常型のALCM開発でリードするアメリカをロシアが追い、主要ミサイルKh-55の修正型であるKh-555を開発した。Kh-555には、新しい弾頭にくわえ、必要な精度を得るために終末段階用光電子誘導方式をくわえている。以前にソ連がTu-160とTu-22M3の兵装向けSRAMとして開発したKh-15（AS-16"キックバック"）は、明らかにアメリカのミサイル開発を意識したものだった。弾道プロファイルも用いるKh-15は1988年に運用試験がはじまり、エリアをターゲットとする慣性航法（核弾頭装着）と、レーダー施設に

AGM-129 ACM

全　　長	6350ミリ
胴体直径	705ミリ
翼　　幅	3100ミリ
発射重量	1334キロ
射　　程	3704キロ
速　　度	時速800キロ
推進システム	ウィリアムズ・インターナショナルF112-WR-100ターボファン
誘導方式	軽量捜索測距機能付き慣性誘導方式

▲ AGM-129 ACM
いったんはAGM-86の後継ミサイルとする予定だったACMは、460発で生産が終了した。AGM-129はB-52Hのみの搭載だったが、モスクワ条約の指針によって2007年からの退役が決まった。ACMはおもにコスト面の問題から、より数の多いALCMに代わって退役ミサイルに選ばれた。このミサイルは、空気取り入れ口が隠れて見えない点と、前進翼が大きな特徴だ。

▼ Kh-15（AS-16"キックバック"）
Kh-15はTu-160（2ヶ所の内部ベイに24発）とTu-22M-3（内部に6発、外部に4発）が搭載する。SRAM同様、Kh-15は弾道飛翔を行い、最大速度までスピードを上げて成層圏に達し、その後、軌道を修正してターゲットに向け降下する。

Kh-15（AS-16 'Kickback'）

全　　長	4780ミリ
胴体直径	455ミリ
翼　　幅	920ミリ
発射重量	1200キロ
弾頭重量	150キロ
射　　程	300キロ
速　　度	マッハ5まで
推進システム	未公表
誘導方式	慣性、アクティヴ・レーダーまたは対レーダー

対するパッシヴ・レーダー誘導というふたつの誘導方式のミサイルが利用可能である。対レーダー・タイプは政治上の問題から廃棄されたようだ。対艦タイプのKh-15Sは通常弾頭とアクティヴ・レーダー・シーカーを備えているが、実用配備されたかどうかは不明だ。

ロシアの最新型巡航ミサイルがKh-101だ。長射程、亜音速のミサイルでステルス性を特徴とし、Kh-55/555の後継とする予定だ。Kh-101は2008年に、Tu-95MS爆撃機が試験搭載で外部に8発を装備しているのを初めて確認された。Kh-101が大型であるため、おそらくTu-95MSに内部搭載できないのだろう。2008年半ばには、8機のTu-95MSが、Kh-101搭載のためにアップグレードされたと報告されている。ミサイルの誘導方式には光電子誘導がくわわり、精度向上のためにGPS受信機をもつ可能性もある。Kh-102は、同じエアフレームと推進システムを使用した核弾頭装着タイプだといわれている。

フランスでは、ASMPの後継ミサイル、ASMP-Aがあり、改良型中射程空対地ミサイル（Air-Sol Moyenne Portee Ameliore）を意味する。このミサイルは2009年にミラージュ2000Nに搭載されて実用配備され、2010年にフランス空軍ラファールでの運用が公表された。

中国では長期にわたって、ミサイルを搭載する轟炸6型（H-6）爆撃機が、旧型の鷹撃6型（YJ-6）対艦ミサイルを間に合わせの長射程向けミサイルとして使用してきた。近年では、轟炸6型H爆撃機搭載向けに、鷹撃6型を大幅に改良し、鷹撃63空中発射型対地巡航ミサイル（LACM）を開発することに力を入れている。

2005年頃に実用配備された鷹撃63は推進システムにターボジェットを使用し、衛星情報と発射母機からの中間アップデートによる慣性誘導を用いる。終末誘導は、パッシヴ誘導を使用するか無線指令を介して行っているのは明らかだ。最新のLACMは東海10型（DH-10）に代表される。これはロシアのKh-55の技術をベースにしており、ウクライナから入手したと思われる。東海10型は、中国人民解放軍が装備する地上発射型巡航ミサイルとして実用配備されているが、最新型轟炸6型K爆撃機に搭載が確認されている空中発射型ミサイルのベースともなっているようだ。

▼鷹撃63型
鷹撃6型を改良した鷹撃63型は、轟炸6型H爆撃機の兵装向け対地巡航ミサイルであり、翼下部に2発を搭載可能だ。KD-63ともいわれる。鷹撃6型とは異なり、十字形の尾翼をもつ。

鷹撃63型

全　　長	：未公表
胴体直径	：未公表
翼　　幅	：未公表
発射重量	：未公表
弾頭重量	：500キロ
射　　程	：200キロ
速　　度	：亜音速
推進システム	：ターボジェット
誘導方式	：慣性およびGPS補正（中間飛翔）＋終末誘導

▼ASMP-A
ASMP-Aはフランスの新世代空中発射核ミサイル。空軍と海軍のシュペル・エタンダール、ラファールF3戦闘機搭載用に開発された。フランス軍では、2011年には、ASMPに替えてASMP-Aを導入する予定だった。ミサイルの射程と軌道選択と、貫通能力に改良が施されている。

ASMP-A

全　　長	：5380ミリ
胴体直径	：300ミリ
翼　　幅	：未公表
発射重量	：860キロ
弾頭重量	：未公表
射　　程	：未公表
速　　度	：マッハ2-3
推進システム	：液体燃料ラムジェット
誘導方式	：赤外線

冷戦時代の戦術ASM

誘導ASMを戦術機からの発射にうまく適合させるには数年を要し、初期には、まだ発達過程にある誘導方式がしばしばこの障害になった。

アメリカで初めて誘導ASMとして実用配備されたのはブルパップであり、米海軍FJ-4フューリー戦闘爆撃機で運用され、1959年に米海軍空母レキシントンに搭載された。第1世代のASMと同じく指令誘導を採用したブルパップは、パイロットか、もうひとりの乗員がターゲットまで誘導し、航空機のコックピットにはジョイスティック（操縦桿）と制御ボックスが備わっていた。ブルパップの開発は米海軍の要請によって1953年にはじまり、1954年にマーチン社が契約を勝ち取った。当初の名はASM-N-7だったこのミサイルは、1955年に初めての試射が行われた。ASM-N-7は固体燃料ロケット・モーターを推進システムとした。1960年には、改良型の液体燃料ロケット・モーターを使用したASM-N-7aブルパップAが登場した。

大型弾頭

最初のミサイルが期待したほど破壊力がないことが判明したため、1964年のASM-N-7bブルパップBは454キロの弾頭を導入し、推力を増強したモーターを使用した。

▼任務の確認
1967年7月、ヴェトナム上空での飛行任務に出発前、AGM-62ウォールアイ・ミサイルのチェックが行われるのを待つ、A-4スカイホーク攻撃機のパイロット。

ブルパップASMの名称

本来の名称	1963年以降の名称
ASM-N-7	AGM-12A
GAM-83	AGM-12A
ASM-N-7a	AGM-12B
GAM-83A	AGM-12B
ASM-N-7b	AGM-12C
GAM-83B	AGM-12D
TGAM-83	ATM-12

サイドワンダーをもつ米空軍は、ブルパップも（GAM-83という名で）採用すると、核弾頭も搭載できることを要求した。GAM-83Aは海軍のASM-N-7aブルパップAと同タイプだったが、GAM-83Bは核弾頭タイプで、出力1キロトンの弾頭を搭載可能だった。1963年、ブルパップ・ファミリーにはAGM-12シリーズという新しい名がついた。数は減少したものの、AGM-12は1980年代初めまで米軍で実用配備されていた。

シュライク対レーダー・ミサイル

アメリカで就役した初の対レーダー・ミサイル（ARM）がAGM-45シュライクだ。新しいタイプの空中発射型誘導ミサイルの到来を告げたこのARMは、敵の地上防空レーダーを破壊するかシャットダウンすることを目的とし、それによって従来攻撃機が直面していた危険は減少した。シュライクは、ヴェトナムの戦闘で使用されたF-105F/G"ワイルド・ウィーズル"防空網制圧機の初期兵装となった。さらに、1982年のフォークランド紛争において、英空軍のヴァルカン機がポートスタンリーに行った急襲作戦「ブラック・バック」のうち、2回にAGM-45が使用されたことは知られており、また、同年のイスラエルのレバノン侵攻作戦でも中心的役割を果たした。シュライク（当時はASM-N-10）の開発は、米海軍の要請によって1958年にはじまり、1963年から生産された。シュライクはAAM-N-6スパローAAMのエアフレームを使用し、最終的には、対するターゲットによって、13の異なるシーカー・ヘッドを用いる設定となった。これは実際にはミサイルの大きな欠点となるものだった。シーカーはある周波数帯に固定されているので、ターゲットとするレーダーのタイプごとにシーカー・ヘッドを変える必要があったのだ。さらに、ターゲットにしたレーダーが停止したら、シュライクはまったく捕捉できない。またシーカー・ヘッドの視界は固定されているので、ミサイルはターゲットの方向に発射されなければならなかった。

シュライクは1965年に、当初は米海軍で実用配備された。AGM-45Aの派生タイプが多数生まれたのち、1970年代初期にAGM-45Bが登場し、モーターと弾頭が改良されて射程と破壊力が増した。1万8500発のシュライクのうち、大半は米空軍に配備された。

TV誘導方式のAGM-62ウォールアイは、実際には無動力兵器で、そのため厳密には誘導爆弾のカテゴリーにしか入らない。しかし、1963年に米海軍兵器センターで開発がはじまったときには、「ミサイル」と名付けられた。1967年に実用配備されたウォールアイは、撃ちっ放しの誘導方式

▼AGM-62ウォールアイI
無動力ではあったが、ウォールアイは当初、米海軍によって誘導ミサイルと分類されていた。ターゲットと周囲とのコントラスト差が十分であれば、ミサイルのLOBLモードの誘導は正確だった。ウォールアイIIは2倍超の重量の弾頭を導入した。

AGM-62 Walleye I

全　　　長	3475ミリ
胴体直径	320ミリ
翼　　　幅	1143ミリ
発射重量	998キロ
弾頭重量	748キロ
射　　　程	26キロ
速　　　度	未公表
推進システム	ラム・エア・タービン（RAT）
誘導方式	閉回路TVシステム

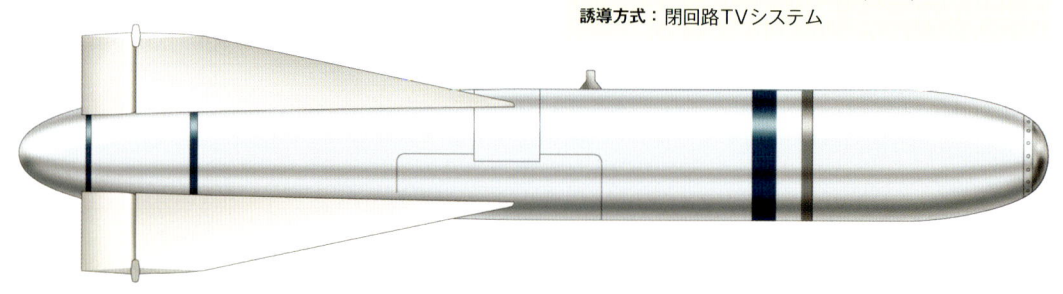

で、ノーズ部に、画像をコックピットに送信するTVカメラがついている。パイロットはスクリーン上でターゲットを選び、ロックオンし、ミサイルを発射する。その後、ミサイルはターゲットのコントラスト・パターンによってターゲットまで誘導され、パイロットは、ウォールアイがコースから外れるようなことがあれば、コース修正を行うだけだ。間もなくウォールアイはミサイルではなく誘導兵器と再分類され、その後の主要タイプにはウォールアイER（射程延伸型）がある。さらに、より強力な弾頭をもち、フィンが新しくなったMk 5ウォールアイIIが続いた。1973年に戦闘テストを行ったウォールアイIIは、1974年に海軍に採用された。Mk6はウォールアイIIに似ているが、低出力の核弾頭を搭載した。

しかし、AGM-65マヴェリックが登場すると、これがアメリカのAGMで初めて真の撃ちっ放し誘導方式を備えた戦術ミサイルとなった。2段推力固体燃料ロケット・モーターを推進システムとし、ブルパップの後継ミサイルとされるマヴェリックは、1965年に米空軍のプログラムとして誕生した。そして1972年に実用配備されたのが、光電子誘導方式のAGM-65Aだった。ウォールアイで新たに導入されたのと同じように、コックピットのスクリーンにミサイルからTV画像が送信され、パイロットはディスプレイ上のカーソルを動かしてターゲットを選定した。ロックオンされるとミサイルは発射され、コントラスト差でターゲットを自動追尾する。改良型のAGM-65Bは、最初のモデルで判明したTVの拡大率の限界という問題を克服すべく、1975年に試験がはじまった。この「ブラボー」はTV画像を2倍に拡大し、画像の鮮明さを増した。この結果、パイロットはロックオンとミサイル発射をより迅速に行え、また目標捕捉距離が拡大したことで、より小型でより遠距離のターゲットを攻撃可能になった。

▲AGM-78スタンダード
スタンダード対レーダーミサイル（ARM）は海軍SAMのRIM-66スタンダードのエアフレームを利用したもので、最初のモデルはRIM-66AにAGM-45Aシュライクの対レーダー・シーカーを組み合わせた。2段推力固体燃料ロケットを推進システムとし、爆風破砕弾頭を装着した。ヴェトナム戦争では、"ワイルド・ウィーズル"がスタンダードとシュライクの組み合わせを搭載することが多かった。

AGM-78 Standard
全　　長：4600ミリ
胴体直径：343ミリ
翼　　幅：1000ミリ
発射重量：610-820キロ
弾頭重量：100キロ
射　　程：90キロ
速　　度：マッハ2
推進システム：エアロジェットMk27、Mod4固体燃料ロケット・モーター
誘導方式：未公表

AGM-88A HARM
全　　長：4100ミリ
胴体直径：254ミリ
翼　　幅：1100ミリ
発射重量：355キロ
弾頭重量：66キロ
射　　程：106キロ
速　　度：時速2280キロ
推進システム：チオコールSR113-TC-1 2段推力ロケット・モーター
誘導方式：アクティヴ・レーダー誘導

▼AGM-88A HARM
ASMP-Aはフランスの新世代空中発射核ミサイル。空軍と海軍のシュタンダールF3ラファール戦闘機搭載用に開発された。フランス軍では、2011年には、ASMPに替えてASMP-Aを導入する予定だった。ミサイルの射程と軌道選択と、貫通能力に改良が施されている。

AGM-65Cは米海兵隊向けに開発され、セミアクティヴ・レーザー誘導方式に変更された。しかし、このタイプはAGM-65Eが開発されたために中止され、こちらが1985年に配備された。このミサイルには重量を増した爆風破砕貫通弾頭がくわわり、3つの信管を選択可能で、排煙を低減したモーターを使用した。AGM-65Eは、空中か地上のレーザー目標指示器によって、ターゲットに誘導される。

1977年にはまた別の誘導方式が導入され、IIRシーカーを備えたAGM-65Dが登場した。AGM-65Dは米空軍の要請に応じて設計され、以前のタイプのほぼ2倍の射程で攻撃可能だった。夜間低高度航法および目標指示赤外線装置（LANTIRN）の使用向けミサイルで、夜間や悪天候でも発射でき、1983年に配備された。米海軍向けに生産された、これと似たタイプのAGM-65Fは、AGM-65DのIIRシーカーをAGM-65Eの弾頭とモーターと組み合わせたものだ。おもに対艦攻撃に使用され、そのための誘導装置を備えていた。

シュライクARMがもつ欠点の多くを解決するため、1966年には、RIM-66スタンダード海軍対空ミサイルをベースとした、AGM-78の開発がはじまった。シュライクとくらべると、スタンダードはロックオン能力が大幅に増しており、長射程からの発射が可能だった。新型ミサイルを1968年から早急に実用配備するため、最初のモデルであるAGM-78Aにはシュライクのシーカーが使われた。1969年のAGM-78Bは、必要性が増していたジンバル支持式のシーカーと、ターゲットの敵レーダーが停止しても追える記憶回路

AGM-122 Sidearm

全　　　　長	：2870ミリ
胴体直径	：127ミリ
翼　　　　幅	：630ミリ
発射重量	：88.5キロ
弾頭重量	：11.3キロ
射　　　　程	：16.5キロ
速　　　　度	：マッハ2.3
推進システム	：ハーキュリーズMk36 Mod11固体燃料ロケット・モーター
誘導方式	：狭帯域パッシヴ・レーダー・シーカー

▼AGM-123スキッパーII

米海軍独自のAGM-123スキッパーIIは、本来はロケット・ブースター付きレーザー誘導爆弾であり、454キロのGBU-16ペイヴウェイIIに固体燃料ロケット・モーターを装着したものだ。ミサイルは発射後、最大射程まで上昇する。

▼AGM-122サイドアーム

ヘリコプターにも搭載可能な、軽量で低コストの空対地ARMを作るため、余剰化したAIM-9C AAMを転用して1980年代に誕生したのがAGM-122だ。約1000発のAIM-9Cが改修され、以前より広域な周波数帯のパッシヴ・シーカーと新しい近接信管を備えた。主要発射母機は米海兵隊のAH-1Wだった。

AGM-123 Skipper II

全　　　　長	：4300ミリ
胴体直径	：500ミリ
翼　　　　幅	：1600ミリ
発射重量	：582キロ
弾頭重量	：450キロ
射　　　　程	：25キロ
速　　　　度	：時速1100キロ
推進システム	：エアロジェットMk78 2段推力固体燃料ロケット・モーター
誘導方式	：未公表

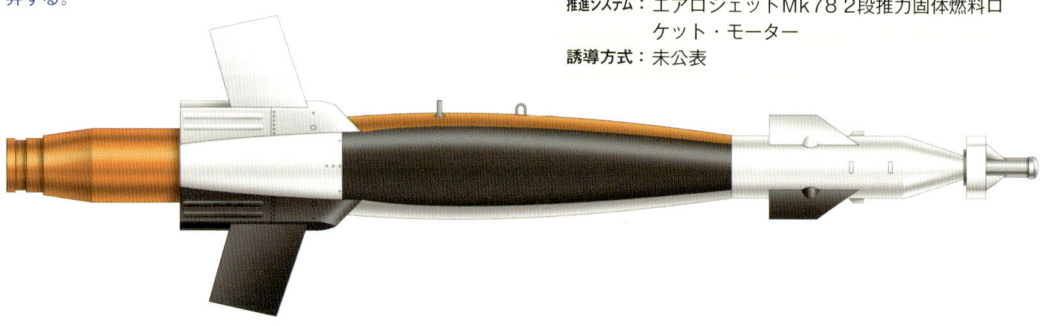

がくわわった。コストを抑えたAGM-78Cが米空軍向けに開発され、最終型であるAGM-78Dではシーカーの性能がさらに向上した。1976年に生産が終了するまで、3000発以上のスタンダードARMが製造された。

アメリカでは、1990年代初期には、旧型化したシュライクとスタンダードが、はるかに性能の高いAGM-88高速対レーダーミサイル（HARM）に置き換えられていた。1969年から米海軍兵器センターで開発されたこのミサイルは、敵レーダーのオペレーターがシャットダウンする間もなく、そのレーダーを攻撃できる高速性に重点が置かれていた。1975年の初飛翔後、最初の量産弾であるAGM-88Aが1983年から実用配備され、初めて戦闘に使用されたのは、1986年のアメリカによるリビア爆撃中のことだった。

2段推力固体燃料ロケット・モーターを推進システムとし、AGM-88Aは爆風破砕弾頭と、飛翔前に適切なターゲットのプログラムが可能なシーカーを使用する。このミサイルの発射モードには、事前データによる、確認済みターゲットに向けた「盲目」発射と終末飛翔向け自動ホーミングを組み合わせたもの、ミサイルのシーカーが探知して、即応してターゲットを狙うもの、また発射母機のレーダー警戒受信機がターゲットのデータをミサイルのシーカーに送信して行う自己防御向けのものがある。

ソ連の開発努力

ソ連では戦術ASMの開発がはじまり、まず、Kh-66が生まれた。これはRS-2US AAMをベースとし、このミサイルの制御システムにR-8 AAMのモーターを組み合わせたものだ。

▼Kh-25ML（AS-10"カレン"）

Kh-25Mは1981年にKh-23の後継ミサイルとして実用配備され、少なくとも5つのシーカー・ヘッドを交換可能であり、異なる誘導方式をターゲットのタイプと天候に応じて使用できた。Kh-25MLは、前モデルのKh-25のレーザー・シーカー・ヘッドを受け継いでいる。

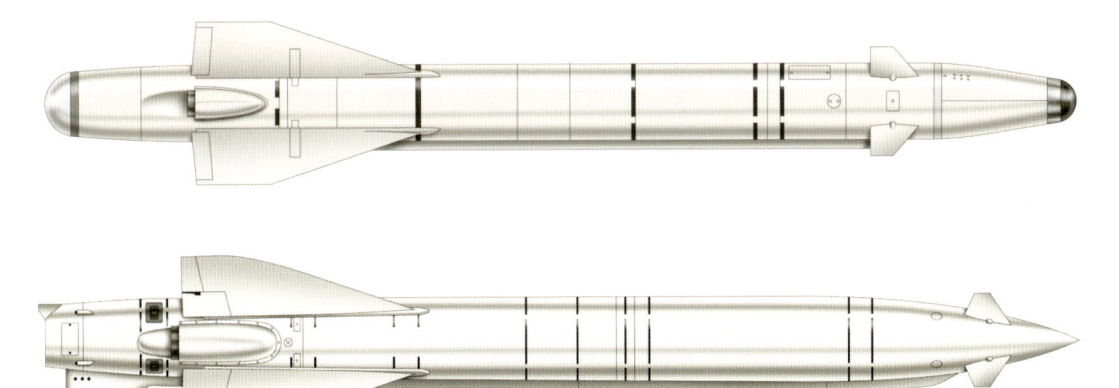

Kh-25ML (AS-10 'Karen')

全　　　長	3705ミリ
胴体直径	275ミリ
翼　　　幅	755ミリ
発射重量	299キロ
弾頭重量	86キロ
射　　　程	10キロ
速　　　度	時速1370-2410キロ
推進システム	未公表
誘導方式	複数あり

▲Kh-23（AS-7"ケリー"）

Kh-23は1968年に飛翔テストが行われ、量産に入ったソ連初の戦術ASMだ。Kh-23の大きな欠点は、まだ発達段階にあった無線指令誘導方式であり、パイロットはコックピットにあるジョイスティックを使い、ミサイルをターゲットまで誘導する必要があった。パイロットはミサイルの飛翔を、ミサイル尾部のフレアで追跡することができた。

Kh-23 (AS-7 'Kerry')

全　　　長	3525ミリ
胴体直径	275ミリ
翼　　　幅	785ミリ
発射重量	287キロ
弾頭重量	111キロ
射　　　程	2-10キロ
速　　　度	時速2160-2700キロ
推進システム	固体燃料ロケット・モーター
誘導方式	無線指令

Air-to-Surface Missiles

Kh-28 (AS-9 'Kyle')

全　　　長：5970ミリ
胴体直径：430ミリ
翼　　　幅：1930ミリ
発射重量：720キロ
弾頭重量：160キロ
射　　　程：110キロ
速　　　度：マッハ3
推進システム：2段式液体燃料ロケット・モーター
誘導方式：慣性誘導とパッシヴ・レーダー・シーカー

▲Kh-28（AS-9"カイル"）

Kh-28 ARMは1970年代半ばに就役し、Su-17M戦闘爆撃機（メテル探知／誘導ポッドに装着）と初期のSu-24（探知／誘導ポッドのフィリンに装着、のちには内部搭載）に搭載された。

▼AGM-65Gマヴェリック

米空軍向けマヴェリックの改良型IIRタイプであるAGM-65Gは、堅固化戦術的ターゲット向けであり、そのためAGM-65E/F同様、重い弾頭を装着する。1989年に初めて配備され、現在は電荷結合素子（CCD）シーカーを装備しアップデートされている。

AGM-65G Maverick

全　　　長：2490ミリ
胴体直径：300ミリ
翼　　　幅：710ミリ
発射重量：211-300キロ
弾頭重量：57キロ
射　　　程：28キロ
速　　　度：マッハ0.93
推進システム：固体燃料ロケット・モーター
誘導方式：大半のモデルは光電子方式（一部はIR画像かレーザー誘導方式）

1966年から設計がはじまり、ミサイルは同年にMiG-21に搭載された。暫定的兵器とされていたKh-66にKh-23（AS-7"ケリー"）が代わり、このミサイルは外見は似ていたが、ビーム・ライディング誘導ではなく、無線指令誘導を採用していた。Kh-23は1970年代初期からMiG-23シリーズの兵装となった。Kh-23の指令誘導の欠点を修正するため、ミサイルは改良されてKh-25（AS-10"カレン"）となり、レーザー誘導やより強力な弾頭を備えた。Kh-25は1973年からテストがはじまり、おもにSu-17の兵装とされた。Kh-27PSは、MiG-27向け、パッシヴ・レーダー誘導の射程延伸型ARMとして開発された。その後1980年代初期に、ファミリー全体がKh-25Mシリーズとして改良されてモジュラー式のミサイルとなり、ミサイルの胴体に一連のシーカー・ヘッドを選択して装着可能になった。新型のKh-25Mには、Kh-27PSのエアフレームをベースに、同じパッシヴ・レーダー・シーカーを装備したKh-25MP、レーザー・シーカーのKh-25ML、TV誘導のKh-25MT、無線指令誘導のKh-25MRがあった。NATOのコード名はTV誘導タイプがAS-10"カレン"、Kh-25MP ARMがAS-12"ケグラー"だった。

Kh-28（AS-9"カイル"）も戦術ARMであり、Kh-22の規模を縮小したものをベースにしている。液体燃料ロケット・モーターを使用したKh-28はパッシヴ・レーダー・シーカーとオートパイロットをもち、オートパイロットは発射母機からターゲットのデータを受信する。Kh-28の後継ミサイルはKh-58（AS-11"キルター"）であり、さまざまな周波帯のレーダーをターゲットとし、固体燃料ロケット・モーターを使用した。

フランスでは、ノールAS.20（以前のノール5110）によって戦術ASMの開発がはじまった。これは無線指令誘導を使用し、空対空AA.20の

ASM版だといえた。フランスで初めて実用配備されたASMはイタリアと西ドイツでも採用された。外見はAS.20の大型版ともいえるアエロスパシアルAS.30（以前のノール5401）が1958年に誕生し、1963-64年に実用配備された。このミサイルは大幅に改良されており、当初は無線誘導方式、のちの1984年にはセミオートマティック誘導方式が導入された。これはIRセンサーを使ってミサイル後方のフレアをモニターするもので、パイロットは十字線をターゲットに合わせておくだけでよかった。1983年に実用配備されたAS.30Lは最重要タイプのミサイルで、レーザー誘導と自動追跡レーザー照射システム（ATLIS）照準ポッドとを組み合わせている。レーザー誘導は精度を誤差1メートル以内まで改善した。主要な発射母機はジャギュアとミラージュF.1である。

イギリス、フランス共同開発のAS37マーテルは、1960年代初期にマトラとホーカー・シドレー社によって開発された。イギリス開発のTVシーカーか、発射前に特定の波長に向かうよう設定され、セットされた周波帯を飛翔中にスキャンするための、パッシヴ対レーダー・シーカーを備えたタイプがあった。初の誘導発射は1965年に行われ、アップデートした対レーダー型も配備され、"アルマ（ARMAT）"と命名された。このミサイルはNATO非加盟国へも輸出され、ミラージュF.1とミラージュ2000に搭載可能だった。

▲Kh-58（AS-11 "キルター"）
Kh-58 ARMは防空制圧機のMiG-25BM、Su-17M、Su-24Mファミリーに搭載される。ヴィーガまたはファンタスマゴリヤ・レーダー探知／誘導装置が発射母機内部にあるか、またはポッドとして装着されており、それを介してミサイルがターゲットのデータを受信する。

Kh-58（AS-11 'Kilter'）

全　　長：4800ミリ
胴体直径：380ミリ
翼　　幅：1170ミリ
発射重量：650キロ
弾頭重量：149キロ
射　　程：160キロ
速　　度：マッハ3.6
推進システム：固体燃料ロケット・モーター
誘導方式：慣性誘導とパッシヴ・レーダー・シーカー

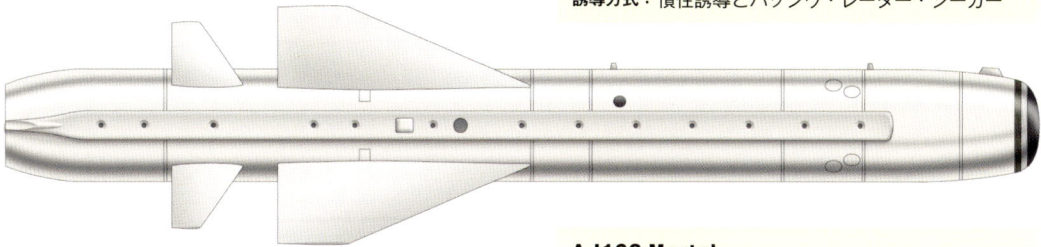

▲AJ168マーテル
マーテルのTV誘導タイプはホーカー・シドレー社の開発であり、マルコーニ社のシーカーとデータリンクを使用する。ミサイルはTVカメラを装備し、発射母機に搭載したデータリンク・ポッドを介してオペレーターに画像を送る。

AJ168 Martel

全　　長：4180ミリ
胴体直径：400ミリ
翼　　幅：1200ミリ
発射重量：550キロ
弾頭重量：150キロ
射　　程：60キロ
速　　度：マッハ0.9＋
推進システム：2段式固体燃料ロケット・モーター
誘導方式：パッシヴ・レーダー誘導

ヴェトナム戦争のASM

東南アジアにおける空中戦は、第1世代ASMにとっては厳しい試験となったが、初の空対地専用ミサイルの開発と配備に拍車をかけたことでも知られる。

ブルパップ・ミサイルはヴェトナムで初めて実戦に使用され、米空軍のF-105サンダーチーフや米海軍A-4スカイホークといった機に搭載された。スカイホークのパイロットは、ブルパップ・ミサイルとA-4の20ミリ機関砲による掃射との組み合わせでターゲットを狙うという戦術を編み出した。しかし一般には、照準線利用の誘導であったためにミサイルの効果は満足のいくものではなく、ミサイルがターゲットに命中するまで、ミサイル尾部のふたつのフレアをパイロットが目視して誘導することが必要だった。ブルパップには、少なくとも当初のフォルムにもう1点問題があった。113キロの弾頭は、優先度の高いターゲットである、橋などを破壊するには威力が不十分だったのだ。1965年に、重要度の高いタンホア鉄橋に行った攻撃では、F-105がブルパップで破壊しようとしたもののうまくいかず、ミサイルは橋に跳ね返されたといわれている。結局、使われたのは無誘導の"ダム"ボムだった。次のブルパップBは、454キロの弾頭を装着した。そして、ブルパップの派生タイプで東南アジアでの使用に特化して開発されたのがAGM-12Eだった。このミサイルは防空施設への攻撃向けに、クラスター爆弾の弾頭を装着していた。

1967年には、TV誘導爆弾のAGM-62ウォールアイが初めて実戦使用されて成功し、このときは、米海軍A-4がサムソンの兵舎に向けてミサイルを発射した。ウォールアイはヴェトナム戦争中にかなり大量に使用され、1972年の「ラインバッカーII」作戦だけでも920発が投入された。

橋の爆破

ウォールアイがターゲットとしたのはおもに大型の建物や橋だった。だが橋の場合、木造のものを破壊することはできても、コンクリートや鉄製の橋にはあまり効果がなかった。破壊力を増すために、改良を経てウォールアイIIが生まれ、より威力の高い弾頭を装着した。発射母機のパイロットの視界外の距離にあるターゲットを攻撃するため、1972年には、ウォールアイIIのデータリンク装置付き射程延伸（ERDL）タイプが開発された。双方向データリンクを介してパイロットはウォールアイを視程外でも発射し、その後TV画像で監視してターゲットを確認することが可能だった。この方式では、ターゲットの捕捉をほかの機に「引き継ぐ」こともできた。この年、ERDLタ

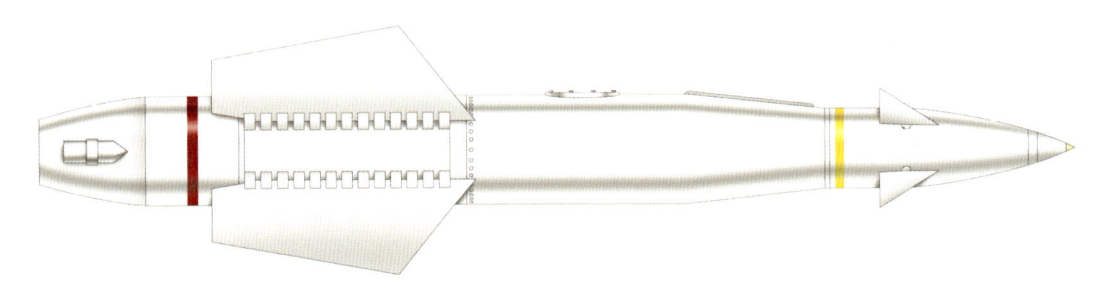

AGM-12C Bullpup

全　　長：4100ミリ
胴体直径：460ミリ
翼　　幅：1200ミリ
発射重量：810キロ
弾頭重量：110-440キロ
射　　程：19キロ
速　　度：マッハ1.8
推進システム：140kN（推力3万ポンド）ロケット
誘導方式：照準線利用無線指令

▼AGM-12Cブルパップ
巨大な胴体が特徴であるAGM-12C（もとはASM-N-7b）は、強力な454キロの弾頭が導入された。さらに、大型の操舵翼と、射程延伸と大きな破壊力をもたせるためのより強力なモーターが備わった。1962年に試射がはじまり、1964年に運用された。

▲翼下に装着されたブルパップ
1969年、カリフォルニア州ポイント・マグー基地にて。AGM-12Bブルパップ・ミサイルを搭載するA-4スカイホーク。

イプのウォールアイIIが3発ヴェトナムでテストされ、僚機がロックオンしてミサイルを誘導し、発射母機のパイロットの視程外ですべてターゲットに命中した。1972年に実用配備されたAGM-65マヴェリックは、ヴェトナム戦争末期の戦闘にどうにか間に合い、少なくとも30発がこの年使用された。

ヴェトナムでの厄介な防空制圧任務に飛んだのは"ワイルド・ウィーズル"だった。この機は、専用の対レーダー兵器や、ジャミング・ポッド、レーダー追跡・警報装置（RHAWS）とミサイル発射警告受信機を備えていた。こうした機は北ヴェトナムの対空防衛と戦う「アイアンハンド」任務に使用された。"ワイルド・ウィーズル"ファミリーの第1世代はF-100Fであり、1965年に4機が東南アジアに到着した。この機はレーダー警戒受信機とパノラミック受信機を装着していた。最初、F-100Fは搭載した電子機器を使用して敵の地対空ミサイル・サイトを探知、攻撃し、F-105Dの爆撃を支援したが、半年もするとシュライクARMを装備するようになっていた。後継機のF-105Fは当初はシュライクを搭載し、一部はのちにAGM-78スタンダードを兵装にくわえた。"ワイルド・ウィーズル"F-105が最初に戦闘に投入されたのは1966年であり、1973年の戦争終結まで使用された。1975年以降は改良型のF-105Gが投入され、兵装は変わらなかったが、AGM-78は当初から使用可能だった。

スタンダードは1967年に東南アジアに投入されており、受信機とRHAWSを装備した米海軍A-6Aが使用した。米空軍もすぐにこれに続き、6機のF-105が改修され、これにさらに、スタン

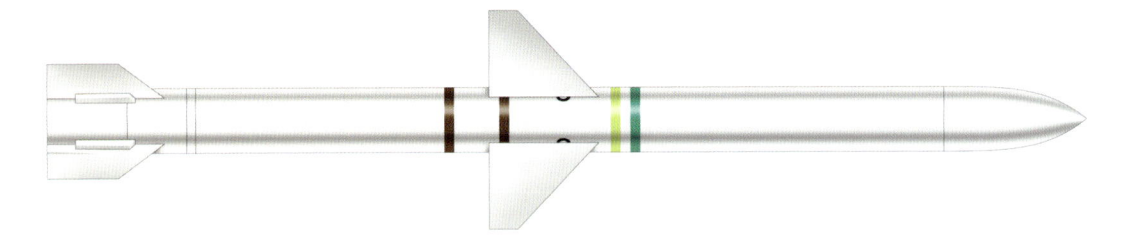

▲ AGM-45Aシュライク

ラファエル社開発のシャフリル（トンボ）短射程IR誘導方式ミサイルは、AIM-9Bのイスラエル改良型だ。1967年の第3次中東戦争で初めて使用されたが、イスラエル軍パイロットは全般にこのミサイルを嫌い、近接空中戦では機関砲を使用するのを好んだ。

AGM-45A Shurike

全　　　長	3050ミリ
胴体直径	203ミリ
翼　　　幅	914ミリ
発射重量	177キロ
弾頭重量	67.5キロまたは66.6キロ
射　　　程	16-46キロ
速　　　度	マッハ2
推進システム	ロケットダインMk39、またはエアロジェットMk53ポリブタジエン固体燃料ロケット・モーター
誘導方式	パッシヴ・レーダー誘導

ダード配備向けに4機がアメリカからくわわった。1968年3月には、空母「キティホーク」の艦載機である米海軍第75攻撃飛行隊（VA-75）が初めての戦闘任務に飛び、米空軍は5月に、ファンソング・ミサイル誘導レーダーを8発のスタンダードで攻撃し、うち5発が命中した。

F-105Gの場合、基本装備のスタンダードARMは改良型のAGM-78Bであり、新しい広帯域シーカーを備えていた。つまりミサイルは、探知レーダーとGCI基地、それに地対空ミサイル・サイトを攻撃可能だった。そして全方位と、SAMの射程外からターゲットを攻撃できたのだ。海軍向けには防空制圧機A-6Bが開発され、これもスタンダードARMを搭載した。

"ワイルド・ウィーズル"任務はこのほか、シュライク・ミサイルを搭載しRHAWSを備えた少数のF-4Cが行うものもあった。F-4Cは1969年に戦場に投入され、1972年の「ラインバッカー」作戦では多用された。「アイアンハンド」任務もまた海軍が行い、AGM-45を搭載したA-4が投入され、この機はノーズ部下にRHAWSを搭載できるよう改修されていた。

中東のASM

1973年から続く戦争では、イスラエルがARMと防空制圧戦術をいち早く使用し、一方、イラン・イラク戦争では東西諸国の幅広いASMが使用された。

イスラエルが初めて使用した空対地誘導ミサイルは、1973年の第4次中東戦争においてアメリカから調達したAGM-65マヴェリックであり、さらに、AGM-62ウォールアイと、誘導爆弾のホーミング爆弾システム（HOBOS）も使用した。イスラエルは戦争中、マヴェリックの命中が87発にのぼったとしているが、ノーズ部のTV・カメラによる拡大率の限界が欠点であり、このため、パイロットはターゲットにかなり接近する必要があった。イスラエル空軍はまたAGM-45シュライクARMを1973年の戦争に投入し、F-4Eがこのミサイルをシリアのミサイル発射台に向けて発射した。しかし、アラブ側の防空に対するイスラエルの損失は依然として高かった。

1982年のレバノンにおける作戦でイスラエルが成功した要因は、AGM-45とAGM-78を搭載した空軍のF-4Eが中心となって、シリアの防空施設を破壊した点にあった。スタンドオフでの防衛は改修型ボーイング707が行い、敵レーダーに対してノイズや信号を送信して妨害した。さらにUAVがシリアのSAMオペレーターの作業を妨害し、SAMサイトに飛んでおとりとなって追跡レーダーを作動させた。イスラエル空軍の攻撃の第一波では、敵射撃の射程外である約35キロの距離からミサイルが発射された。この攻撃には、ARMとTV誘導方式のAGM-65が用いられた。第一波の当初のターゲットは主要な指令管制センターとGCI（地上要撃管制）基地だった。こうした攻撃に続きSAMサイト自体を攻撃し、次の攻撃機がより接近できるよう敵の防御のドアを効果的に破ったのだ。AGM-45シュライクに比べると、AGM-78の弾頭は大型で破壊力が大きく、また2段推力モーターによって射程も向上した。

指令管制センターを失ったSAMサイトは、"ダム"ボムとクラスター兵器で近距離から攻撃でき、これにはクフィルとA-4が多く使われた。第一波の攻撃機到着から10分もしないうちに、19のSAMサイトのうち10ヶ所が機能不全になった。イスラエルの情報筋によると、最終的に破壊したSAMサイトは17ヶ所にのぼったという。

ペルシア湾

イラン・イラク戦争は、双方が、当時利用可能な、東西両陣営の最新鋭航空機搭載兵器の一部を装備して行った。イラン軍は、対レーダー兵器として希望していたAGM-45を供与されず、AGM-65A（F-4Eが搭載）を主要ASMとして使用した。イラン空軍は洋上でAGM-65を使用し非常にうまくいったため、米海軍に要請して「洋上向け」マヴェリックを開発させ、1980年代末には、ほぼイラン軍ファントム機のみで、イラク海軍を蹂躙した。

イラク側には、初期には旧型のKh-66が供与されていたが、Kh-23に引き継がれ、その後、Kh-25シリーズとKh-28ARM、Kh-29をはじめとする、より強力で多様なミサイルが使用された。実際には、イラクは戦闘でKh-23を1度試用しただけであり、1982年にSu-22が橋に向けて発射したが失敗している。また、ミラージュF.1向けにAS.30とAS.30L、さらにマーテルとアルマ（イラクではBAZARと呼ばれる）が供与された。一般に、AS.30Lは、運用の簡便さから同タイプのKh-29Lよりも好まれたが、のちには対策を施し、強力なソ連製ミサイルも使用できるようになった。戦争終結に近づく頃には、ミラージュはアトリ（ATLIS）照準ポッドを装着し、Su-22M4Kが発射するKh-29Lのターゲットを指示した。ミラージュF.1は対艦攻撃においても、AS.30Lを搭載して多数のタンカーを撃沈し大きな成果をあげ、この兵器が対艦ミサイルのエグゾセを補助できるミサイルであることを証明した。

Kh-29T (AS-14 'Kedge')

全　　　長	3875ミリ
胴体直径	380ミリ
翼　　　幅	1100ミリ
発射重量	675キロ（レーザー誘導方式）、680キロ（TV誘導方式）
弾頭重量	317キロ
射　　　程	10-12キロ
速　　　度	時速1470キロ
推進システム	固体燃料ロケット・モーター
誘導方式	セミアクティヴ・レーザーまたはTV

▼**Kh-29T"ケッジ"**
イラストはTV誘導タイプ。Kh-29は、イラン・イラク戦争においてイラク空軍が使用した強力なミサイルだった。このミサイルは、対イラン攻撃でもっとも多用途に投入されたSu-22M4Kに搭載された。Kh-29Tは、レーザーシーカーを装着し、発射母機内に測距／目標指示装置を搭載して運用するミサイルだった。

現代の戦術ASM

誘導方式の進歩のおかげで、最新の戦術AGMの精度は前世代のものより大幅に向上しており、多くはスタンドオフ射程でターゲットに命中可能だ。

マヴェリックが米軍とその同盟国におけるもっとも重要なASMであることに変わりはない。生産は1990年代末に終了したが、開発は続けられ、旧タイプは最新ミサイルの標準に合わせ改良されている。改良型IIRマヴェリックは堅固化ターゲット向けに開発された。このAGM-65Gは、AGM-65E/Fの重い弾頭を装着したAGM-65Dのアップデート版だ。そのほかにも、新しいデジタル・オートパイロットを備え、ターゲット選択の幅が広がった。CCD（電荷結合素子）のアップグレードを経て、旧タイプのAGM-65B/CはAGM-65Hとなり、同様の変更を行って米海軍AGM-65FがAGM-65Jとなった。最終型のAGM-65KはAGM-65Gに新しいCCDシーカーを装着したもので、信頼性が非常に高く、明るさのない状況での運用能力が備わった。

HARMも改良が続き、新しいブロックがつぎつぎに作られてアップデートが行われ、最新の先進型対レーダー誘導ミサイル（AARGM）が開発された。AGM-88AブロックIIには新しいシーカーがくわわり、1987年にはAGM-88Bの誘導方式がアップデートされ、1990年からブロックIIIソフトウエアが導入された。次のAGM-88C

「同盟の力」作戦における AGM-88ミサイルのターゲット

ターゲット	使用ミサイル数
早期警戒レーダー	125
SA-2"ガイドライン"SAM	1
SA-3"ゴア"SAM	208
SA-6"ゲインフル"SAM	389
不明	20

は1991年の湾岸戦争後に導入され、致死性を増すためにタングステン合金の破砕弾頭になった。AGM-88Cはまた、ブロックIVソフトウエアを標準搭載し、その後導入したブロックVは妨害方向へ向かうホーム・オン・ジャム能力をもつ。

米軍ではAGM-88Dといわれるブロック VIは、ドイツとイタリアのトーネードECRに搭載される国際タイプで、GPS航法によって精度が大きく向上した。ターゲットのレーダーが停止しても、GPS誘導によってミサイルは正しい座標に導かれる。GPS誘導は、コソヴォにおける「同盟の力」作戦中に必要性を認められた。セルビア軍の防空システムと悪天候が重なって、HARMとそ

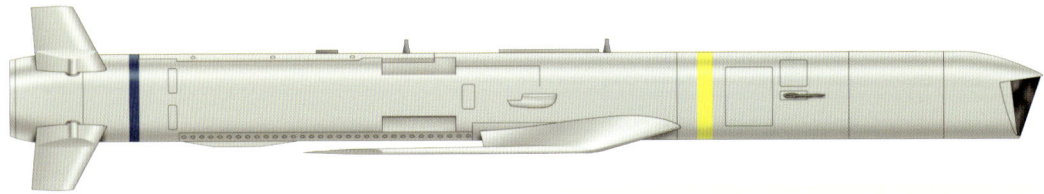

▲ AGM-84H SLAM-ER

即応拡張型スタンドオフ対地攻撃ミサイル（SLAM-ER）は1998年から米海軍に配備された。展張式の翼をもち、射程と運動性を増しているのがおもな特徴だ。本来のSLAMより射程を延伸したため、データリンクは置き換える必要があった。また装着する弾頭の重量も大きくなった。

AGM-84H SLAM-ER

全　　長：3800ミリ
胴体直径：340ミリ
翼　　幅：910ミリ
発射重量：691キロ
弾頭重量：221キロ
射　　程：124キロ
速　　度：時速864キロ
推進システム：テレダイン・ターボジェット
誘導方式：電波高度計（シースキミングのモニター用）、アクティヴ・レーダー誘導（終末飛翔）

▲AGM-154 JASOW

AGM-154は誘導ミサイルの名をもつが、これまでに配備のタイプは無動力だった。しかし、ターボジェットを動力とするタイプの開発努力が行われており、すでにAGM-154CおよびDモデル向けにウィリアムズJ400エンジンが選定されている。

AGM-154 JASOW

全　　　長	4100ミリ
胴体直径	330ミリ
翼　　　幅	270ミリ
発射重量	483-497キロ
弾頭重量	1.54-25キロまでさまざま
射　　　程	22-130キロ（低高度）
速　　　度	亜音速
推進システム	未公表
誘導方式	GPS/INS、終末誘導用赤外線シーカー（Cタイプのみ）

の他の誘導兵器の命中率が低下したのである。旧タイプのAGM-88Bの改良のさいにGPS支援のHARMも開発され、AGM-88BブロックIIIBが誕生した。将来は、旧タイプのミサイルはAGM-88E（AARGM）に道をゆずる予定だ。この新型ミサイルは2013年8月に量産引き渡しが始まり、GPSと、終末誘導用にミリメートル波アクティヴ・レーダー・シーカーを組み合わせている。

AGM-84Eスタンドオフ対地攻撃ミサイル（SLAM）は、高精度の対地攻撃用に、1986年からハープーン対艦ミサイル（AShM）をベースに開発された。ターゲット領域まで慣性航法を用いたあと、終末飛翔の誘導には、AGM-65DのIIRシーカーとウォールアイのデータリンクを使用して「人が介在」する。「砂漠の嵐」作戦で実戦に使用された後、改修されてAGM-84H SLAM-ER（対抗拡張）が生まれた。このミサイルは折り畳み翼を備え、1997年に初めてテストが行われた。戦術ASMと巡航ミサイルの定義があいまいで、報告されている射程が約300キロであるため、SLAM-ERはミサイル技術管理レジームの定義によれば巡航ミサイルだ。誘導方式は慣性で、全天候で運用するためGPSをIIRシーカーと組み合わせている。最新タイプのAGM-84Kには小規模な改良が行われ、自動目標捕捉（ATA）機能がアップグレードされ、内蔵の画像「ライブラリ」を使って自動的にターゲット選定を行う。

AGM-130は、F-15E向けの補助ロケット付き滑空兵器であり、907キロのGBU-15をベースとしている。ロケット・ブースターの使用で低高度での射程が3倍に延伸している。GBU-15Aタイプは、AGM-130Aが標準搭載するMk84ではなくBLU-109貫通弾頭を使用している点が異なり、AGM-130Dはサーモバリック弾頭を装着する。すべて本来のTV/CCD誘導を選べ、GPSによるアップデートかIIRシーカーと組み合わせる。

AGM-154統合スタンドオフ兵器（JASOW）とAGM-158統合空対地スタンドオフ・ミサイル（JASSM）は、1990年代に米空軍と米海軍のスタンドオフ攻撃の精度向上のために開発され、どちらも真の撃ちっ放し兵器で、GPSと慣性誘導を用いる。JASOWは展張式翼をもつ滑空爆弾で、1999年に生産が開始された。この兵器は2種類の弾頭が選択可能であり、複合効果弾（CEM）145発を収めたクラスター爆弾ディスペンサー（AGM-154A）か、爆風破砕／貫通弾頭（AGM-154C）がある。対装甲のAGM-154Bは開発中止された。AGM-154CはIIRシーカーと自律目標捕捉（ATA）も備えている。AGM-154Cの最新タイプは、移動目標の捕捉能力と中間飛翔アップデート用のデータリンクを導入している。

ステルス性のJASSM

開発の「統合」にも関わらず、JASSMは結局米空軍のみが配備した。ステルス技術を使用したJASSMはターボジェットを推進システムとし、展張式翼をもつ。終末誘導にはIIRシーカーを用い、データリンクを使用する。弾頭は貫通タイプだ。JASSMは2001年に量産が開始され、2003年に実用配備されて当初はB-52Hに搭載された。射程延伸タイプがAGM-158B JASSM-ERとして開発中で、2013年の配備が予定されている。

ソ連設計のKh-59（AS-13"キングボルト"）

はSu-24M攻撃機向けのスタンドオフ兵器だ。固体燃料ロケット・モーターを推進システムとし、TVおよびレーザー誘導モジュールが開発されたが、TV誘導方式のものだけが実用配備されたようだ。TV誘導方式では、TV画像がシーカー・ヘッドから発射母機のコックピットに伝送され、乗員がジョイスティックでミサイルをターゲットに誘導し、その後終末誘導モードへと切り替える。SLAM-ERで射程を延伸するのと同様に、Kh-59M（AS-18"カズー"）にはミサイル胴体下部にターボジェットがくわわり、射程は115キロ程度まで伸びている。固体燃料ブースター・ロケットが使われている点は変わっていない。さらに新しいタイプがKh-59MKで、ウクライナ製ではなくロシア製のターボファンを使用している点が異なり、射程は200キロ程度と推定される。ミサイルは発射前にターゲットの座標を受信し、巡航中は慣性航法で飛翔、終末段階ではTV誘導に切り替える。発射母機はAKP-9照準ポッドを装着し、双方向データリンクを利用する。Kh-59MKにはアクティヴ・レーダー・シーカーも組み込まれている。Kh-59MKの主要発射母機は、Su-24Mと、Su-30とSu-35ファミリーのアップグレード・タイプだ。

ソ連の戦術ASMで多用途において非常に成果をあげているのがKh-29（AS-14"ケッジ"）であり、アメリカのマヴェリックに匹敵する部分が多い。強力な弾頭を装備したKh-29は、レーザー（Kh-29L）かTV（Kh-29T）シーカー・ヘッドを装着可能だ。固体燃料ロケット・モーターを推進システムとし、ミサイルは終末飛翔に「ポップアップ」モードを採用している。1980年にソ連機搭載兵器として実戦配備されたKh-29シリーズは、幅広い戦術機に対応する。射程延伸タイプのKh-29TEも開発されており、30キロの射程をもつ。

さらに斬新な設計を採用したのがKh-31（AS-17"クリプトン"）だ。固体燃料ブースターとラムジェット推進システムの組み合わせが特徴で、

AGM-158A JASSM

全　　　長	4270ミリ
胴体直径	未公表
翼　　　幅	2400ミリ
発射重量	975キロ
弾頭重量	450キロ
射　　　程	370キロ超
速　　　度	亜音速
推進システム	テレダインCAE J402-CA-100
誘導方式	INS/GPS

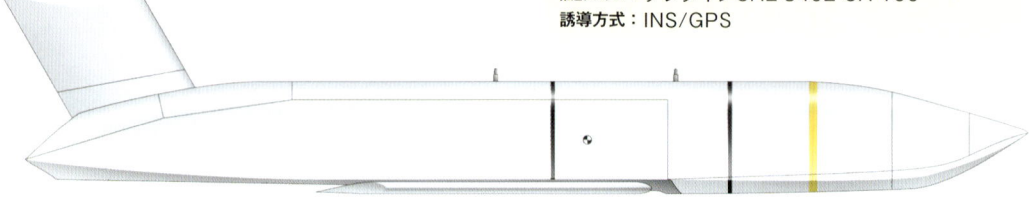

▲ AGM-158A JASSM
JASSMの従来のミサイルとは異なる外見は、レーダー反射断面積を最小限まで低減する必要があるためだ。ロッキード・マーチンとマクダネル・ダグラスの両社が設計を競い、ロッキード・マーチンが1998年に開発契約を結んだ。

▼ AGM-88E AARGM
HARMの最新タイプがAARGMだ。外見は前世代のAGM-88と似ているが、この兵器はF-35統合打撃戦闘機に搭載される予定だ。HARMは米空軍のF-16CJブロック50と米海軍のEA-6Bプラウラーにも搭載されているが、プラウラーはEA-18Gグラウラーに置き換えられつつある。

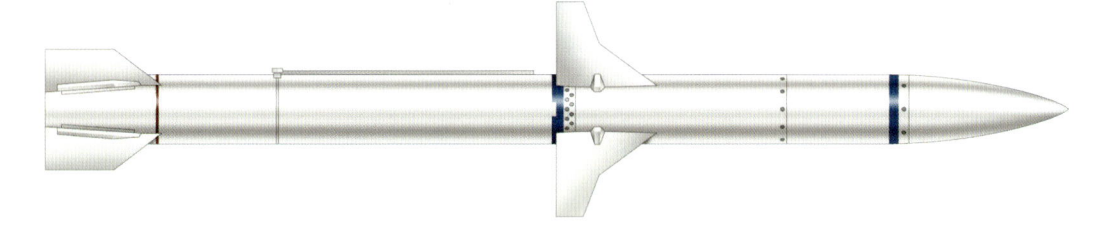

AGM-88E AARGM

全　　　長	4100ミリ
胴体直径	254ミリ
翼　　　幅	1100ミリ
発射重量	355キロ
弾頭重量	66キロ
射　　　程	106キロ
速　　　度	時速2280キロ
推進システム	チオコールSR113-TC-1 2段推力ロケット・モーター
誘導方式	アクティヴ・レーダー誘導

Kh-59 (AS-13 'Kingbolt')

全　　長	5700ミリ
胴体直径	380ミリ
翼　　幅	1300ミリ
発射重量	930キロ
弾頭重量	315キロ
射　　程	200キロ
速　　度	マッハ0.72-0.88
推進システム	2段式ロケット・モーター
誘導方式	慣性誘導後にTV誘導

▲Kh-59（AS-13"キングボルト"）

イラストのKh-59は、カナード翼が折り畳まれた状態だ。発射後、これは展張する。ミサイル尾部に搭載した固体燃料ブースターでミサイルは巡航速度まで加速し、燃焼後に切り離される。その後、メインのロケット・モーターに代わる。

▼Kh-29L（AS-14"ケッジ"）

レーザー誘導タイプのKh-29はノーズ部の形状が異なり、セミアクティヴ・レーダー・シーカーの収容部がある。ソ連時代のASMには珍しく、Kh-29はビンペル設計局で開発、製造された。ここはAAMの開発のほうがよく知られている。

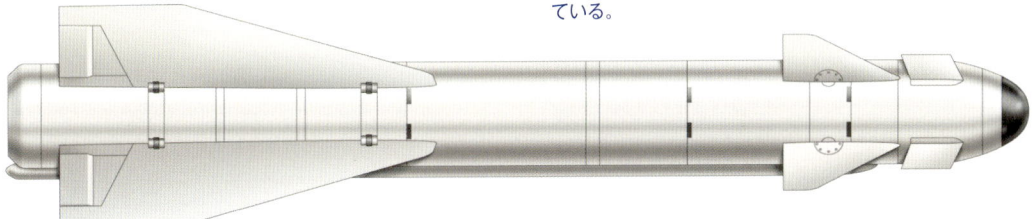

Kh-29L (AS-14 'Kedge')

全　　長	3875ミリ
胴体直径	380ミリ
翼　　幅	1100ミリ
発射重量	657キロ（レーザー誘導方式）、680キロ（TV誘導方式）
弾頭重量	317キロ
射　　程	10-12キロ
速　　度	時速1470キロ
推進システム	固体燃料ロケット・モーター
誘導方式	セミアクティヴ・レーザーまたはTV

　最新の防空システムを破る高速兵器として開発された。Kh-31は多数の戦術的役割を満たすよう設計され、このためさまざまなシーカーが使われている。最初に実用配備されたのは、1990年頃のKh-31P ARMであり、パッシヴ・レーダー・シーカーを使用した。またKh-31Aはアクティヴ・レーダー・シーカーのAShMだ。Kh-31Pの主要発射母機はロシア空軍Su-24M打撃機と、Su-30/35シリーズの発展タイプだ。

　イスラエルはアメリカ製ASMを使用した経験を生かし、1980年代半ばにTV誘導方式の国産兵器ポパイを開発し、イスラエル空軍は初めてスタンドオフ攻撃能力を得ることになった。ポパイは、米空軍でも、B-52G/Hの通常攻撃能力の精度を高めるためにAGM-142ハブナップとして採用された。このミサイルは、TV誘導のピラミッド滑空爆弾の強化タイプとして開発され、発射前あるいは発射後ロックオン機能をもち、発射後ロックオンは、双方向データリンクを介して行われる。AGM-142BはIIRシーカーを使用する点が異なり、TV誘導のAGM-142Cは貫通弾頭を装着する。AGM-142DはIIRシーカーと貫通弾頭の組み合わせだ。ほかの運用国では独自のタイプをもち、オーストラリア軍のF-111向けAGM-142E、イスラエルのAGM-142F、韓国のAGM-142G/Hなどがある。ポパイII（ハブライト）は、小型の戦術戦闘機搭載向けであり、このため重量と大きさが低減されている。

　イスラエルのデリラーもスタンドオフ・ミサイルだが、滞空能力をもつ点がほかとは異なる。22分の飛翔時間を有し、攻撃を中断し機会をとらえてターゲットに戻ったり、移動するターゲットを再捕捉したり、あるいは別のターゲットに切り替えることができる。ターボジェットを推進システムとするデリラーはTV誘導方式で、ヘリコ

Air-to-Surface Missiles

▲ AGM-158 JASSM
統合空対地スタンドオフ・ミサイル（JASSM）をB-1Bランサー爆撃機に搭載する米空軍兵装システムのスペシャリスト。サウスダコタ州エルズワース空軍基地にて。JASSMは通常弾頭空中発射タイプのスタンドオフ兵器だ。防御が固く、高価値で時間的制約のあるターゲットを破壊するために、ステルス性のテクノロジーを採用している。B-1Bのほか、B-2スピリット、B-52ストラトフォートレス、F-16CJもこの兵器を搭載可能だ。JASSMが、B-1Bで初めて作戦運用されたのは2006年8月だった。

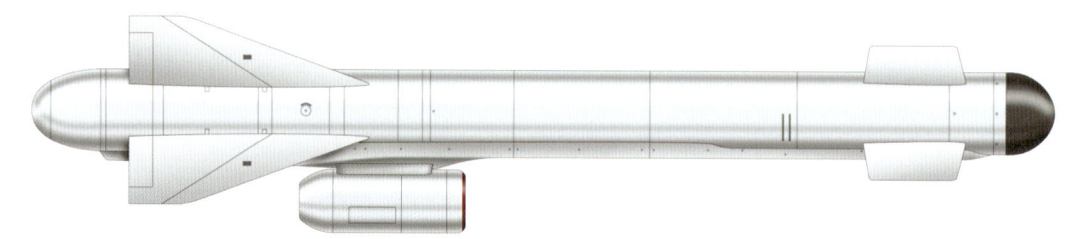

▲ Kh-59MK（AS-18"カズー"）
基本タイプのKh-59の胴体下部にターボファン・エンジンをくわえたのがKh-59Mだ。イラストはKh-59MKで、アクティヴ・レーダー・シーカーを備える。ミサイルの胴体前部も、前世代より直径が大きい。Kh-59は別名"オボド"で、アブを意味する。

Kh-59MK（AS-18 'Kazoo'）

全　　　長	5700ミリ
胴体直径	380ミリ
翼　　　幅	1300ミリ
発射重量	930キロ
弾頭重量	320キロ
射　　　程	200キロ
速　　　度	マッハ0.72-0.88
推進システム	ロケット・モーターからターボファン・エンジン
誘導方式	慣性誘導後、TV誘導

プターから発射可能だ。

ヨーロッパの巡航ミサイル

　ヨーロッパでもっとも使用されているスタンドオフ・ミサイルはMBDA社のストーム・シャドウとスキャルプEG（通常弾頭長射程巡航ミサイル発展型）ファミリーだ。それぞれ、イギリスとフランス向けに開発された兵器であり、どちらも、フランス空軍のミラージュ2000Dが2002年から搭載する、同社のアパシュ対滑走路兵器の発展型だ。ターボジェットを推進システムとするアパシュは、10発の滑走路破壊子弾を装着し、278キロの射程をもつ。飛翔試験は1993年から

2001年のあいだに完了した。

　アパシュ、ストーム・シャドウ、スキャルプEGはみな、TERCOM（地形照合誘導方式）と慣性およびGPS航法を用いる。終末飛翔向けにはIIRシーカーを装着し、自動目標認識システムを併用する。フランスのマトラ社とイギリスのBAe社が、「砂漠の嵐」作戦での経験に照らして開発したストーム・シャドウとスキャルプEGは、どちらも堅固化ターゲット向けであり、このためイギリスで開発されたBROACH（ロイヤルオードナンス強化型炸薬弾）と呼ばれる弾頭1発を搭載する。BROACHは貫通弾頭であり、成形炸薬と、その後方に爆風破砕弾頭をおいた構成だ。航空機搭載用のインターフェースを別にすれば、ストーム・シャドウとスキャルプEGは基本的には同じで、ターボジェットを推進システムとする。通常弾頭スタンドオフ・ミサイル（CASOM）の必要性から、イギリスは1997年にストーム・シャドウを発注し、2003年のイラクにおける作戦時に間に合い、英空軍のトーネードGR.Mk4に搭載した。スキャルプEGはフランスが1997年に発注し、2004年に実用配備された。このときには、ミサイルの生産はヨーロッパのMBDA社が担当した。イタリアはこの計画に1999年にくわわり、トーネードIDS搭載向けにストーム・シャドウを獲得した。アラブ首長国連邦空軍（UAEAF）向けの単弾頭タイプはブラック・シャヒーンと命名され、ミラージュ2000-9の兵装だ。スキャルプEGはギリシアも購入し、ミラージュ2000-5に搭載する。ストーム・シャドウとスキャルプEGが目標とするのはおもに、位置確認済みの高価値の固定ターゲットで、発射前にミサイルにプログラムされる。

　ヨーロッパにおいてストーム・シャドウとスキャルプEGに匹敵するのがタウラスKEPD 350で、本来はドイツのDASA社とスウェーデンのボフォース社の開発だが、現在はMBDAが製造している。これも、TERCOMを利用した慣性とGPS誘導を行い、ウエイポイントのチェックと終末誘導にはIIRシーカーを用いる。メフィスト（MEPHISTO）貫通弾頭を装着し、これは成形炸薬弾頭と高性能爆薬運動エネルギー貫通弾頭からなる。1998年に開発がはじまったタウラスKEPD350は、ドイツ空軍トーネードIDSに2005年に実用配備された。このミサイルはスペインも導入し、当初はF/A-18の兵装とされた。

　ほかには、あまり知られていないが、ヨーロッパのPGMファミリーがある。これもMBDA社製だが、もとはイタリアのマルコーニ社が開発した

▼ミサイル搭載
翼下部のパイロンにAGM-65 ASMを搭載するスウェーデン軍JAS 39グリペン。写真は訓練中のもの。

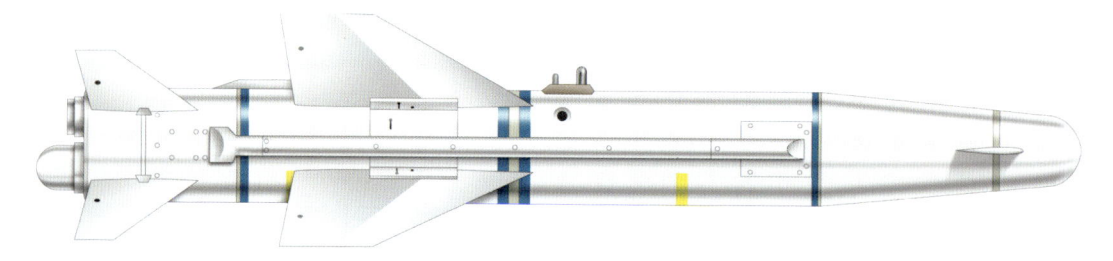

Air-to-Surface Missiles

▲AGM-142ハブナップ
ラファール社開発のポパイは、当初は米空軍B-52の兵装となりラプターと命名されたが、F-22制空戦闘機が配備されてから改名された。B-52HはAGM-142を3発搭載可能。

AGM-142 Have Nap

全　　長	4820ミリ
胴体直径	533ミリ
翼　　幅	1520ミリ
発射重量	1360キロ
弾頭重量	340キロ（爆風破砕弾頭）、または360キロ（I-800貫通弾頭）
射　　程	78キロ
速　　度	マッハ1.2
推進システム	1段式固体燃料ロケット
誘導方式	慣性＋IIRかTV

Kh-31P（AS-17 'Krypton'）

全　　長	5200ミリ
胴体直径	360ミリ
翼　　幅	914ミリ
発射重量	600キロ
弾頭重量	87キロ
射　　程	110キロ
速　　度	時速2160-2520キロ
推進システム	第1段階は固体燃料ロケット、その後はラムジェット
誘導方式	慣性誘導とパッシヴ・レーダー

▼Kh-31P（AS-17"クリプトン"）
Kh-31P ARMは、ラムジェットを使用し、異なる誘導方式とアプリケーションをもつミサイル・ファミリーのひとつ。ラムジェット（エアブリージング）エンジン用に、胴体周囲に空気取り入れ口が4ヶ所あり、ミサイル後部のブースター・ロケットが燃焼するまではキャップ（イラストでは青い部分）で保護されている。

ミサイルで、アラブ首長国連邦のみで配備されているようだ。PGMシリーズは3つの異なるシーカーを選べ（レーザー、TV、IIR）、そのすべてが発射母機か僚機とのデータリンクを備える。ターゲットのデータは地上でプログラムするか、ミサイル発射前に航空機のデータバスからアップロードが可能であり、ターゲットの座標を飛翔中に修正したり、タイミングのよいターゲットを選定したりすることが可能だ。撃ちっ放し能力があるが、ターゲットまでの飛翔中に「人を介した」誘導にすることもできる。重量が227キロか907キロの、2種類の爆風破砕弾頭を使用可能だ。アラブ首長国連邦ではPGMはハキームと呼ばれ、ミラージュ2000-9の兵装である。F-16にも搭載可能だ。

英空軍のアラーム

イギリス標準の対レーダー・ミサイルが空中発射対レーダー・ミサイル（アラーム／ALARM）であり、英空軍トーネードGR.Mk4の兵装だ。HARMに似た性能のミサイルとして選定され、1991年にイラクで実戦に投入された。英空軍の対レーダー・ミサイル、マーテルの後継とするため、1983年に開発がはじまり、1986年に初の発射が行われた。アラームはパッシヴ・レーダー・シーカーを使用してターゲットに向かうことも、LOBLモードの直接攻撃を行うことも可能だ。また、巡航高度まで上昇したあとにパラシュートを開いてターゲット領域で滞空し、敵レーダーが作動すると、ミサイルはパラシュートを切り離し、ターゲットを捕捉してそこに降下することもできる。このミサイルは敵のおおよその方向に発射し、

それから事前にプログラムされたデータをもとに優先度の高いターゲットを選んで攻撃することが可能だ。アラームは当初は英空軍のトーネードに導入され、各機が7発まで搭載可能だった。

ブラモスはロシアとインドのテクノロジーを組み合わせた独特のミサイルで、インド空軍向けの超音速巡航ミサイルだ。海上、地上、航空機発射型があり、Su-30MKIの兵装とされているが、初期テストでは、航空機搭載向けミサイルの重量が大きすぎる問題が判明している。対地攻撃型が重要な地上ターゲットの攻撃役割を担っているのと同じく、対艦攻撃でも大きな役割をもつ。実際、ブラモスの設計はロシア海軍の3M55オニクス（輸出名はヤホント）AShM（空対艦ミサイル）の設計の特徴を備え、このミサイルのラムジェット推進システムを使用している。2003年に初の地上発射が行われ、インド空軍はブラモスの空中発射型を2013年までに導入したいとしている。

一方、ロシアのNPOマシノストローイェニェ設計局はヤホントをSu-32戦闘爆撃機に搭載し、高性能AShMとしている。製造者によると、射程は300キロ、飛翔速度はマッハ2.0から2.5だという。航空機発射にした場合、ヤホントはノーズ部の空気取り入れ口と尾部に流線型のカバーがつき、本来の艦上および潜水艦発射タイプよりも重量を小さくするため、小型のブースター・モーターを備えている。ブースター・モーターでヤホントを巡航速度まで加速し、それからラムジェットを使用する。高高度の巡航には慣性航法を用い、その後、ミサイルはターゲット領域まで降下して、アクティヴ／パッシヴ・レーダー・シーカーを使用して低高度を飛翔する。

ヤホントの代替ミサイルとなるのが小型のアルファで、これもNPOの開発であり、ラムジェット・エンジンを使用する。ヤホントと同じく、アルファはおもに対艦攻撃を目的にしているが、対地攻撃にも使用可能だ。このミサイルの射程は約300キロで、マッハ3で巡航する。誘導は慣性航法装置を用い、航法衛星を介してアップデートを行い、多重波長シーカー・ヘッドが終末飛翔には使用される。ターゲットに到達する段階では10-20メートルの高度で飛翔する。

間違いやすいが、これと同等のアルファ・ミサイルが、ノヴァトール設計局で開発されている。つまり"アルファ"とは、基本的要件のためのプロジェクト名のようだ。このミサイルは同様に既

▼AGM-154 JASOW
空母エンタープライズ搭乗の米海軍航空部隊兵器部、兵器整備員。AGM-154 JASOWをトロリーに乗せ、フライトデッキへと移動させる。地中海での作戦にて。

存の海上発射型ミサイル（この場合は3M51クラブ）をベースにしており、開発は1980年代にはじまり、展張式の翼とターボファン・エンジンをもつ。誘導は巡航には慣性航法を用い、ターゲットに到達段階ではアクティヴ・レーダー・シーカーを使用する。このミサイルの水上発射タイプは終末飛翔段階にロケット推進を用い、最新の防空システムを破るためにマッハ2.5まで加速する。

ヤホントもアルファ・プロジェクトも、まだ航空機発射型は配備されていない。

近年ARMにくわわったのがブラジルのMAR-1で、ブラジル空軍AMX攻撃機と、おそらくはブラジルのアップグレード版F-5M戦闘機向けのものだ。MAR-1は、メクトロン社とブラジル空軍共同開発の中射程兵器だ。このミサイルは2段推力ロケット・モーターとパッシヴ・レーダー・シーカーを備える。MAR-1はパキスタンから初めて注文を受け、2009年に合意に達した。

一方パキスタンは、近年国産の空中発射型スタンドオフ兵器の開発努力を行っている。2007年にはラード巡航ミサイルの初テストが行われ、2008年には、パキスタン空軍のアップグレード版ミラージュIIIから発射された。

最終的に、このミサイルはJF-17戦闘機に搭載予定だ。ターボファン・エンジンを推進システムとし、慣性、GPS、およびTERCOM誘導システムを使用するラードは、核弾頭を搭載可能だとされる。ラードには、パキスタンの戦術ミサイル計画名である、ハトフ8という名もある。

南アフリカとの関連

未確認ではあるが、パキスタンはラード巡航ミサイルの開発に、南アフリカの専門家を招聘したともされる。これは南アフリカの多目的スタンドオフ兵器（MUPSOW）とスタンドオフ兵器トル

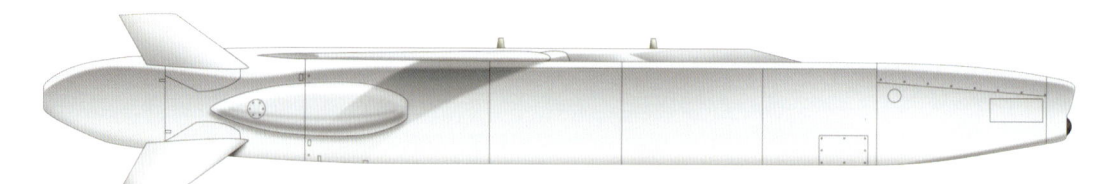

Taurus KEPD 350

全　　　長	5100ミリ
胴体直径	1080ミリ
翼　　　幅	2064ミリ
発射重量	1400キロ
弾頭重量	499キロ
射　　　程	500キロ超
速　　　度	マッハ0.80-0.95
推進システム	ウィリアムズP8300-15ターボファン
誘導方式	トリテック航法システム（画像をベースとした航法、IBN）、慣性航法システム（INS）、地形参照航法（TRN）およびGPS

▲タウラスKEPD350
スタンドオフ・ミサイルのタウラスは、ドイツ空軍トーネードIDS打撃機搭載での実用配備に導入された。ドイツはユーロファイターEF2000にもこのミサイルを搭載予定であり、サーブ・グリペンでもテストが行われている。

▼PGM-500
本来はマルコーニ社製だったが、現在はMBDAミサイル・システムズが製造するPGM-500は、2タイプのPGMのうち小型のミサイルであり、227キロの弾頭をもつ。MBDAによると、誤差1メートル以内の精度を有し、着発か近接かの2種類の信管を使用可能という。

PGM-500

全　　　長	4620ミリ
胴体直径	460ミリ
翼　　　幅	1520ミリ
発射重量	1060キロ
弾頭重量	910キロ
射　　　程	50キロ
速　　　度	未公表
推進システム	固体燃料ロケット・モーター
誘導方式	INS、セミアクティヴ・レーザー

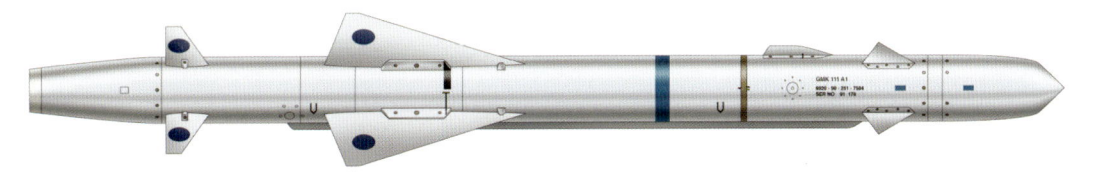

ALARM

全　　　長	4240ミリ
胴体直径	230ミリ
翼　　　幅	730ミリ
発射重量	268キロ
射　　　程	93キロ
速　　　度	時速2455キロ
推進システム	バイエルン化学2段式固体燃料ロケット・モーター
誘導方式	事前プログラム／パッシヴ・レーダー・シーカー

▲アラーム

英空軍のアラームは滞空モードをもつ特異なミサイルで、これは攻撃された敵レーダーが停止した場合に備えた設計だ。アラームは、敵レーダーのオペレーターが再稼働させるまではパラシュートを開いて滞空し、それからパラシュートを切り離して敵レーダーの攻撃を行う。

▼ブラモス

「ブラモス」という名は、インドのブラマプトラ川とロシアのモスクワ川からとったものだ。この超高速スタンドオフ・ミサイルの最初のタイプは艦上発射型で、インド海軍の戦艦に実用配備され、その後陸軍の地上発射型ミサイルが配備された。インド空軍は対地と対艦攻撃向けに、航空機発射型のブラモス導入を望んでいる。

Brahmos

全　　　長	8400ミリ
胴体直径	600ミリ
翼　　　幅	1700ミリ
発射重量	2500キロ
弾頭重量	300キロ
射　　　程	290キロ
速　　　度	マッハ2.8-3.0
推進システム	2段式統合型ロケット／ラムジェット
誘導方式	慣性、GPS、アクティヴおよびパッシヴ・レーダー

ゴスとの外見の類似や、南アフリカがパキスタン空軍にラプター2動力付き滑空爆弾を提供した事実をもとにした推測だ。

　ミラージュIIIとミラージュF.1、バッカニア向けにフランスが供与したAS.20とAS.30ミサイルを使用したのち、南アフリカは国産のスタンドオフ兵器の開発に着手した。こうした兵器のうち、初めて実戦配備され使用されたミサイルが、無動力ラプター1（H-2）滑空爆弾であり、この開発がすすめられ動力付きラプター2が生まれた。ラプター1にロケット・モーターをくわえただけだが、ラプター2は射程と運動性が増した。南アフリカ空軍（SAAF）が前線使用していないのは明らかだが、ラプター2は輸出され、パキスタンは輸入国のひとつだ。誘導方式は自律、ウエイポイント利用、GPS併用の慣性航法を用いる。

　固体燃料ロケット・モーターを動力とするMUPSOWはラプターの発展型で、射程50キロ、TVかIRシーカー・ヘッドを備える。開発は1991年にはじまり、無動力飛翔テストが1997に行われた。1990年代半ばには改良され、ターボジェット・エンジンを装着し、射程は延伸して150キロ程度になった。新型ミサイルは大幅な発展タイプの空対地兵器であり、TVかIIR、レーダー・シーカーを選択可能で、それに慣性／GPS誘導方式とデータリンクを利用する。攻撃するターゲットに合わせて、単弾頭か対滑走路子爆弾、また堅固化ターゲットにはタンデム貫通弾頭を使用可能だ。通常型の454キロMk83弾頭は初期タイプに装着されていた。MUPSOWは南アフリカ空軍のチーター戦闘機に搭載されたが、この機は退役しているため、ミサイルも運用を終えているとみられる。

　1999年に初めて確認されたトルゴスは、MUPSOWがさらに進化したタイプで、射程は300キロまで延伸し、巡航ミサイルといえるようになった。トルゴスは慣性およびGPS誘導で飛翔したのち、終末段階にIRシーカーを用いる。遠隔データリンクを介して中間飛翔アップデート

イランの計画

が可能だ。

イラン・イラク戦争中にイランは国際的に孤立したため、多数の誘導兵器計画に着手することになった。空対地兵器では、レーザー誘導ミサイルのサッター・シリーズが生まれた。これはAGM-65AとAS.30Lのテクノロジーをもとにしたミサイルに、フランス製のアトリをベースにしたイラク開発の照準ポッドを装着したものだ。サッターのテクノロジーは、イラン領土内で発見された、イラク空軍のAS.30Lの不発弾数発から得たものだと思われる。最初に登場したサッター1は20-30キロの射程だが、空力上は欠陥品だった。サッター2は初めて超音速の性能をもつもので、操舵翼の形を変えている。実用配備されている最新タイプは、イラン軍F-4E搭載のサッター3と思われるが、サッター4もすでに確認されている。

レーザー誘導方式のサッターにくわえ、イラン企業は、AGM-65マヴェリックのシーカー・ヘッドとMk80シリーズの弾頭を組み合わせた、さまざまな光電子誘導方式のミサイルを開発している。イラン初の国産TV誘導ASMはAGM-379/20ズービンで、マヴェリックをベースにした誘導方式の超音速ミサイルだった。爆風破砕弾頭を装着するズービンは、30キロ超の射程をもつ。TV誘導ミサイルのなかで、唯一量産され、前線使用されているのが（無動力）GBU-78カセッド誘導爆弾だといわれている。

▲MAR-1
ブラジル製MAR-1はパキスタンが購入し、JF-17戦闘機の兵装としているようだ。ミサイルはメクトロン社（ピラニアAAMを開発）とブラジル空軍の航空宇宙技術センター（CTA）の共同開発だった。このミサイルはブラジルのアップグレード版AMX攻撃機にも搭載される。

MAR-1

全　　　長	4030ミリ
胴体直径	230ミリ
翼　　　幅	未公表
発射重量	274キロ
弾頭重量	90キロ
射　　　程	25キロ
速　　　度	未公表
推進システム	ロケット・モーター
誘導方式	パッシヴ・レーダー誘導、ホーム・オン・ジャム

▲デリラー
デリラーはイスラエルの無人攻撃機での戦闘経験をもとに開発された。おもに、敵の防空システム周辺に滞空し、ターゲットが作動するまで待って追尾する。2006年のレバノン紛争では、イスラエルはデリラー・ミサイルを用い、ヒズボラの部隊に物資補給する車両を探索した。

Delilah

全　　　長	3310ミリ
胴体直径	330ミリ
翼　　　幅	1150ミリ
発射重量	250キロ
弾頭重量	未公表
射　　　程	250キロ
速　　　度	マッハ0.3-0.7
推進システム	ターボジェット
誘導方式	CCD/IIRとGPS/INS

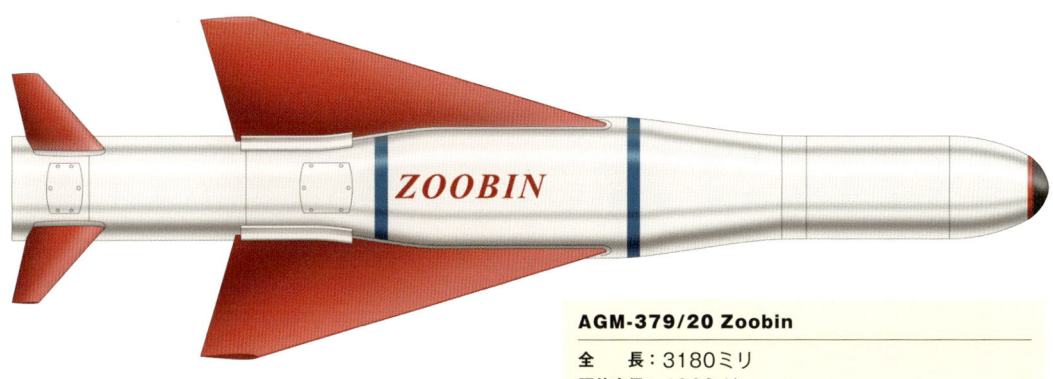

第 2 章　空対地ミサイル　97

▲ AGM-379/20ズービン
ズービンはイランの第1世代ASMであり、ロケット・モーターとAGM-65Aマヴェリックの光電子誘導装置の派生モデルを組み合わせ、340キロのM117"ダム"ボムをベースにした弾頭を搭載している。

AGM-379/20 Zoobin

全　　　長：3180ミリ
胴体直径：406ミリ
翼　　　幅：1230ミリ
発射重量：560キロ
弾頭重量：340キロ
射　　　程：25キロ
速　　　度：高亜音速
推進システム：固体燃料ロケット・モーター
誘導方式：昼間光量TVシーカー

▲ サッター 4
サッターは4タイプが確認されており、どれも外見は大きく異なる。サッター1はMIM-23ホークSAMに似た外見だが、サッター3はカナード翼をもつ。サッター4は中間翼と尾翼をもつ形に戻っている。

Sattar-4

不明

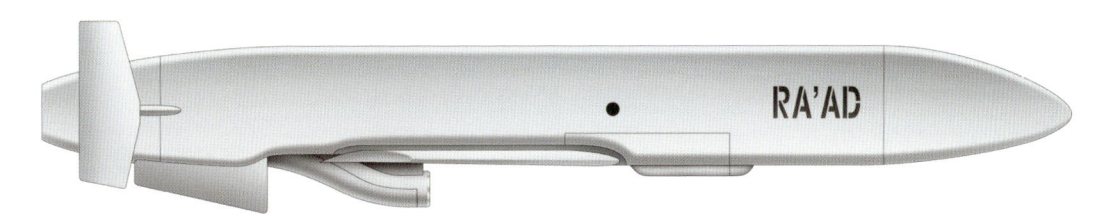

▲ ラード
パキスタンの準ステルス性をもつ空中発射巡航ミサイル、ラード（ハトフ8ともいわれる）は、パキスタン空中兵器開発・製造センターと国家技術・科学委員会（NESCOM）の開発だ。ラードは戦略能力も有し、核弾頭を搭載可能だ。

Raad

全　　　長：4850ミリ
胴体直径：未公表
翼　　　幅：未公表
発射重量：発1100キロ
弾頭重量：未公表
射　　　程：350キロ
速　　　度：亜音速
推進システム：未公表
誘導方式：INS、TERCOM、DSMAC、GPS、COMPASS

「砂漠の嵐」作戦のASM

1991年の湾岸戦争で使用された航空機発射型兵器で多くを占めたのが、無誘導"ダム"ボムだったが、この紛争では発達型のASMが数種類使用されたこともよく知られている。

「砂漠の嵐」作戦において、多国籍軍の空中兵器のなかで一番強力なASMが、AGM-86C通常弾頭型空中発射巡航ミサイル（CALCM）だ。1991年1月に実戦に投入され、イラクで初めて使用された。「砂漠の嵐」作戦で使用された35発のCALCMはすべて、作戦初日の夜にB-52Gから発射されている。アメリカのバークスデール空軍基地から飛び立った7機のB-52Gが史上最長の空爆出撃を行い、各機が35時間も航行した。1990年代後半には、CALCMはイラクで「デザート・ストライク」作戦（1996年）と「砂漠の狐」作戦（1998年）、また1999年にはNATOによる対セルビア、「同盟の力」作戦でも使用された。

前面に出たマヴェリック

湾岸戦争中に米空軍は固定翼機で約5万もの攻撃任務を遂行し、空中発射ミサイルでは、AGM-65マヴェリックとAGM-88HARMが中心となった。なかでも数で突出したのがAGM-65であり、5タイプが5000発超発射された。米空軍が投入したうち、90パーセント超はA-10サンダーボルトIIから発射されており、この作戦中の、対装甲任務の重要性がわかる。A-10はおもに5-6キロの射程でマヴェリックを発射し、ターゲット上空を飛ぶ必要もなかった。光電子誘導のマヴェリック2発、ロックアイ・クラスター爆弾4発、機関砲用の30ミリ弾を満載するのが、A-10の一般的兵装だった。

マヴェリックは、近接航空支援および戦場での空中阻止任務を行うF-16にも搭載された。戦争中には合計116発のAGM-65がF-16から発射され、360台の装甲車両を破壊するのに貢献したといわれている。総合すると、米空軍のマヴェリックの命中率は80から90パーセント程度とされる。

米海兵隊が発射したAGM-65Eはこれより少々戦績が劣り、湾岸戦争では60パーセントの命中率だった。AGM-65DのIIRシーカーは、砂漠の熱によるクラッターのせいで、一定の状況では効果がないことが判明した。湾岸戦争後、新しいCCDシーカーがレイセオン社によってマヴェリック向けに開発された。

イラクの高度な統合防空システムは、米空軍の、AGM-88BブロックIIIミサイルを搭載した"ワイルド・ウィーズル"F-4Gが攻撃した。計116機の米空軍F-4EがF-4Gに転換され、最終的には"ワイルド・ウィーズル"となった。AGM-65とAGM-88ミサイルを搭載し、AN/APR-38レーダー追跡・警戒システムを備え、また少なくとも

「砂漠の嵐」作戦で使用された米軍の空対地ミサイル

ミサイル	使用数
AGM-62Bウォールアイ II	133
AGM-65マヴェリック	5296
AGM-84E SLAM	7
AGM-86C CALCM	35
計	5471

「砂漠の嵐」作戦で使用された米軍の対レーダー・ミサイル

ミサイル	使用数
AGM-45シュライク	78
AGM-88 HARM	1961
計	2039

「砂漠の嵐」作戦で使用されたAGM-65の派生ミサイル

派生タイプ	誘導方式	使用数
AGM-65B	EO	1673
AGM-65C	レーザー	5
AGM-65D	IR	3405
AGM-65E	レーザー	36
AGM-65G	IR	177
	計	5296

▲巡航ミサイル
テスト飛翔中のAGM-86C通常弾頭型空中発射巡航ミサイル（CALCM）の右側面。AGM-86Cは1991年の「砂漠の嵐」作戦と、1999年のNATOの対セルビア作戦で使用され大きな成果をあげた。

52本のアンテナを増設した。HARMは、1986年にリビアのシドラ湾での急襲作戦中に米海軍が初めて実戦使用したが、大量に投入されたのは「砂漠の嵐」作戦が初となった。計約2000発のHARMが空中戦に使用され、このうち約40パーセントをF-4Gがイラクの防空施設に向けて発射した。このほか、米海軍のF/A-18、EA-6B、A-7（140発超のHARMを発射）、A-6EがHARMを搭載した。A-6Eは、防空制圧無人機の、ADM-141戦術空中発射デコイ（TALD）も飛ばした。HARM戦術では、多数のミサイルが、先制攻撃としてイラクの防空に「投下され」、その直後に、その地域に通常の攻撃が行われた。イラクの防空オペレーターが攻撃機の接近を探知した場合、レーダーをオンにすると、それをHARMがターゲットにした。HARMの攻撃に備えようとすれば、オペレーターは防空システムを切断したままにしなければならなかった。HARMの発射シグナルが出ただけで、イラクのレーダーが沈黙を守ることも何度かあった。

イラク上空での対レーダー任務においてHARMを支援したのが、英空軍のアラームシステムだった。トーネードGR.Mk1による使用例が

112あり、湾岸戦争はこのミサイルの初の実戦投入の場となった。低空飛翔してターゲットにダイブするHARMとくらべると、アラームは発射後急上昇し、高速でレーダー波に垂直に突っ込む。イラクのレーダー・オペレーターがアラームを非常に恐れていたことを示す逸話は多数あり、英空軍トーネードの乗員が暗号化していない無線で発射を報告すると、その時点でイラクのレーダーが切断されることもあったという。

「砂漠の嵐」作戦では、このほかに米海兵隊のAGM-123スキッパーIIも使用された。これは、レーザー誘導爆弾ペイヴウェイの射程を延伸するため、低コストで開発されたものだ。1985年に実用配備されたスキッパーIIは、GBU-16レーザー誘導爆弾にHARMのロケット・モーターを搭載した。湾岸戦争で使われた3発のスキッパーIIの発射母機は、第224、第533海兵戦闘攻撃飛行隊（VMFA）のA-6Eだった。

ウォールアイのフィナーレ

「砂漠の嵐」作戦が最後の活躍の場となったのが、米海軍のウォールアイ誘導爆弾だ。ウォールアイは1980年代後半から徐々に姿を消しつつあったが、湾岸戦争で実戦に投入され、おもにA-7EコルセアIIから発射された。

一方、湾岸戦争で初めて使用されたのがAGM-

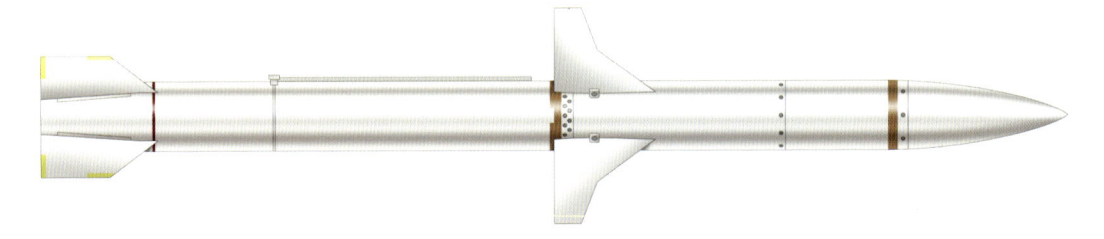

▲AGM-88B HARM
米空軍が「砂漠の嵐」作戦で使用した主要なHARMはAGM-88BブロックIIIであり、このミサイルは、飛翔中に再プログラム可能に改良された点が特徴だ。このため、即時にミサイルのデータベースに新たなターゲットをくわえることもできる。一方米海軍は、前タイプのブロックIIを使い続けた。空母艦載機での運用にはこちらのほうが安全だとされていた。

AGM-88B HARM

全　　長	4100ミリ
胴体直径	254ミリ
翼　　幅	1100ミリ
発射重量	355キロ
弾頭重量	66キロ
射　　程	106キロ
速　　度	時速2280キロ
推進システム	チオコールSR113-TC-1 2段推力ロケット・モーター
誘導方式	パッシヴ・レーダー

▲AGM-86C CALCM
イラストはプロトタイプ。通常弾頭型AGM-86Cが実用配備されたのは、湾岸戦争勃発のわずか数週間前だった。CALCMの第1世代で実戦に使用されたのはブロック0（ベースライン）で、爆風破砕弾頭を搭載し、初期タイプのGPS誘導を備えていた。

AGM-86C CALCM

全　　長	6350ミリ
胴体直径	620ミリ
翼　　幅	3650ミリ
発射重量	1429キロ
弾頭重量	1400キロ
射　　程	1100キロ
速　　度	時速890キロ、マッハ0.73
推進システム	ウィリアムズ・インターナショナルF107-WR-101ターボファン
誘導方式	INS-GPS

84H SLAMだ。米海軍A-6とF/A-18が発射し、その後この兵器は正式に配備された。SLAMの最初の任務では、A-6Eがこのミサイルを2発発射し、それをA-7Eがターゲットであるイラクの発電所まで誘導した。どちらも米海軍空母「ジョン・F・ケネディ」の艦載機だった。

また、フランス空軍ジャギュアが、ATLIS（自動追跡レーザー照射システム）照準ポッドを使用して約60発のレーザー誘導ミサイルAS.30Lを放ち、クウェートとイラク南部の堅固化したシェルターなどを攻撃した。尾翼方向に向けて装着したATLISを使用するため、ジャギュアはミサイル発射後に急反転を行うことが可能で、ターゲットから飛び去っても、ポッドが目標指示を行った。

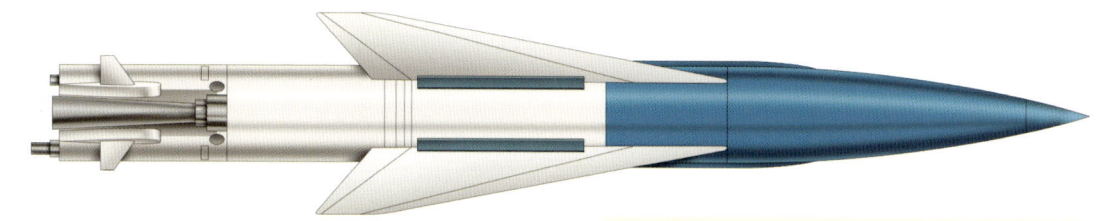

▲ AS.30L
湾岸戦争に配備されたフランス空軍ジャギュアの兵装であるAS.30Lは、大きな成果をあげた。このミサイルは、トムソンCSFアリエル・レーザー・シーカー、中間飛翔修正用のジャイロ・ユニット、遅延信管付きハード・ケースの貫通弾頭といった特徴をもつ。超音速と堅固化した弾頭の組み合わせにより、AS.30Lは厚さ2メートルの鉄筋コンクリートも破壊する能力がある。

AS.30L

全　　長	3700ミリ
胴体直径	340ミリ
翼　　幅	1000ミリ
発射重量	520キロ
弾頭重量	240キロ
射　　程	11キロ
速　　度	時速1700キロ
推進システム	2段式固体燃料ロケット・モーター、コンポジット・ブースター、ダブル・ベース・サスティナー
誘導方式	セミアクティヴ・レーザー誘導

対テロ全面戦争におけるASM

21世紀初頭のアフガニスタンとイラクにおける戦争では、副次的損害を減少させるために、高精度の空対地兵器の使用が増した。

2001年のイラクと2003年のアフガニスタンで多国籍軍の空軍が行った紛争では、アメリカで開発され長期にわたって使用されてきたAGM-65やAGM-88といったミサイルにくわえ、新型の精度を高めた空対地兵器が多数使用された。またこの紛争では、航空機が近接航空支援任務を担うことが増え、多国籍軍部隊と接近する頻度は高まり、また統合直接攻撃弾（JDAM）といった低コストのGPS誘導兵器の導入に拍車がかかった。このため、高価で致死性の高いASMの使用は、高度に堅固化された、あるいは高価値のターゲットに限定された。

既存の兵器では、計918発のマヴェリックが2003年の「イラクの自由」作戦で使用されたが、こうしたミサイルは市街地のターゲットに投入されることが増加している。HARMも408発使用され、153発が空中発射のAGM-86C/D CALCM、3発が米海軍のSLAM-ERだった。2001年にアフガニスタンではじまった「不朽の自由」作戦では、多国籍軍空軍の指揮官が、繰

▲AGM-130

米空軍ではAGM-130はF-15Eのみに配備されており、「対テロ全面戦争」では、この機が搭載した唯一の動力空対地兵器だ。F-15Eが通常は翼下部に1発のAGM-130を搭載する。

AGM-130

全　　長	3920ミリ
胴体直径	380-460ミリ
翼　　幅	1500ミリ
発射重量	1323キロ
弾頭重量	240キロまたは430キロ
射　　程	60キロ超
推進システム	固体燃料ロケット・モーター
誘導方式	慣性、GPS

▲ストーム・シャドウ

英空軍のストーム・シャドウは2003年3月のイラク侵攻において初めて実戦使用され、クウェートのアリ・アルサレム空軍基地から飛んだトーネードが搭載した。このスタンドオフ・ミサイルは堅固化ターゲットであるイラク軍最高司令部に対して使用された。

Storm Shadow

全　　長	5100ミリ
胴体直径	1660ミリ
翼　　幅	2840ミリ
発射重量	1230キロ
弾頭重量	450キロ
射　　程	250キロ
速　　度	時速1000キロ
推進システム	ターボメカ・マイクロターボTRI60-30ターボジェット
誘導方式	慣性、GPS、航法用地形プロファイル・マッチング・システム（TERPROM）

り返しレーザー誘導爆弾とGPS誘導爆弾を使い、ミサイルよりもこちらを好む姿勢を明確にした。事実、2001年12月には米軍による空襲が6546回行われたが、そのうちASMを使用したのは4回でしかない（AGM-65G、AGM-130、AGM-142）。しかし全体としては、アフガニスタンでは精密誘導兵器の重要性がますます高まっていることが実証され、空中発射兵器の約56パーセントが精密誘導タイプだった。この数字は旧ユーゴスラビアにおける「同盟の力」作戦の約35パーセントと、1991年の「砂漠の嵐」作戦でのわずか7-8パーセントとは対照的だ。

AGM-130を初めて正式に実戦使用したのは、1999年、対イラク防空施設の「ノーザン・ウォッチ」作戦のことであり（失敗）、また同年にはセルビアで鉄橋にも使用された。また、駐機中のセルビア軍MiG-29を2機破壊したとされている。GBU-15滑空爆弾の動力型であるこのミサイルは、2001年の「不朽の自由」作戦と、その後イラクでも使用された。米空軍は「イラクの自由」作戦で計4発のAGM-130を発射した。

JSOWのデビュー

AGM-154 JSOWはコソボで展開された「同盟の力」作戦で初めて実戦使用され、その後、ア

フガニスタンとイラクでも使用された。JSOWが初めて実戦で使用されたのは、米海軍空母「カール・ヴィンソン」から飛んだF/A-18によるもので、1999年にイラク南部のミサイル・サイト攻撃に3発が発射された。米軍は2003年にイラクに戻り、計253発のJSOWを使用した。

ストーム・シャドウは、2003年の「イラクの自由」作戦に呼応して行われた英空軍の「テリック」作戦において、第617飛行隊「ダム・バスターズ」のトーネードGR.Mk4が搭載し成果をあげた。この作戦中には計27発が発射された。「テリック」作戦（計47発のASMを使用）でこれ以外に使用されたイギリスのASMは、アラームのみだった。一方、英空軍ハリアーは、米軍が供与したAGM-65Gマヴェリックを38発発射した。

ハブナップが初めて使用されたのは「同盟の力」作戦（2度の任務）であり、その後2001年のアフガニスタンにおける「不朽の自由」作戦で少数が使用された。「不朽の自由」作戦では少数のハブナップが、米空軍B-52Hから、防御を固めたターゲットに向けて発射されている。

アフガニスタンで配備されたSLAM-ERは、攻撃初日の夜間に、米海軍P-3オライオン対潜哨戒機から発射された。およそ10発のSLAM-ERが、タリバンとアルカイダの重要な建物や防空施設など、優先度の高いターゲットに向けて発射されている。

▲試射
専用に塗装されたAGM-130ミサイルを投下する、米空軍F-15Eストライク・イーグル。
2002年、ユタ試験訓練場上空にて。

第3章
対艦ミサイル

　空中発射対艦ミサイル（AShM）は第2次世界大戦中、ドイツが地中海の戦場で使用して大きな成果をあげ、また冷戦時代には、こうした兵器は、空母やその他主要な艦船への強力な対抗策として重要性を増した。とくにソ連では、脅威を増した米海軍空母に対抗する手段として、強力で多様な空中発射AShMを配備した。ペルシア湾と南大西洋で紛争が起きた1980年代初めには、空中発射AShMの使用によって、小規模な海軍でも、海軍力で大きく優位にたつ相手に対抗できることが証明された。

◀ソ連の対艦兵器
冷戦時代、スウェーデン空軍は、このKh-22（AS-4"キッチン"）AShMを搭載したソ連海軍Tu-22M2を迎撃した。超大国が対立した時代、バルト海は地理的に非常に大きな意味をもち、AShMがその統制に重要な役割を果たすことになった。超音速ミサイルのKh-22は1967年に実用配備され、"バックファイア"爆撃機の主兵装となった。

冷戦時代の対艦ミサイル

空中発射AShM開発の動きは、ソ連とフランスではじまった。ソ連は大型の核能力を有するミサイル開発、フランスは軽量で有線誘導方式のミサイル開発に力を入れた。

ソ連が初めて開発に成功したAShMはKS-1コメート（AS-1"ケンネル"）であり、開発がはじまったのは1947年だった。RD-500ターボジェット・エンジンを推進システムとするKS-1は、1954年にソ連海軍黒海艦隊のTu-4爆撃機に配備された。ソ連は一時期、朝鮮戦争で米空母にTu-4とKS-1をぶつけることを考えたが、当時は十分な訓練を受けた乗員がいなかった。1954年には、Tu-16ジェット爆撃機がKS-1搭載向けに改修されはじめており、1957年に初の発射が記録されている。KS-1は、発射母機のコバルト・レーダーがターゲットの探知と追跡を行って、ビーム・ライディング方式でミサイルをターゲットまで誘導し、その後、ミサイルがもつパッシヴ・レーダー・シーカーがロックオンして終末飛翔を行う。この誘導形式は初期のもので対抗手段も多かったが、KS-1は成果をあげ、1970年代までTu-16の兵装とされた。

K-10（AS-2"キッパー"）はソ連の空中発射AShM初の超音速タイプで、1955年に開発がはじまった。ターボジェットを推進システムとするこの新型ミサイルの発射母機もTu-16であり、胴体下部に1発を搭載可能だった。ミサイルの誘導には、発射母機のYeNレーダーを使用してターゲットを探知した。Tu-16が中間飛翔誘導を行い、K-10はオートパイロットでターゲット付近まで飛翔し、終末飛翔の誘導はミサイルのアクティヴ・レーダーで行った。成形炸薬弾か核弾頭（K-10S）を搭載し、ミサイルは海上の艦船に低空から降下して攻撃した。K-10は1961年に実用配備され、ECM（電子妨害）用無人機の役割ももっていた。

Tu-16向け新型兵器

KS-1の後継とされたKSR-2（AS-5"ケルト"）は液体燃料ロケット・モーターを推進システムとし、高性能爆薬か核弾頭を搭載した。発射母機はTu-16であり、高亜音速のKSR-2を2発、胴体下部に搭載可能だった。ターゲットは発射母機のルービン探索レーダーで捕捉し、ミサイルは慣性誘導と指令アップデート付きオートパイロットを組み合わせ、また終末飛翔ではアクティヴ・レー

▼AS.12
AS.12は有線誘導を用いる基本タイプのミサイルで、照準線維持のためとコントロール・ワイヤが水面と接触しないよう、高度122メートルからの発射が必要だった。しかし、イラン・イラク戦争とフォークランド紛争では、ある程度の成果はあげた。フォークランド紛争中にワスプ・ヘリコプターからアルゼンチン軍潜水艦に向けて発射されたときは、爆発せずに潜水艦のセイルを抜けてしまった。

AS.12

全　　長	1870ミリ
胴体直径	胴体部180ミリ、弾頭部210ミリ
翼　　幅	650ミリ
発射重量	76キロ
弾頭重量	28キロ
射　　程	7-8キロ
速　　度	時速370キロ
推進システム	固体燃料ロケット・モーター
誘導方式	有線式手動指令照準線一致（MCLOS）

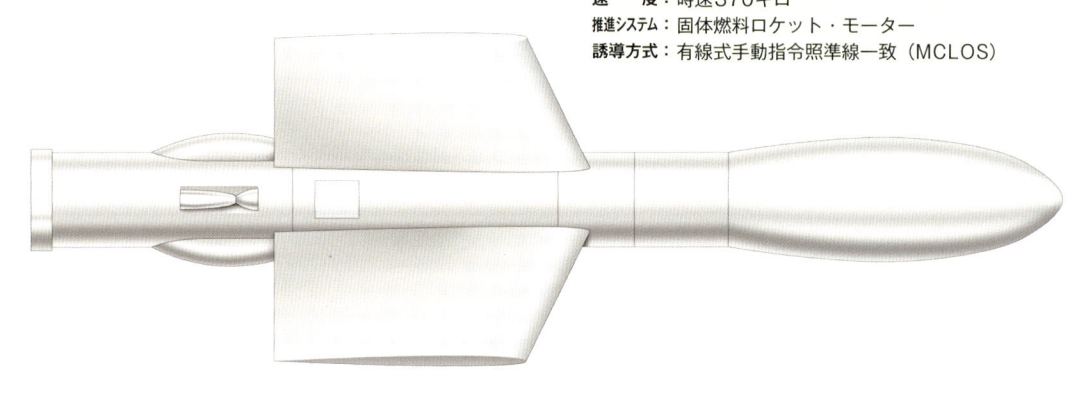

ダー・シーカーを使用した。ソ連海軍はKSR-2ミサイルを1965年に実用配備した。

Tu-22超音速爆撃機搭載向けに開発されたKh-22（AS-4"キッチン"）は、KSR-2の液体燃料ロケットを使用したが、高超音速の飛翔を行い、より高性能の防空網を破ることが可能だった。このミサイルの対艦タイプ（PGの名称）はアクティヴ・レーダー・シーカーを使用し、ミサイルがまだ発射母機にあるうちにターゲットを捕捉し、成形炸薬弾または核弾頭を装着した。また、慣性、ドップラー、推測航法システムを備え（PSI）、核弾頭のみを装着するタイプのミサイルもあった。このタイプは、艦船群など、ある領域をターゲットとする場合に用いられた。対艦Kh-22は発射後、高度2万2500メートルまで上昇し、マッハ3.4の速度で巡航する。誘導システムが作動すると、シーカーがターゲットを追跡し、その後ミサイルは30度の角度でターゲットに向かい降下す

る。このタイプのミサイルは、母機の爆撃機のレーダーがターゲットの位置を知らせ、ミサイルのレーダーはターゲットの方向にシグナルを発して、その反射で自動追尾する。

最初はTu-22KがKh-22を搭載して1967年に実用配備され、1975年には新型ミサイルKh-22Mが登場した。これは、1979年に就役したTu-22M可変翼爆撃機搭載向けミサイルだった。新型ミサイルは3段式モーターと改良型オートパイロットを備え、前モデルのTu-22KとTu-95K-22にも搭載可能だった。一方Kh-22Nは、高高度か低高度での発射が選択可能で、敵防空システムの突破能力を強化していた。誘導方式と弾頭は以前のタイプと同じだ。

KSR-5（AS-6"キングフィッシュ"）はKh-22のデータをもとに開発し、1974年に承認されたミサイルだ。アップグレード・タイプのTu-16が、翼下部に1発のKSR-5を搭載した（胴体下にK-10が1発搭載される機もあった）。ミサイルはアクティヴ・レーダー誘導の誘導方式であり、発射前にロックオンし、ターゲットのデータを発射母機のルービンまたはYeNレーダーが提供し

▼シースクアを搭載するウエストランド
シースクア・ミサイルを搭載する英海軍ウエストランド・スーパーリンクス・ヘリコプター。1980年代初期、イギリス沿岸部某所で訓練中のひとコマ。

た。飛翔プロファイルは慣性誘導のKh-22と同様で、パッシヴ・レーダー誘導を備える対レーダー・ミサイルもあった。このタイプのKSR-5Pは、艦載レーダーに対しても使用可能だった。Kh-22と同じく、KSR-5Nは低高度での性能が改良され、そのための誘導方式に改修されていた。モーターには5つの高度設定があった。

フランスの対艦ミサイル

フランスでは、空中発射に特化したAShMの開発は、ノールAS.12が最初だった。これは、SS.12有線誘導対戦車ミサイルの航空機搭載型で、軽量タイプのミサイルだ。固体燃料を使用するAS.12は1960年にフランス海軍の空母艦載機エタンダールが初めて運用し、有線誘導方式は変わらず、尾部の追跡フレアを目視確認した。その軽量性がヘリコプターでの搭載に適していた点が、AS.12成功のカギとなった。回転翼機搭載向けに改良されたAS.15TT AShMは、この性質を生かしたミサイルだった。"TT"（tous temps）は全天候を意味し、サウジアラビアの資金提供でアエロスパシアル社が開発した。このミサイルは無線指令誘導を用い、ミサイルとターゲットの追跡は発射ヘリコプターのアグリオン15レーダーが行った。初試射が1982年に行われ、サウジアラビアとアラブ首長国連邦でパンテル海洋ヘリコプターがミサイルを搭載している。

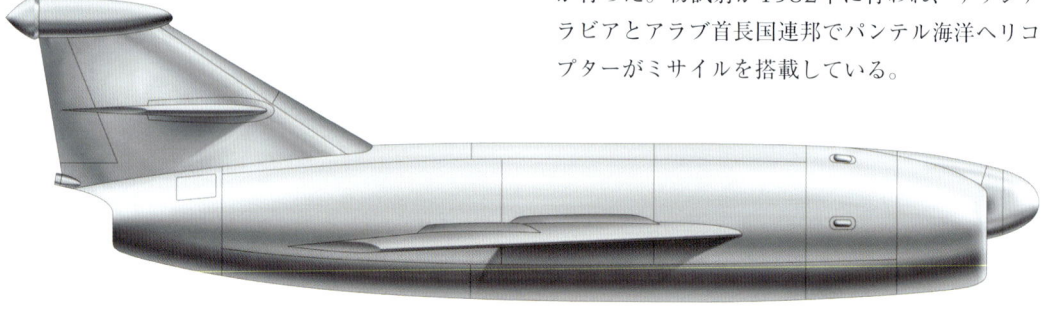

▲ KS-1（AS-1 "ケンネル"）

KS-1は1954年にソ連海軍で実用配備され、黒海艦隊のTu-4ピストン・エンジン爆撃機が搭載した。その後KS-1はTu-16ミサイル搭載機の兵装となり、1954年に試射がはじまり、黒海、バルチックおよび北方艦隊で運用された。どちらの爆撃機も、翼下部に2発を搭載した。

KS-1（AS-1 'Kennel'）

- 全　　長：8290ミリ
- 胴体直径：1150ミリ
- 翼　　幅：4900ミリ
- 発射重量：2735キロ
- 弾頭重量：1000キロ
- 射　　程：100キロ
- 速　　度：時速1060キロ
- 推進システム：RD-500Kターボジェット
- 誘導方式：セミアクティヴ・レーダーとパッシヴ・レーダー（終末誘導）

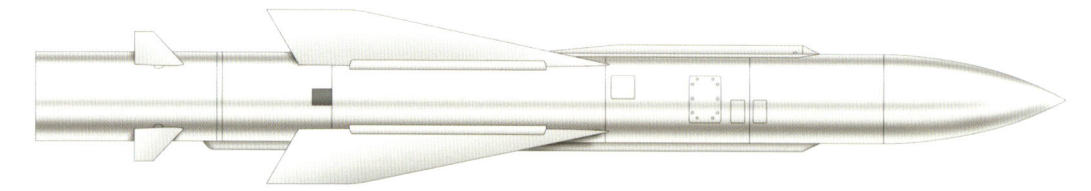

▲ コルモラン

コルモラン撃ちっ放し式ミサイルはバルト海での使用に向けたもので、ドイツ海軍はここで、ワルシャワ条約機構の輸送を止める任務を担った。ミサイルはイタリアにも輸出され、第36航空団のトーネードIDS部隊が搭載した。

Kormoran

- 全　　長：4400ミリ
- 胴体直径：344ミリ
- 翼　　幅：1220ミリ
- 発射重量：630キロ
- 弾頭重量：220キロ
- 射　　程：35キロ
- 速　　度：マッハ0.9
- 推進システム：固体燃料ロケット・モーター
- 誘導方式：INS、アクティヴ・レーダー誘導

第３章　対艦ミサイル

このほかにもアエロスパシアル製対艦ミサイルには、画期的な、撃ちっ放し式のエグゾセがあり、フォークランド紛争とイラン・イラク戦争において成果をあげ、その名を知られた。フランスの要請に応じて1960年代後半に開発されたエグゾセは、地上、潜水艦、空中発射タイプがある。空中発射型AM39エグゾセは、2段式固体燃料ロケットのミサイルで、固定翼機と大型ヘリコプターから発射可能だ。ターゲットの捕捉は発射母機のレーダーで行い、ミサイルの誘導システムに提供する。慣性誘導によって巡航し、終末飛翔ではアクティヴ・レーダー・シーカーに切り替わり、シースキミング飛翔を行う。製造者による空中発射型エグゾセの試射は1973年にはじまり、当初はAM39の前タイプのAM38が使われたが、その後正式に軽量タイプのAM39が生産され、このミサイルのテストが1978年に完了した。本来の搭載機はフランス海軍シュペル・エタンダール戦闘機だが、まもなく、そのほか多数の航空機に搭載できるようになった。

ノールAS34の設計をベースにしたコルモランは、1964年から西ドイツ向けに開発され、ドイツ海軍F-104Gスターファイターに実用配備されて、その後ドイツとイタリアのトーネードIDSに搭載された。撃ちっ放し式のミサイルであるコルモランは、フランスとドイツが実験的に行ったAS33計画の慣性誘導方式を使用し、アエロスパシアル社が支援し、MBB社が主導する計画となった。最初の試射は1970年に実施され、1977年に配備がはじまった。コルモランはふたつの固

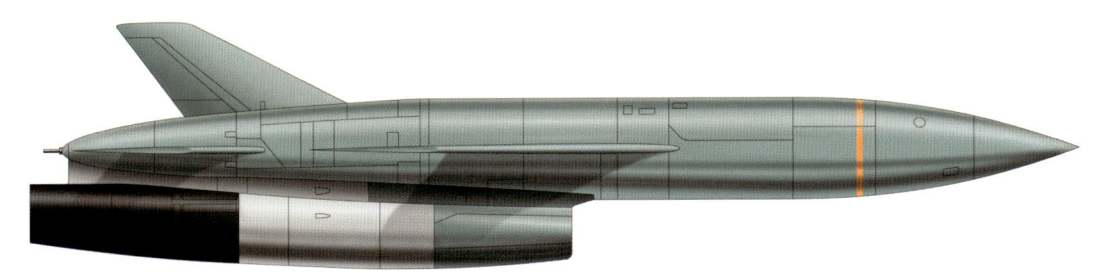

▲K-10（AS-2 "キッパー"）
K-10の大半は核弾頭を装着し、このタイプはK-10Sの名だ。核弾頭の実弾発射は、北方艦隊のTu-16K-10が、1962年8月にノバヤゼムリヤではじめた。"キッパー"はまたECM機としても使用され、爆撃機の保護任務を行った。

K-10（AS-2 'Kipper'）

全　　　長	9750ミリ
胴体直径	未公表
翼　　　幅	4180ミリ
発射重量	4500キロ
射　　　程	200キロ
速　　　度	時速2030キロ
推進システム	未公表
誘導方式	未公表

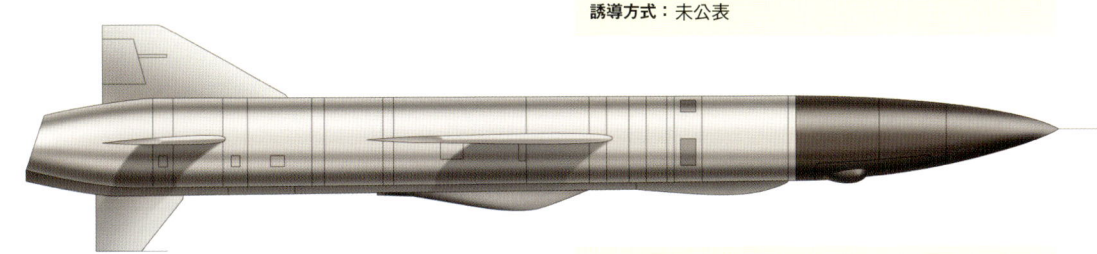

▲Kh-22PG（AS-4 "キッチン"）
イラストのKh-22は飛翔中のもので、折り畳み式のベントラル・フィンは開いた状態にある。形状の違いによって、異なるシーカー・ヘッドを使用していることが確認できる。アクティヴ・レーダー・シーカー使用のPGは絶縁レドームだが、ドップラーと推測航法を用いるPSIはノーズ部が金属で、腹部に絶縁パネルがある。

Kh-22PG（AS-4 'Kitchen'）

全　　　長	11300ミリ
胴体直径	未公表
翼　　　幅	3350ミリ
発射重量	5900キロ
弾頭重量	1000キロ
射　　　程	400キロ
速　　　度	時速3600キロ
推進システム	液体燃料ロケット・モーター
誘導方式	慣性＋アクティヴ・レーダー

体燃料ブースターとサスティナー1基をもち、慣性誘導方式で巡航飛翔を行い、その後ミサイル搭載のレーダーによる誘導でシースキミング攻撃するが、レーダーは事前にアクティヴかパッシヴモードに設定されている。最終型のコルモラン2は射程を延伸し、多数同時発射能力があり、弾頭と対ECM能力が改良されている。

イタリアでは、AShMの開発は当初艦上発射ミサイルだけだったが、その後、イタリア海軍AB.212とSH-3ヘリコプター搭載向けのマルテ中射程ミサイルが導入された。最初のマルテMk1は地上発射型コントラヴェス・イタリアナ・シーキラー Mk2 AShMをベースとした。システル社が1970年から開発し、1977年に実用配備された。マルテMk2はオットー・ブレダ社がアップグレードし、終末飛翔用の新しいアクティヴ・シーカーをくわえて(オトマート地上発射型AShMのシーカーを使用)形状が変わり、ノーズ部は球根状だ。マルテMk2はイタリア海軍SH-3Dに1980年代半ばに実用配備された。固定翼機向け空中発射型がマルテMk2/Aで、1995年に初試射が行われた。

イギリスでは、AS.12とマーテルの後継とするふたつのAShM計画が進められた。これがBAe社のシーイーグルとシースクアだ。シースクアは英海軍のリンクス・ヘリコプターに導入されてフォークランド紛争で使用された。ミサイル搭載の高速攻撃艇といった、小型の機動性のある海上船艇の攻撃用に開発され、発射母機のヘリコプターがターゲットをレーダー照射する必要がある。一方リンクスは、シースプレー探索・追跡レーダーを使用する。ミサイルはセミアクティヴ・レーダー・誘導シーカーを装着し、ターゲットからの反射を拾い上げる。

バッカニア向けシーイーグル

シーイーグルは重重量の撃ちっ放し式ミサイルで、超水平線攻撃を行い、英空軍バッカニア攻撃機の兵装向けに設計された。1970年代初期の要請に沿ってBAe社が開発したシーイーグルは、1980年に試射が、1985年に配備がはじまった。その後トーネードGR Mk1が海上攻撃任務を担うと、この機の兵装となった。ニムロッドとシーハリアーにも搭載され、インド海軍のジャギュアとシーキングMk 42Bで現在も運用されている。

シーイーグルはマーテルのエアフレームを基本とするが、ターボジェット・エンジン用の吊り下げ式空気取り入れ口がある。ターゲットの最新座標に基いてオートパイロットで誘導を行い、終末段階には、アクティヴ・レーダー・シーカーに切り替わる。

1967年の第3次中東戦争では、イスラエルが、第2次世界大戦後初めて、AShMによる攻撃をいくどか受けることになった。イスラエルは、ソ連製AShMを搭載したエジプトの高速攻撃艇の攻撃によって駆逐艦〈エイラート〉を失った。そしてこれが契機となって、イスラエルが使用していた軽量級フランス製ミサイルをしのぐ、同クラスの国産兵器開発に拍車がかかった。そして誕生したのがガブリエル・ファミリーで、当初は"サール"型ミサイル搭載艇に搭載された。ガブリエルⅢは初の撃ちっ放し能力をもつミサイルとな

KSR-5 (AS-6 'Kingfish')

全　　　長	1万560ミリ
胴体直径	900ミリ
翼　　　幅	2600ミリ
発射重量	4500キロ
弾頭重量	1000キロ
射　　　程	300-700キロ
速　　　度	マッハ3
推進システム	未公表
誘導方式	INS(中間飛翔)、アクティヴまたはパッシヴ・レーダー・シーカー(終末飛翔)

▼ KSR-5 (AS-6 "キングフィッシュ")
KSR-5は、外見上はKh-22に似ているが、Tu-16の派生機でのみ運用された。基本的には、全速で巡航高度まで上昇したあと、ターゲットから約60キロの距離から降下して敵艦に向かう。

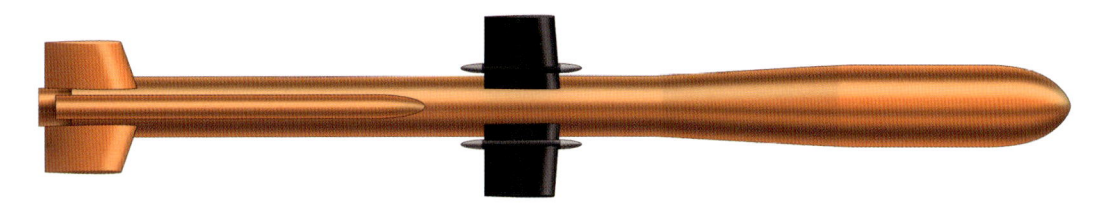

▲マルテMk1

マルテは地上発射型シーキラー Mk2から発展し、民間企業が出資開発したAShMだが、イタリア海軍には採用されなかった。しかし空中発射型マルテは、1970年代半ばに、イタリア海軍AB.212とSH-3Dヘリコプターの主要搭載ミサイルとして選定された。マルテMk2と比べると、Mk1のノーズ部は直径が小さい。

Marte Mk 1

全　　　長	3790ミリ
胴体直径	320ミリ
翼　　　幅	未公表
発射重量	324キロ
弾頭重量	70キロ（HE）
射　　　程	25キロ
速　　　度	マッハ8-9
推進システム	未公表
誘導方式	GPS、INSレーダー

▲ガブリエルIII/AS

本来、エジプトのP-15（SS-N-2"スティクス"）艦上発射型ミサイルに対抗して開発されたガブリエルは、1972年に実用配備されたが、空中発射タイプができたのはようやく1981年のことだった。非常に洗練された兵器であり、終末飛翔用アクティヴ・レーダー・シーカーを備え、射程は前モデルの2倍となった。射程延伸（ER）タイプは60キロの射程だ。

Gabriel III/AS

全　　　長	3350ミリ
胴体直径	340ミリ
翼　　　幅	1350ミリ
発射重量	430キロ（Mk 1）、522キロ（Mk 2）
弾頭重量	100キロ
射　　　程	Mk2　20キロ、36キロ
速　　　度	時速386キロ
推進システム	未公表
誘導方式	セミアクティヴ・レーダーおよび手動

り、以前のセミアクティヴ・レーダー誘導のミサイルにとって代わった。初の空中発射型、ガブリエルIII/ASのベースとなったのがこのタイプだ。ガブリエルの主要な発射母機はF-4Eだった。基本タイプの空中発射型ガブリエルIIIA/SにMk IIIA/S ERが続き、60キロに射程を延伸するため長時間燃焼タイプのサスティナーを備えた。空中発射型のミサイルは標準タイプのガブリエルIIIの誘導方式を変えず、終末誘導にはアクティヴ・レーダー・シーカーを使用する。

日本初の国産AShMが80式空対艦誘導弾（ASM-1）であり、1973年から三菱が開発し、F-1攻撃戦闘機とF-4EJ、P-3に搭載された。この兵器は固体燃料ロケットのミサイルで、巡航段階に慣性誘導、終末誘導にはアクティヴ・レーダー・シーカーを用い、半徹甲弾頭を装着する。ASM-1C（91式）は1991年に導入され、射程が延伸されている。

中国では、このクラスの兵器は鷹撃6型（YJ-6、輸出名称はC-601）を長年使用し、その後軽量で性能の高い新世代ミサイルが中国人民解放軍の航空機に搭載できるようになった。C-601は、1970年代後半、ソ連の地上発射型P-15をもとに開発したミサイルで、1985年に実用配備され、H-6Bミサイル搭載機の兵装となった。液体燃料ロケット・モーターを推進システムとし、誘導は慣性とアクティヴ・レーダー・シーカーの組み合わせだ。

Anti-Ship Missiles

▼シーイーグル

シーイーグルは、ひとつのターゲットに対して一斉発射ができ、複数のミサイルが異なる方向から艦艇に接近する。また、優先度の高いターゲットの攻撃をめざし、1発のミサイルが1隻の艦艇に向けて飛ぶことも可能だ。2010年時点では、インドのみがこのミサイルを運用している。

Sea Eagle

全　　長	4140ミリ
胴体直径	未公表
翼　　幅	1200ミリ
発射重量	580キロ
弾頭重量	230キロ
射　　程	110キロ超
速　　度	マッハ0.85超
推進システム	ターボジェット
誘導方式	慣性およびアクティヴ・レーダー誘導

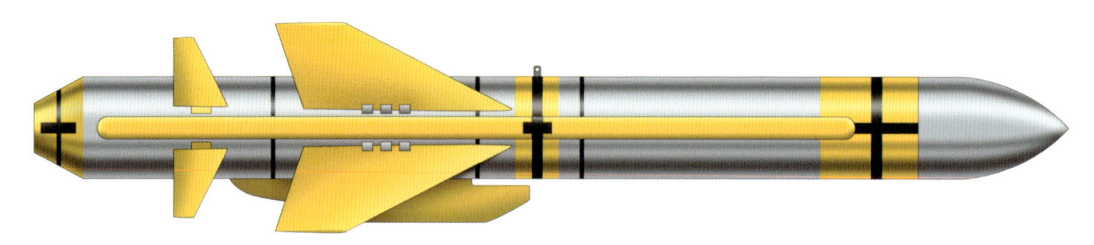

▼80式空対艦誘導弾（ASM-1）

ASM-1は自衛隊のF-1支援戦闘機のJ/AWG-11火器管制レーダーと運用できるよう設計された。空中発射タイプの製造後、沿岸防御兵器（SSM-1または88式）が開発され、P-3C哨戒機搭載向けにはASM-1C（91式）が開発された。

ASM-1

全　　長	4000ミリ
胴体直径	350ミリ
翼　　幅	1200ミリ
発射重量	600キロ
弾頭重量	150キロ
射　　程	50キロ
速　　度	未公表
推進システム	固体燃料ロケット・モーター
誘導方式	慣性およびアクティヴ・レーダー

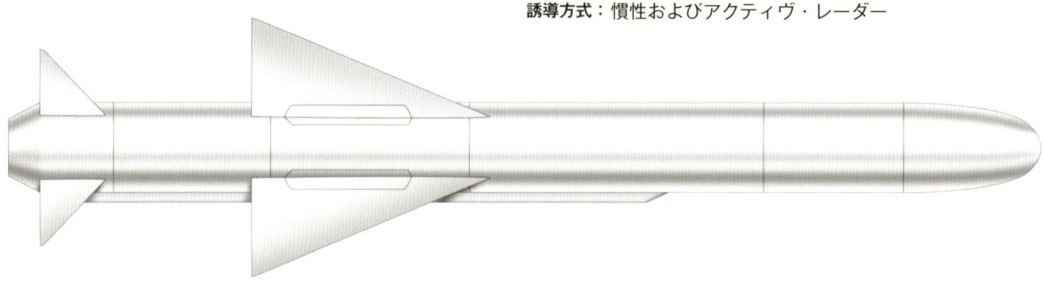

▼鷹撃6型（YJ-6、C-601）

C-601は鷹撃6型の輸出名称だ。どちらもCAS-1"クラーケン"の報告名をもつ。1966年に設計がはじめられたが、実用配備まで20年かかった。発射母機のH-6Dがターゲットを探知して、鷹撃6型は慣性誘導でターゲットまで飛翔する。終末段階はアクティヴ・レーダー誘導を使用し、飛翔高度は3つのうちひとつに事前設定されている。

鷹撃6型（C-601）

全　　長	7100ミリ
胴体直径	760ミリ
翼　　幅	2400ミリ
発射重量	2988キロ
弾頭重量	未公表
射　　程	90-100キロ
速　　度	未公表
推進システム	液体燃料ロケット・モーター
誘導方式	自律航法＋誘導

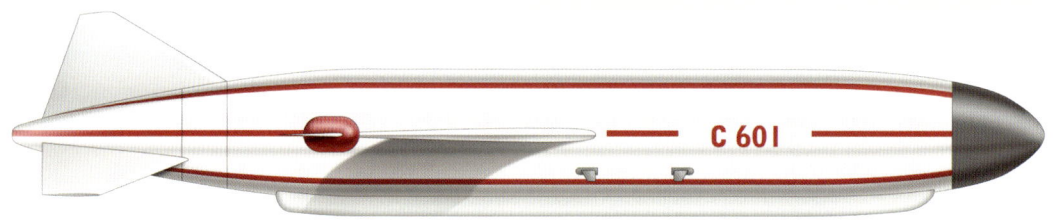

タンカー戦争における対艦ミサイル

イラン・イラク戦争中、どちらの陣営も相手の物資輸送と石油の供給を妨害しようと全力を傾け、空中発射型の対艦ミサイルがこの作戦においては大きな役割を果たした。

タンカー戦争は1981年にはじまり、イラクがイランの戦争続行能力を低下させようと力を注いだ。当初は戦場に軍用物資を運ぶために通過する艦船がターゲットとなり、イラクはペルシア湾北部のイラン港を出入りする艦船はすべて攻撃すると表明した。その後、この作戦はイランの生命線である石油輸出用艦船までターゲットにした。

イラク空軍が対輸送攻撃に使用した航空機には、アガヴ・レーダーを使用するミラージュF.1EQ-5戦闘爆撃機とSA.321GVシュペル・フルロンヘリコプターがあり、どちらもエグゾセ・ミサイルを発射可能だった。

1981年10月には、シュペル・フルロンがエグゾセを発射してリベリア船籍のばら積み貨物船〈アル・タジャール〉を撃沈し、これがこのミサイル初の成功例となった。最終的に、イランとイラクがこの戦争中に行った対輸送船攻撃のうち、対艦ミサイル（航空機あるいは地上発射）はその半数以上に使用された。イラクはその割合が高く、対艦ミサイル使用は、ペルシア湾内の同国の対商業輸送攻撃の80パーセント程度にのぼった。エグゾセは非常に効果的な兵器であり、約600発が紛争中に発射され、何十発も命中させたパイロットも数人いた。対艦任務に使用されたミサイルにはAS.30Lもあり、1986年の年初から使用された。

▼攻撃された米艦〈スターク〉
米海軍、ミサイル・フリゲート艦〈スターク〉（FFG-31）を斜めから撮影したもの。
イラクが発射したエグゾセ・ミサイルで攻撃され傾いている。

最初の2年はイラクがタンカー戦争で主導権を握ったが、その後イランは反撃計画を立て、イラクの貿易相手国と、戦争中にイラクに資金提供をする国々の輸送船もターゲットに含めるようになり、おもにクウェートとサウジアラビアが標的とされた。

ここまで紛争が拡大したきっかけは、1984年にイラクによる対輸送攻撃が激化したことだ。イラク空軍は、フランス海軍から借り受けたシュペル・エタンダールを5機導入していた。1983年に一時しのぎとして入手したシュペル・エタンダールが初めて使用されたのは1984年2月で、ギリシアのタンカーを攻撃したが、西側報道によると、このときまでにペルシア湾で24隻の艦船が撃沈されていたという。シュペル・エタンダールは1985年まで輸送船の攻撃に使用され、その後はミラージュがこれを担った。

その場しのぎの対応

イランには専用のAShMがなかったため、対艦攻撃の策をいくつかひねり出さなければならなかった。そしてイラン空軍は、AGM-65AマヴェリックASMにくわえ、"ダム"ボムやクラスター兵器とロケット弾を使用して大きな成果をあげた。イランは戦争初期にAGM-65を海上で用い、とくに1980年代後半の「モーヴァリッド」作戦中にこれを使用したことで、米海軍向けAGM-65Fの派生タイプの開発が進められることになり、エンジニアはIRシーカー・ヘッドとさらに強力な弾頭をくわえた。

こうした兵器による攻撃は高精度という触れ込みではあったが、専用のAShMでさえ、石油輸送タンカーといった大型ターゲットを無力化する威力が十分とはいえなかった。作戦中に攻撃を受けた全艦船のうち、60パーセント以上が石油輸送タンカーだったが、撃沈されたり、航行不可能になったりしたのはわずか23パーセントだった。しかし、ばら積み貨物船や貨物船になると、この攻撃にははるかに弱かった。

イラン空軍の作戦はサウジアラビア空軍と激しく衝突した。1984年5月には、リベリア船籍の船舶をマヴェリックで狙ったイラン空軍F-4Eファントムを、サウジアラビア空軍のF-15が追い、2機を撃墜したという。1984年末には、双方から攻撃を受けた大型艦船は67隻にのぼっていた。この年には、イラン軍のAB.212ヘリコプターが初めてAS.12 AShMを発射した。1985年には、イラン海軍のSH-3Dシーキング・ヘリコプターがマヴェリック・ミサイルを使用しはじめ、この機はペルシア湾南部のロスタム発射基地に待機していたと言われている。

イランの攻撃が増加するなかで、タンカー戦争は1987年に大きな転機を迎えた。米海軍が「アーネスト・ウィル」作戦を発動してクウェートの石油タンカーの護衛を開始し、ペルシア湾内で他国と行き来するほかの石油輸送タンカーの安全確保も行ったのだ。

1987年5月には、イラク空軍のミラージュF.1がエグゾセを発射し、これが命中した米海軍のフリゲート艦〈スターク〉が破損した。イラク政権はこの事故を陳謝し、タンカーをターゲットにした攻撃だったと主張した。1987年の1年間で計178隻の艦船が攻撃を受け、前年と比べると、その数は倍増した。イラン空軍も1987年には輸送船の攻撃をはじめ、イラク空軍によるカーグ島襲撃の報復に、F-4が船舶をターゲットにした。F-4Eは、AGM-65Aと汎用爆弾、またそれよりは少ないが、AIM-9サイドワインダーAAMと、RIM-66Bスタンダード艦対空ミサイルを空中発射型AshMに改修したものを搭載した。

米海軍もついにイランの輸送船攻撃を開始し、イランのフリゲート艦〈サハンド〉がホルムズ海峡で米海軍の艦艇と交戦すると、これをAGM-84DとAGM-123ミサイルで撃沈した。

フォークランド紛争の対艦ミサイル

1982年の南大西洋上での紛争では新旧のAShMが使用され、とくにエグゾセによる攻撃で、西側諸国の海上防衛と早期警戒機の不備という問題が浮かび上がった。

タンカー戦争でも使用されたエグゾセは、フォークランド紛争ではトレードマーク的兵器となった。アルゼンチン海軍のシュペル・エタンダールはわずか5発の航空機発射型AM39しか使用できなかったが、これがイギリスの機動部隊に甚大な損害をもたらし妨害することに成功した。1982年5月4日、アルゼンチン海軍SP-32Hネプチューンが英海軍の駆逐艦〈シェフィールド〉を発見し、これに3機のシュペル・エタンダールが発進した。2機がAM39を搭載し、もう1機はターゲット指示の役割を担った。ほかのシュペル・エタンダール2機から給油を受けると、攻撃機は43キロの距離からミサイルを発射した。ミサイルを搭載しない機が高高度を飛んでターゲットのデータを提供し、2機の攻撃機は低高度を飛んだ。1発目のミサイルは警告音もなく飛来して〈シェフィールド〉の喫水線の上に命中し、大きな損害を与えて、艦艇は炎上した。フリゲート艦〈ヤーマス〉に向かった2発目のエグゾセは、デコイでかわすことに成功した。だが〈シェフィールド〉は放棄せざるをえず、この衝撃的な攻撃で21名の乗員が命を落としたのである。

5月25日にはさらに、エグゾセを搭載したシ

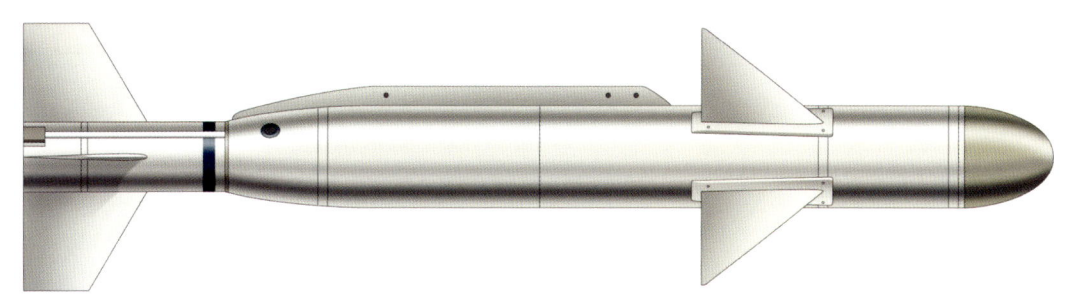

Sea Skua

全　　　長	2500ミリ
胴体直径	250ミリ
翼　　　幅	720ミリ
発射重量	145キロ
弾頭重量	30キロ（SAP）、9キロ（RDX）
射　　　程	25キロ
速　　　度	マッハ0.8＋
推進システム	固体燃料ブースター／固体燃料サスティナー
誘導方式	セミアクティヴ・レーダー

▲シースクア
シースクアは固体燃料ブースターとサスティナーを推進システムとし、ミサイルは発射されると、海面の状態によって、4つのシースキミング飛翔のうちからひとつを選択する。低高度でターゲットに接近すると、ミサイルは「ポップアップ」してセミアクティヴ・レーダー誘導シーカーがロックオンする。

▼AM39エグゾセ
1982年、エグゾセは低高度を飛翔し、適切な早期警戒機をもたずまったく備えのない英海軍機動部隊への奇襲を成し遂げた。アルゼンチンはわずか5発の空中発射ミサイルしか使用できず、発射には、フォークランド諸島に配備された地上発射装置を急場しのぎに利用した。

AM.39 Exocet

全　　　長	4700ミリ
胴体直径	348ミリ
翼　　　幅	1100ミリ
発射重量	670キロ
弾頭重量	165キロ
射　　　程	70-180キロ
速　　　度	時速1134キロ
推進システム	固体燃料エンジン、ターボジェット（MM40ブロック3型）
誘導方式	慣性、アクティヴ・レーダー誘導

ュペル・エタンダール2機が、KC-130Hハーキュリーズ空中給油機の支援を受けて発進した。1機がフォークランド諸島南東部にターゲットを発見したが、今回はイギリスの機動部隊が攻撃機を探知した。この海域の艦艇はみなECMを配備されており、防空システムを利用して攻撃を開始した。2発のエグゾセは艦艇にかわされたものの、コンテナ船〈アトランティック・コンベア〉をロックオンし、この艦は2発のミサイルが命中して放棄せざるをえず、12名の乗員が命を落とした。〈アトランティック・コンベア〉は沈み、チヌークとウェセックスという重要なヘリコプターやその他の装備も道連れになった。

最後のAM39は5月30日に発射されている。2機のシュペル・エタンダールが4機のA-4Cスカイホークを伴い、このときもKC-130H空中給油機の支援を受けて、フォークランド諸島の東に航行中の英海軍機動グループ、空母〈インヴィンシブル〉を攻撃した。アルゼンチン側は、ミサイルは〈インヴィンシブル〉に損害を与えたと発表したが、ミサイルはかわされたか、フリゲート艦〈アヴェンジャー〉からの砲撃で破壊されたようだ。

▼損害を受けた英艦〈シェフィールド〉
エグゾセ・ミサイルが命中し、炎上する英海軍42型駆逐艦。

〈アヴェンジャー〉はスカイホーク1機も撃墜したとしている。

紛争中のシースクア

シースクアは5月3日に南大西洋で初めて使用され、駆逐艦〈コヴェントリー〉から発進した英海軍リンクスが、アルゼンチン軍が転用したタグボートを攻撃した。この〈コモドーロ・ソメレーラ〉は、フォークランド諸島周辺の封鎖海域（TEZ）におり、その前に英海軍シーキングを攻撃していた。リンクスは2発のシースクアを連射し、この艦を破壊した。駆逐艦〈グラスゴー〉から発進した別のリンクスは生存者の捜索に向かい、別の艦から攻撃を受けた。これに対し、リンクスはさらにシースクア2発を発射し、これが〈コモドーラ・ソメレーラ〉の姉妹艦である〈アルフェレス・ソブラル〉に甚大な損害を与えた。5月21日、さらに4発のシースクアがリンクスから貨物船〈リオ・カルカラニア〉に発射され、この船は炎上した。フォークランド紛争では、英海軍はワスプ・ヘリコプターにも旧型のAS.12ミサイルを搭載し、これが4月25日、サウス・ジョージア沖にいたアルゼンチン潜水艦〈サンタ・フェ〉に甚大な損害をおよぼし、この潜水艦が逃走するのを阻んだ。

現代の対艦ミサイル

第4次中東戦争でイスラエルがエジプトを破ったことで、海上における電子戦の重要性が証明され、次世代の対艦ミサイルにも影響をおよぼした。

中東の戦争でAShMが重要な役割を果たしたことによって、アメリカはこの分野の開発に拍車をかけた。AGM-84ハープーンは元来、浮上した潜水艦を攻撃するための空中発射ミサイルとして、1965年から開発されていたものだが、空中、地上および潜水艦発射型対艦ミサイルのファミリーとなった。第1世代の、ターボジェットを推進システムとするAGM-84Aは、1972年に初飛翔を行った。1975年に量産が開始され、AGM-84は1979年にP-3に搭載されて実用配備された。

誘導は慣性航法のひとつである姿勢照合装置をベースとし、終末段階はアクティヴ・レーダーを使用する。ハープーン・ブロック1B（AGM-84C）は低高度を飛翔し、「ポップアップ」攻撃モードは備えない。ブロック1C（AGM-84D）は射程が延伸され、ポップアップかシースキミング攻撃を行う。次世代には、再攻撃能力を備え、ECM対抗手段を改良したブロック1G（AGM-84G）と、GPS誘導方式でSLAMの要素も一部もつブロックIIがある。ブロックIIは輸出のみのプロジェク

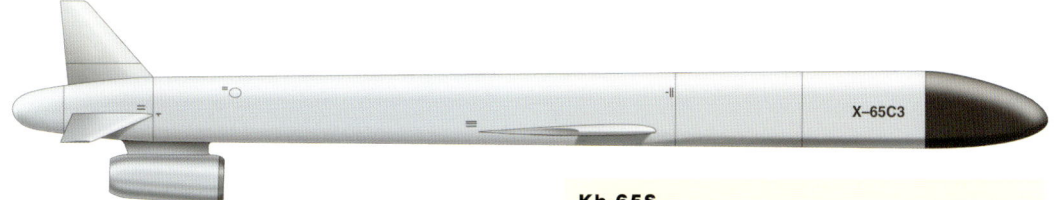

▲ Kh-65S
Kh-55対地巡航ミサイルをベースとしたKh-65Sは1993年に公開されたが、爆撃機搭載向けAShMとして開発されたことは明らかだった。AShMとしては、NPOとノヴァトール設計局が開発したアルファ・ミサイルに匹敵する可能性もある。Kh-65Sの射程は250-280キロ。

Kh-65S

全　　長	6000ミリ
胴体直径	510ミリ
翼　　幅	未公表
発射重量	1250キロ
弾頭重量	450キロ
射　　程	500-600キロ
速　　度	マッハ0.77
推進システム	未公表
誘導方式	慣性航法装置

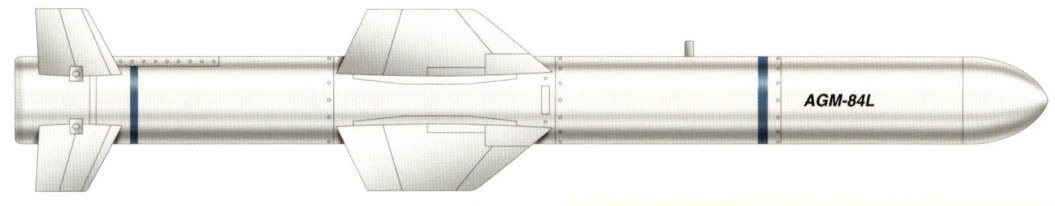

▲ AGM-84Lハープーン
米海軍はGPSを使用するハープーン・ブロックIIを採用しなかったものの、ミサイルは輸出されて成果をあげた。航空機発射型ブロックIIはAGM-84Lの名称で、サウジアラビアと韓国でF-15Kスラム・イーグルに搭載された。インドはP-8Iポセイドン搭載向けにこのミサイルを発注した。

AGM-84L Harpoon

全　　長	3800ミリ
胴体直径	340ミリ
翼　　幅	910ミリ
発射重量	691キロ
弾頭重量	221キロ
射　　程	124キロ
速　　度	時速864キロ
推進システム	テレダイン固体燃料ターボジェット
誘導方式	電波高度計（シースキミング巡航のモニター）／アクティヴ・レーダー終末誘導

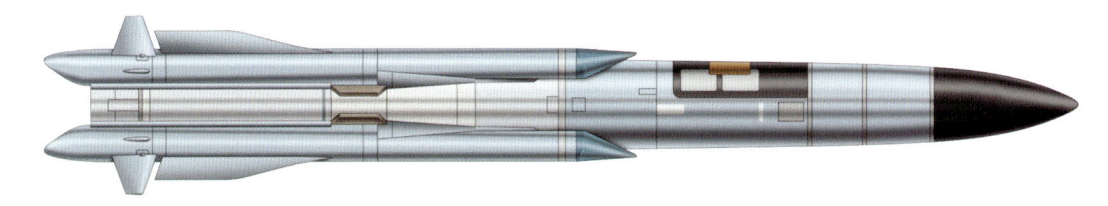

Anti-Ship Missiles

Kh-31A (AS-17 'Krypton')

全　　長：4700ミリ
胴体直径：360ミリ
翼　　幅：1150ミリ
発射重量：610キロ
弾頭重量：94キロ
射　　程：25-50キロ
速　　度：時速2160-2520キロ
推進システム：固体燃料ロケットで飛翔後、ラムジェット
誘導方式：慣性とアクティヴ・レーダー

▲Kh-31A（AS-17 "クリプトン"）

ソ連製Kh-31Aはラムジェットを推進システムにもつため、空中発射型AShMに関するかぎり、ずば抜けた存在だ。マッハ4.5の速度で飛翔するのにくわえ、このミサイルは終末段階に機動飛翔してターゲットに到達し、その間、10Gまで機動できる。

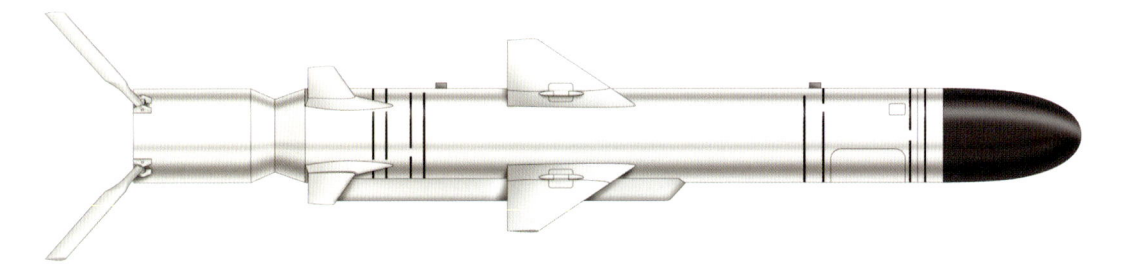

▲Kh-35（AS-20 "カヤック"）

本来は小型のミサイル艇と哨戒艇向け兵装の予定だったが、その後空中発射型兵器として3M24ウランが開発された。Ka-32などの海洋ヘリコプターに搭載時は、外付けの固体燃料ブースターが必要となる。イラストのミサイルは飛翔時のもので、操舵翼が展張した状態。

Kh-35 (AS-20 'Kayak')

全　　長：2600ミリ
胴体直径：250ミリ
翼　　幅：800ミリ
発射重量：143キロ
弾頭重量：33キロ
射　　程：10キロ
速　　度：マッハ1.7
推進システム：未公表
誘導方式：無線リンクを介したMCLOS

トであり、空中発射型はAGM-84L、旧タイプの改修型はAGM-84Jと命名された。2008年以降はブロックIII（AGM-84M）が開発されている。これはGPS誘導方式と新しいシーカーを備え、また双方向データリンクでターゲットのデータのアップデートと中間飛翔誘導を行う。

ヨーロッパにおけるミサイルの強化

　ヨーロッパ製AShMのマルテとエグゾセの改良は続けられ、それはおもに、新世代の改良型航空機の兵装を目的としていた。現在では、MBDAのマルテMk2/Sの最新タイプが、AW101やNH90など、新型の哨戒ヘリコプターに搭載されている。ミサイルは大幅なデジタル化が進み、刷新されたレーダー・シーカーがくわわり、事前にプログラムした飛翔経路に従ってターゲットに向かうことができる。威力を増した弾頭を搭載するが、全重量と大きさは実際には低減している。ミサイルには折り畳み式翼を採用し、同軸上にあったブースターを側面につけた2個の小型ブースターに変えたことで、よりコンパクトになっている。

　エグゾセの最新タイプはブロック2で、これは艦隊全体で搭載し、空中および地上、潜水艦発射型がある。ブロック2は1990年に導入され、全電子化の一環としてコンピュータの使用が大幅に増している。さらに、シーカーが改良されてターゲットの識別能力が向上し、ミサイルはECM対抗力も増している。ターボジェットを推進装置と

する最新のブロックIIIには、空中発射型はない。

ソ連開発のKh-31A（AS-17"クリプトン"）は、計画は1977年にはじまり、ラムジェットの推進システムをもつ空中発射型AShMとして初めて実用配備された。固体燃料ブースターとラムジェット・サスティナーを使用するKh-31Aは、低空飛翔して約マッハ4.5の速度で海上の防空を突破することができる。誘導はアクティヴ・誘導レーダー・シーカーを用いる。Kh-31Aほど謎めいてはいないが、亜音速のKh-35（AS-20"カヤック"）は1978年に開発がはじまった。ターボファン・エンジンを推進システムとし、空気取り入れ口が腹部に1ヶ所ある。慣性誘導と、終末段階にはアクティヴ・レーダー・シーカーを用いる。ミサイルはシースキミング飛翔を行い、艦艇にも搭載され沿岸防衛システムにも組み込まれている。Kh-35はさまざまな戦術機と海洋ヘリコプターに搭載可能であり、ヘリコプター搭載型は固体燃料ブースターを備える。

スウェーデンは戦略的に重要な地理にあるため、スウェーデン軍は海洋と沿岸における戦争を優先事項とした。海洋での相手が明確であれば、防御態勢も確立する。その結果、海上や沿岸での使用を目的としてRBS15が開発され、高速攻撃艇と沿岸砲、航空機に配備されている。RBS 15の前身はRb 04だ。これはアクティヴ・レーダー誘導のミサイルで、1958年からA32ランセン（Rb 04C/D）に搭載され、1978年まで（当時はRb 04Eが主流）AJ 37ビゲンに配備されていた。

一方、Rb 05Aは1960年から開発された汎用ASMだ。これは無線指令誘導を利用し、AJ 37ビゲンとサーブ105に搭載された。液体燃料ロケット・モーターを推進システムとするRb 05Aはおもに沿岸で使用されたが、限定的に空対空任務にも用いられた。Rb 04（と本来はRb 04ターボ）の派生タイプがRBS 15で、1979年にサーブ・ボフォースに発注され、1982年に空中発射型RBS 15Fが選定された。同年には、地上発射タイプが最初の試射を行っており、1986年に初めて空中発射が行われ、その後スウェーデン空軍はこのミサイルをAJ 37向けに採用し、1989年に実用配備した。

ミサイルはその後、1990年代半ばに、新型のJAS 39グリペン戦闘機に搭載された。Rb 04と同じく、RBS 15Fは中間飛翔慣性誘導と終末段階にアクティヴ・レーダーを用いるが、固体燃料ロケットをターボファンに置き換えている。RBS 15Fは爆風破砕弾頭を搭載し、ターゲットに到達する最終段階にはシースキミング攻撃を行う。

ノルウェーも、沿岸防衛向けの、艦上および空中発射型の国産AShM、ペンギンを製造した。ペンギンMk 1はコングスベルグ兵器廠が1960年代に開発し、ノルウェー海軍に1972年に実用配備された。このミサイルは、狭く、岩壁が急峻

RBS 15 F

全　　長：4330ミリ
胴体直径：500ミリ
翼　　幅：1400ミリ
発射重量：800キロ
弾頭重量：200キロ
射　　程：250キロ
速　　度：亜音速
推進システム：ターボジェット
誘導方式：慣性、GPS、アクティヴ・レーダー（Jバンド）

▲**RBS 15 F**
サーブ・ボフォース社が1979年から開発した重重量のRBS 15は、最初にスウェーデン海軍のミサイル艇に配備された。空中発射型は外付けブースター・ロケットをなくした点が異なる。名称の「F」は、「飛翔（Flyg）」を、RBSは「ロボット・システム」を意味する。AJ 37が1986年に初めて空中発射型の試射を行った。

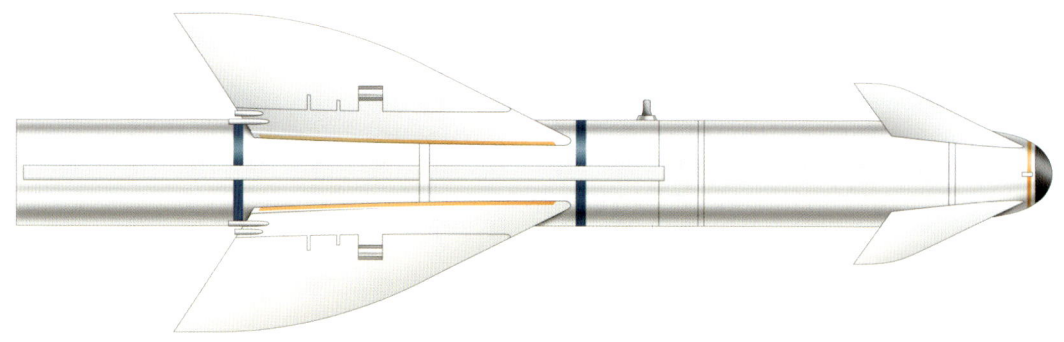

Anti-Ship Missiles

▲ペンギン
コングスベルグ兵器廠開発のペンギンは、AShMには珍しくIR誘導を採用している。このミサイルはノルウェー沿岸部での使用向けに開発され、群島や複雑な地形を飛翔可能だ。

NSM
全　　長	3950ミリ
胴体直径	未公表
翼　　幅	未公表
発射重量	410キロ
弾頭重量	125キロ
射　　程	185キロ超
速　　度	高亜音速
推進システム	固体燃料ロケット・ブースター、マイクロターボTRI-40ターボジェット
誘導方式	慣性、GPS、地形参照航法、IIR、ターゲットのデータベース

Penguin
全　　長	3200ミリ
胴体直径	280ミリ
翼　　幅	1000ミリ
発射重量	370キロ
弾頭重量	130キロ
射　　程	55キロ
速　　度	マッハ1.2
推進システム	固体燃料ロケット・モーターとブースター
誘導方式	パッシヴ赤外線、電波高度計

▼NSM
コングスベルグ兵器廠開発のNSMは、現在開発中のAShMのなかでもっとも先進的ミサイルであり、F-35統合打撃戦闘機の兵装として計画されている。チタン製弾頭により堅固化ターゲットに対する貫通力を確保し、GPSと飛翔中のデータリンク使用による誘導を行い、IIRシーカーと自動目標認識装置を備える。

なフィヨルド内での使用を想定し、このためレーダー誘導は有効だとされず、代わりにIR誘導が採用された。1980年に導入された艦上発射型ペンギンMk 2は、新しいシーカーのおかげで射程が増した。初の空中発射型がペンギンMk 3であり、このミサイルはノルウェー空軍（RNoAF）のF-16戦闘機の兵装だ。

　開発契約は1982年に結ばれ、実弾発射は1984年にはじまった。1987年に実用配備され、米海軍もSH-60Bシーホーク向けに、AGM-119ペンギンとして購入した。ミサイルはターゲット領域に向けて発射し、複数のターゲット探索方式からひとつを用いる。INSの誘導で飛翔したあと、ターゲット探索段階ではIRシーカーが作動する。米海軍のAGM-119はヘリコプター搭載用に折り畳み式翼である点が異なり、これは1994年に実戦配備された。

　ペンギンの後継ミサイルが、コングスベルグ対艦攻撃ミサイル（NSM）であり、現在も西側諸国で開発中の唯一のAShMだ。1990年代半ばから開発され、2015年から沿岸砲と艦艇、航空機への搭載予定だ。ターボファンを推進システムとするこのNSMは、飛翔中はすべてパッシヴ誘導を用い、シースキミング飛翔を行って終末段階には機動飛翔する。ペンギンの画像式シーカーを利用するが、大幅に射程を増し、ステルス技術も取

り入れている。最初の弾道飛翔テストが2000年に実施され、2009年に、地上発射型NSMでフル装備試射を行った。

極東

　日本の次世代空中発射型対艦兵器、三菱93式空対艦誘導弾（ASM-2）は、外見は前世代のASM-1と似ているが、新しいターボジェットを推進システムとするため射程はおよそ2倍になっている。終末飛翔用には、ASM-1のアクティヴ・レーダー・シーカーとは違い、IRシーカーを備えている。F-2支援戦闘機搭載向けのASM-1は1995年に実用配備された。

　中国初の空中発射型AShMが鷹撃6型（YJ-6）だ。これは初期のテクノロジーをベースにしたものではあったが、計画の遅れによって、1986年になってようやく実用配備された。鷹撃6型はドップラー、慣性誘導と、終末段階にアクティヴ・レーダー・シーカーを用いる。改良型の鷹撃61型（C-611）は1990年代半ばに導入され、これもH-6Dミサイル搭載機の兵装だ。鷹撃61型は新しい液体燃料ロケット・モーターを使用し、射程が約200キロまで延伸している。通常は、H-6Dの目標捕捉／照射レーダーを使用してターゲットを捕捉する。航空機は、ミサイル発射直後に引き返すことが可能だ。

　中国のAShMの発達型が鷹撃8型と空地88型であり、輸出名称C-801KとC-802KDのほうが知られている。空中発射型AShMとして設計された鷹撃8型は最終的に開発が中止されたが、艦上発射型ミサイルとしては中国人民解放軍海軍に配備され成果をあげた。1980年代には空中発射型ミサイルの開発が再開されて鷹撃81型が生まれ、1990年代半ばに実用配備され、JH-7戦闘爆撃機が搭載した。

　空地88型（KD-88）は鷹撃83型（C-803）艦上発射型AShMをさらに発展させたミサイルだ。この空中発射兵器は対地攻撃向けで、SLAMと同等のミサイルだといわれている。しかし、終末段階用の光電子かレーザー誘導はもたず、対艦向けミサイルのほうが適しているようだ。現在のものに代わる、異なる誘導モードを研究中と思われる。小型のターボジェット・エンジンを推進システムとするこのミサイルは慣性航法装置を用い、中間飛翔アップデート用のデータリンクと、終末段階用アクティヴ・レーダー誘導を備える。発射母機はJH-7とH-6爆撃機である。

　台湾は雄風II型空中および地上発射型AShMを製造している。空中発射型は1983年から開発された。ターボジェットを推進システムとするこのミサイルは1990年代初期に登場し、F-CK-1戦闘機に搭載されている。外見はアメリカのハープーンに似たシースキミング・ミサイルであり、終末段階にIRとレーダーのデュアル・シーカーを使用する点は珍しい。

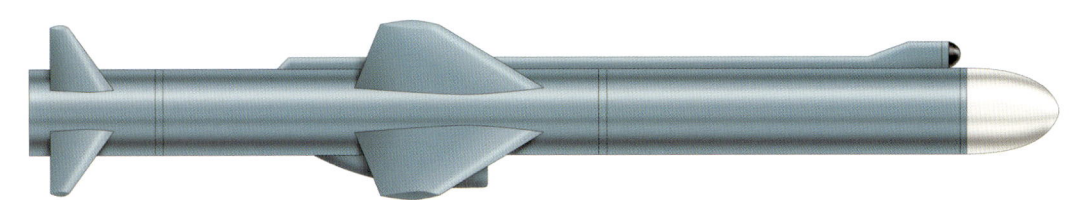

▲**雄風II型**
台湾の雄風II型は艦上発射型、沿岸防衛向け、航空機搭載型が配備されている。終末飛翔用アクティヴ誘導には、アクティヴ・レーダーとIR画像のデュアル・シーカーを使用する。IIRシーカー（ノーズ上のフェアリングに装着）を備えているため、ミサイルは対地攻撃能力ももつようだ。

Hsiung Feng II

全　　長	4800ミリ
胴体直径	400ミリ
翼　　幅	未公表
発射重量	685キロ
弾頭重量	180キロ
射　　程	160キロ
速　　度	マッハ0.85
推進システム	固体燃料ブースター、飛翔中はターボジェット
誘導方式	慣性誘導（中間飛翔）、RFとIR画像のデュアル・シーカー付きアクティヴ誘導（終末段階）

Anti-Ship Missiles

▲ **93式空対艦誘導弾（ASM-2）**
三菱製ASM-2は日本のAShMの第2世代であり、イラストは搭載機器のテスト用に追跡仕様のもの。前世代のASM-1Cの派生タイプだが、推進システムと誘導方式が異なる。

ASM-2

全　　長	4000ミリ
胴体直径	350ミリ
翼　　幅	未公表
発射重量	530キロ
弾頭重量	未公表
射　　程	150キロ
速　　度	未公表
推進システム	ターボジェット・エンジン
誘導方式	慣性とIR画像

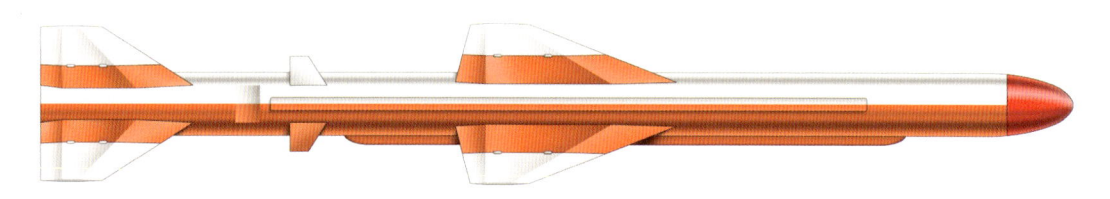

▲ **鷹撃82型（YJ-82、C-802）**
イラストは、艦上発射型ミサイルに固体推進剤ロケット・ブースターを組み合わせたもの。鷹撃82型は空中発射型鷹撃81型の発展型だが、鷹撃81型自体が艦上発射型鷹撃8型から派生したミサイルだ。鷹撃82型の空中発射型対地攻撃タイプは、空地88型の名称で生産されている。

鷹撃82型（C-802）

全　　長	6392ミリ
胴体直径	360ミリ
翼　　幅	1220ミリ（展張時）、720ミリ（折り畳み時）
発射重量	715キロ
弾頭重量	165キロ
射　　程	120キロ
速　　度	マッハ1.6（攻撃時）、マッハ0.9（巡航時）
推進システム	ターボジェット・エンジン
誘導方式	慣性、終末飛翔用アクティヴ・レーダー

第4章
対戦車ミサイル

　空中発射型対戦車ミサイル（ATGM）は、冷戦時代にふたつの道に分かれた。ワルシャワ条約機構における兵装の数の優位性に直面した西側諸国は、ヘリコプター搭載のATミサイルを、戦場での不均衡なバランス是正のための手段として生み出した。しかしソ連では、こうした兵器は最終的に攻撃力としての使用を目的として、攻撃ヘリコプターに搭載し、装甲を支援し敵を突破する役割をもたせた。今日、戦場の様相が変化したことで、従来の空中発射型対戦車ミサイルは、開けた戦場と市街戦の双方において、「ソフト」なターゲットから「堅固化」ターゲットにいたるまで多様な目標を攻撃するために改良が施されている。

◀ **地上攻撃**
前方からとらえた米陸軍YAH-64アパッチ・ヘリコプター。デモ飛行中のプロトタイプで、M230A1 30ミリ自動砲とAGM-114Aヘルファイア戦術ASMを搭載する。

冷戦時代の対戦車ミサイル

空中発射ATGMの第1世代は、ほとんどが地上発射型のミサイルに修正をくわえたものであり、初期の誘導システムがもつ能力の限界が障害になっていた。

世界で初めて実用配備された戦術ミサイルは、フランスのノールSS.10だった。このミサイルは1946年の実験計画にさかのぼる。この実験は、歩兵に携帯式の対装甲兵器をもたせる目的のものだった。スピン安定式で固体燃料ロケット・モーターを備えるSS.10（ノール5203）は有線誘導を利用し、オペレーターがミサイル尾部のフレアを追跡して目視照準し、ターゲットを狙った。1949年に最初の地上発射が行われ、1953年にフランス陸軍に実用配備された。またSS.10は、低速飛行する航空機（1951年のMS.500クリケー）とヘリコプター（1952年のアルエットII）から発射され、初の対戦車誘導ミサイル（ATGM）にもなった。さらに、機動性向上のために推力偏向制御をくわえ、射程を延伸し、SS.10の弾頭をアップグレードしてSS.11（ノール5210、のちにアエロスパシアル社が生産）が生まれた。このミサイルは1959年に実用配備され、空中発射も可能になった。空中発射型はAS.11と命名され、ヘリコプターと軽飛行機に搭載された。

新しい誘導方式導入の先駆けとなったユーロミサイルHOTは、フランス・ドイツ開発のミラン歩兵ATGMに匹敵する、重重量、長射程のミサイルだった。双方とも、半自動指令照準線一致（SACLOS）誘導と、IR追尾システムを使用しており、つまりオペレーターがターゲットをサイトの中心においておきさえすれば、ミサイルは目標に到達し、初弾命中率は向上した。スピン安定型で筒発射式のHOTは、1978年から車両発射型とヘリコプター発射型の両方のタイプが生産され、ヘリコプター発射型はフランスのガゼルとドイツのBo105に搭載された。ソ連戦車の装甲の改良によってHOT 2の開発に拍車がかかり、前世代のHOTは136ミリの弾頭だったが、こちらは150ミリの成形炸薬弾頭を装着した。新型ミサイルはより強力な爆薬も用い、徹甲能力も以前の850ミリから1250ミリに向上した。この新しいミサイルは1985年に実用配備された。反応装甲を破壊するために、HOT 2にはタンデム弾頭も装着可能であり、1992年生産のHOT 2Tも同様だ。

TOWの優勢

アメリカは当初SS.11を初の空中発射型ATGMとして採用し、その後、後継ミサイルのBGM-71 TOW（筒発射式、光学追尾、有線誘導）を開発した。地上またはヘリコプター発射向けに開発されたBGM-71はこのクラスの西側の標準兵器と

▼ SS.11
SS.10を大幅に改良した有線誘導式SS.11は、貫通能力が610ミリに増し、射程も2倍になった。この赤と白の試射用ミサイルは、米陸軍のレッドストーン実験場で使用されたもの。

SS.11

全　　長	1890ミリ
胴体直径	165ミリ
翼　　幅	500ミリ
発射重量	30キロ
弾頭重量	6.8キロ
射　　程	500-3000メートル
速　　度	秒速190メートル
推進システム	未公表
誘導方式	MCLOS

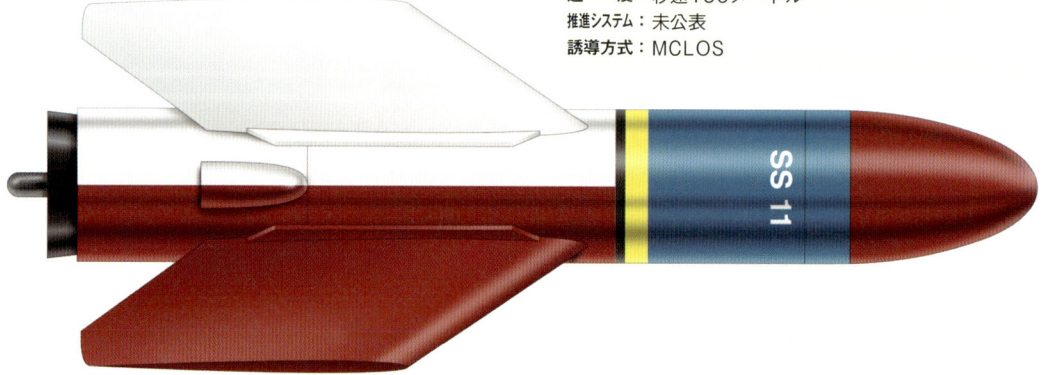

島田荘司選
第6回ばらのまち福山
ミステリー文学新人賞 受賞作！

<u>喜びも悲しみも、風のように浮遊する</u>
<u>詩の輝きに包んでしまう、天性の描写の才</u>——島田荘司

経眼窩式（けいがんかしき）
植田文博

「あのアパートの住民は、どこかがおかしい」痛みにも耐える従順な住民の謎を追ううちに、若き二人は凶悪事件の壮大な陰謀と初めての感情の渦に呑み込まれてゆく——

四六判・1800円（税別）
ISBN 978-4-562-05071-0

うえだ・ふみひろ◆1975年熊本生まれ。都内で会社員をしながら執筆活動を行っている。

気鋭が描く、みずみずしくも苦い青春ミステリ

高校クラブ
シャッター通りの雪女
水生大海

中学二年生・理（さとる）の転校先は、ヤンキーはびこるシャッター商店街がメインストリート。雪女はどうして家族を残して消えてしまったのだろう……「伝説」のままに消えた母親、そして繰り返される悲劇。やがて理は、真理にたどりつくのだが……。

四六判・1600円（税別）　ISBN978-4-562-05056-7

バークリーからあなたへの「挑戦状」つき！

服用禁止 《ヴィンテージ・ミステリ》

アントニイ・バークリー／森英俊解説・白須清美訳
殺人と突然死について語った男が数日後に「そうして」死んだ。砒素中毒死なのか、あるいは仕組まれた「殺人」なのか。検死によって明らかになったこととは……。〈読者への挑戦状〉も挿入された黄金時代の風格漂う本格推理小説。

四六判・2400円（税別）　ISBN978-4-562-05057-4

原書房

〒160-0022 東京都新宿区新宿 1-25-13
TEL 03-3354-0685 FAX 03-3354-0736
振替 00150-6-151594

新刊・近刊・重版案内

2014年5月

表示価格は税別です。

www.harashobo.co.jp

当社最新情報はホームページからもご覧いただけます。
新刊案内をはじめ書評紹介、近刊情報など盛りだくさん。
ご購入もできます。ぜひ、お立ち寄り下さい。

猪口孝氏すいせん!
世界の常識、教養を広く、深く、そして
平易明快に解説するシリーズ

シリーズ知の図書館

第Ⅰ期

図説世界を変えた50の心理学
ジェレミー・スタンルーム／伊藤綺訳
代表的な心理学者たちの体験と理論を分析・解説。専門的な世界を垣間見ることができる。
ISBN978-4-562-04995-0

図説世界を変えた50の医学
スーザン・オールドリッジ／野口正雄訳
医学の歴史上、世界の重要人物たちにおけるもっとも影響力があった50の画期的な発展を紹介する。
ISBN978-4-562-04996-7

シリーズ既刊書好評発売中!

図説 世界を変えた50の哲学
ジェレミー・スタンルーム
伊藤綺訳
人類2000年の50人の偉大な思想家の足跡と哲学。
ISBN978-4-562-04993-6

図説 世界を変えた50の宗教
ジェレミー・スタンルーム
服部千佳子訳
最重要な宗教家50人のすぐれた理論と功績。
ISBN978-4-562-04994-3

第Ⅱ期

9月刊
図説世界を変えた50の経済
図説世界を変えた50の科学

10月刊
図説世界を変えた50のビジネス
図説世界を変えた50の政治

A5判・各128頁・各2000円(税別)

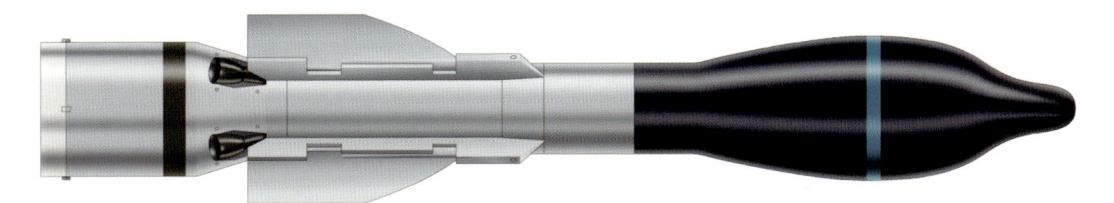

▲HOT

HOT（高亜音速光学追尾筒発射）ミサイルはフランス・ドイツ共同開発計画が成功して生まれたもので、この計画によってミラン歩兵ATGMとローランドSAMも開発された。空中発射型とともに、HOTはフランス陸軍VABとドイツ陸軍車両のヤグアルからの地上発射型がある。

HOT

全　　　長	1300ミリ
胴体直径	150ミリ
翼　　　幅	310ミリ
発射重量	24.5キロ
弾頭重量	未公表
射　　　程	4300メートル
速　　　度	時速864キロ
推進システム	2段式固体燃料ロケット・モーター
誘導方式	SACLOS

なった。米陸軍向けの設計は1961年にはじまった。ミサイルはSACLOS誘導を備え、IRセンサーがミサイルのシグナルを追尾し、母機から誘導用有線リンクを介して自動補正指令が送られた。初期生産のBGM-71Aは1970年に導入され、高性能成形炸薬弾頭を用いたミサイルの射程は3000メートルだった。1972年から、TOWをAH-1コブラの兵装に組み込む作業がはじまった。

当初モデルTOWの発展型が、BGM-71B（射程延伸型TOW、ノーズプローブがない）であり、1976年の基本生産モデルとなった。このミサイルは空中発射向けで、誘導用ワイヤは以前より長かった。装甲貫通効果を増大させるために1981年に開発されたBGM-71C改良型TOW（I-TOW）は、伸縮式プローブ（信管）を装着した、直径が大きな弾頭を備えた。1983年に導入されたBGM-71D TOW2の弾頭はさらに大型で、ECM対抗力を向上させたデジタル誘導を備え、推進システムも改善された。1987年にはTOW2に代わりBGM-71E TOW2Aが登場した。このミサイルは爆発反応装甲（ERA）を装備した戦車の破壊向けに設計され、ノーズプローブ部分に小型の成形炸薬弾頭をくわえた。BGM-71F TOW2Bは1992年に実用配備され、上方からのトップ・アタック（OTA）能力をもち、新型のレーザー／磁気信管で作動する下方発射型の弾頭装着向けにノーズ部が改良されている。

ソ連が真剣に空中発射型ATGMの開発に取り組みはじめたのは1960年代初期であり、当初はMi-1ヘリコプターに3M11ファラーンガ（AT-2"スワッター"）を搭載して試射が行われた。このミサイルは無線指令誘導兵器で、1960年に車両発射型として実用配備されていた。ヘリコプターからの正確な誘導は難しいことが判明してさらなる開発が必要となり、Mi-4ヘリコプターに改良型9M17MファラーンガMが搭載された。このシステムは承認され、1967年に採用された。9M17Mは、1970年代初期に就役したMi-8ヘリコプターにも搭載され、またMi-24A戦闘ヘリコプターの初期搭載兵器ともされた。改良型Mi-24Dは9M17PファラーンガPを導入した。このシステムはスコーピオン・ミサイルを使用する点で異なり、システムの手動コントロール誘導はSACLOS誘導に置き換えられた。この形式の、空中発射型"スワッター"は多数の国に輸出され、ワルシャワ条約機構加盟国とソ連の顧客である世界中の国で就役した。

ソ連の9K11マリューツカ（AT-3"サガー"）ATGMは赤軍と、ソ連同盟国の地上軍にとって代表的兵器となったが、空中発射型の有線誘導式9M14Mミサイルは、Mi-8攻撃輸送ヘリコプターと対装甲任務向けMi-2などのヘリコプター搭載の輸出タイプのみにかぎられた。またユーゴスラヴィアでは、9M14Mの国産タイプがライセンス生産のパルチザン（ガゼル）ヘリコプターに搭載された。

このほか、冷戦時代のATGMにはスウェーデンのボフォース・バンタムがあり、これは第1世代の軽量有線誘導式兵器であり、スウェーデン陸軍のAB.204などヘリコプター搭載にも適応していた。バンタムは1963年に導入配備された。

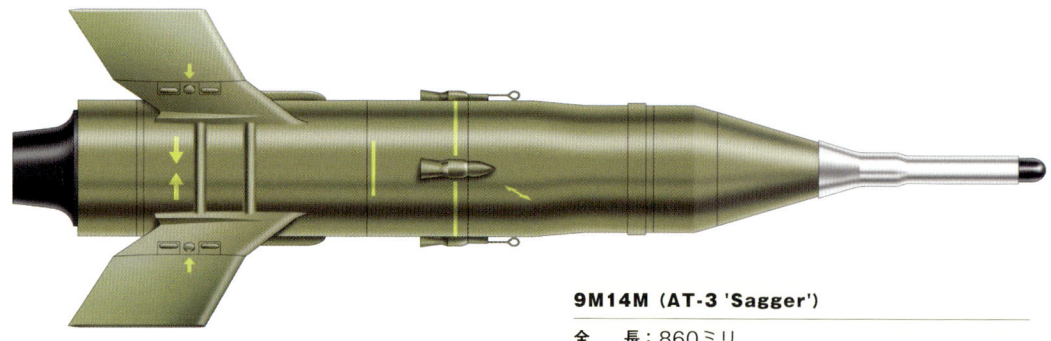

▲ **9M14M（AT-3 "サガー"）**
"サガー"は、第4次中東戦争でエジプト陸軍が使用して大きな成功を収め、地上発射型は兵器としての評価を得た。ソ連は空中発射型を採用しなかったが、無線誘導式のファラーンガに代わるミサイルとして他国への輸出が行われた。

9M14M（AT-3 'Sagger'）

全　　　長	860ミリ
胴体直径	125ミリ
翼　　　幅	393ミリ
発射重量	10.9キロ
弾頭重量	2.6キロ
射　　　程	0.5-3キロ
速　　　度	秒速115メートル
推進システム	未公表
誘導方式	MCLOS

戦闘における初期の対戦車ミサイル

小規模紛争と対反乱戦争において装甲ヘリコプターが大きな影響をおよぼすようになり、冷戦時代には、空中発射ATミサイルが戦闘にかなり使用された。

　第二次世界大戦後には、1954年に勃発したアルジェリアの紛争で、フランス軍が他国に先駆けて武装ヘリコプターを投入した。とくにH-34はヘリコプター・ガンシップに向いていることが判明し、反乱軍の攻撃に反撃するため機関砲とロケット弾を装着した。フランス海軍は戦闘で多数の武装ヘリコプターを試し、HSS（H-34の海軍仕様）にSS.10ミサイルを搭載した。SS.11も北アフリカで初めて戦闘に使用され、1956年には、実験的にフランス空軍MD.311多用途輸送機からの空中発射型ミサイルとされた。こうした試験的使用を経て、ミサイルはアルジェリアにおいてフランスの航空機に幅広く搭載されるようになった。このミサイルは装甲に対してというよりも、おもに要塞化した洞穴に用いられた。固定翼機は有線誘導式ミサイルの発射母機にはふさわしくなく、アルジェリアでは1958年から1962年にかけて、AS.11をアルエットIIとアルエットIIIヘリコプターに搭載することが多かった。

　AS.11は、ヴェトナムで米陸軍も戦闘に使用し、1966年に第1騎兵師団のUH-1Bイロコイが初めて運用した。米軍は1964年に、空中発射型のSS.11（空中発射型AS.11の名称は使用されなかった）約2万2000発を発注していた。UH-1Bに搭載されたミサイルはM22といわれたが、のちに米軍制式名のAGM-22と改名された。だが米陸軍が戦闘でこのミサイルを使用してみると、信頼性が低いことが判明した。手動指令誘導がそのおもな原因であり、オペレーターはミサイルを目視で追尾し、ジョイスティックを使用して手動で誘導指令を出す必要があったのだ。その欠点にもかかわらず、AGM-22はヴェトナムで1967年と1972年にも使用された。

　イギリスはAS.11をフォークランド諸島で使用した。ここでは戦闘に投入され、英陸軍スカウト・ヘリコプターが搭載して陸上部隊を支援した。1982年6月7日に、監視所と目される場所にスカウトがAS.11を発射すると、アルゼンチン部

隊8個が降伏した。AS.11はまた、イラン・イラク戦争でもイラクが使用し、イラク軍SA.316CアルエットIIIに搭載された。イラク軍のアルエットは以前にもクルド人反乱軍に対して大きな成果をあげていたが、イラン・イラク戦争時には、こうしたヘリコプターはおもに連絡機と砲撃の標定に使われた。

ソ連開発のファラーンガ・システムは戦闘にかなり効果があることが判明し、アフガニスタンにおけるソ連軍と、イラン・イラク戦争中にはイラク軍が大量に使用した。8機のイラク軍Mi-25が飛んだ任務では、17台のイラン軍戦車を破壊したといわれている。

戦争中のTOWとHOT

ヴェトナムの戦闘では、第1戦闘ヘリコプターTOWチームのUH-1Bが、北ヴェトナム陸軍（NVA）に向け、1972年夏に初めてTOWを試射した。その2年前には、BGM-71Aミサイルが初めて、前線にいる米陸軍の地上部隊に支給されていた。当初は、北ヴェトナム陸軍PT-76水陸両用戦車や、主力戦車T-54などをターゲットとした。1年後、TOWは第4次中東戦争でイスラエル軍に配備された。TOWは1973年の紛争中には限定的な使用しかされなかったが、レバノンでの「ガリラヤのための平和」作戦時には、イスラエル軍の標準的ATGMとなっていた。空中発射型は、AH-1Sコブラとヒューズ500MDディフェンダー・ヘリコプターガンシップが搭載してシリア軍装甲に対して大きな成果をあげ、29台の戦車とその他の装甲車両を約60台破壊したとされている。イスラエル軍のコブラがシリア軍のガゼルを、空対空TOWの一撃で破壊したという珍しい例もあったようだ。

TOWはまた、イラン軍AH-1Jコブラがイラク軍装甲に対して使用した。通常は、3機から4機のグループで作戦を行い、匍匐飛行をし、前線航空管制はO-2Aが行った。1982年11月の数日で、イラン軍AH-1が少なくとも106台のイラク軍戦車と70台の装甲兵員輸送車（APC）を破壊したという目覚ましい成果を報告している。

HOTミサイルも同じくさまざまな戦闘で使用されている。イラン・イラク戦争では、イラク軍のSA.342Lガゼルが搭載し、この機はMi-25とともにハンターキラー・チームとして多くの作戦を行った。イラクのHOTミサイルは、イランのM60とチーフテン装甲車両を倒す能力を証明してみせた。通常は、Mi-25が敵火砲や対空防衛に対してロケット弾による制圧射撃を行い、ガゼルは搭載するHOTで装甲車両を狙い撃ちした。

「ガリラヤのための平和」作戦時、シリアはSA.342L/MガゼルからHOTを発射し、6月の戦闘開始から4日間で、100回もの襲撃を行い30台の車両を破壊したと報告している。ガゼルとHOTの組み合わせはファラーンガを搭載したシリア軍Mi-25の支援を受けることになってい

▼9M17Pスコーピオン（AT-2"スワッター"）

スコーピオン・ミサイルを装着したファラーンガPシステムは、Mi-24D攻撃ヘリコプターの主兵装だった。このヘリコプターに搭載される場合、ファラーンガPは、ヘリコプターのSPSV-24火器管制装置とラドゥガFミサイル管制装置と、光学監視装置と無線指令送信機とともに運用された。

9M17Pスコーピオン（AT-2 'Swatter'）

全　　長	1160ミリ
胴体直径	148ミリ
翼　　幅	未公表
発射重量	27キロ
弾頭重量	5.4キロ
射　　程	0.5-2.5キロ
速　　度	秒速150-170メートル
推進システム	未公表
誘導方式	無線指令MCLOS

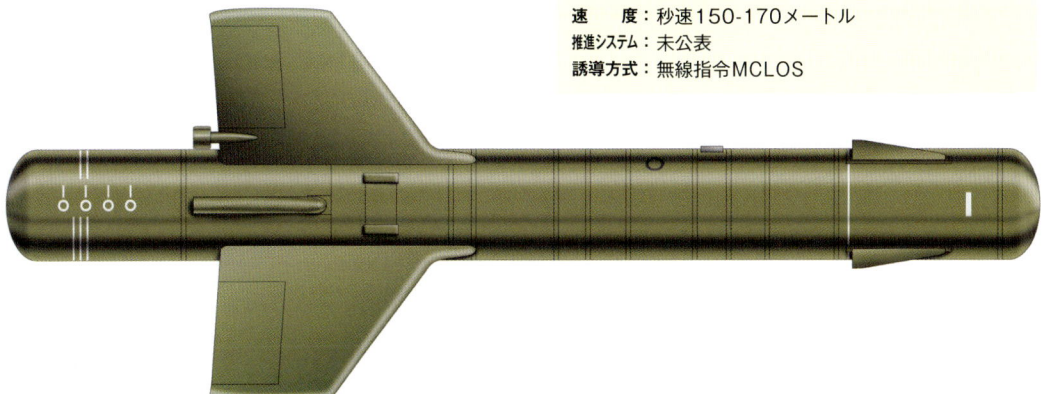

たが、ファラーンガの信頼性は期待はずれだった。事実、シリアはイラク軍を参考に、Mi-25には爆弾とロケット弾を搭載することにして、「ガリラヤのための平和」作戦中には、Mi-25がファラーンガを搭載することはほとんどなかった。最終的に、ガゼルは71台のイスラエル軍戦車と、5台のAPC、3台のトラック、2基の砲と9台のジープを破壊したという。

フランスは、1984年1月に戦闘では初めてHOTを使用し、チャドでの作戦中に、フランス陸軍ガゼル・ヘリコプターから発射してリビアの対空機関銃を破壊した。

現代の対戦車ミサイル

最新の空中発射型対戦車ミサイルは、前世代にくらべ、はるかに弾力的使用が可能な兵器となっており、撃ちっ放し誘導と、幅広いターゲットを攻撃する能力を備える。

ソ連は戦車の装甲に改良を施し、アメリカもこれに対抗したため、1980年代後半には新世代のATGMの開発が行われた。西側ではTOWが使われ続けたが、のちにAGM-114ヘルファイアが対戦車ミサイルにくわわった。レーザー誘導のヘリコプター発射型、撃ちっ放し能力をもつミサイル（ヘルファイア）の計画は1971年にはじまり、1985年に米陸軍AH-64Aアパッチ・ヘリコプターガンシップに実用配備された。固体燃料ロケット・モーターを推進システムとするヘルファイアのレーザー・シーカーは、発射前あるいは発射後のロックオンが可能で、ミサイルは成形炸薬弾頭を装着する。

AGM-114Bは米海軍と海兵隊のAH-1による艦載向けミサイルで、排煙低減モーターと改良型シーカー、オートパイロット機能を有する。これと同タイプのAGM-114Cは、米陸軍が採用した。次に生産されたタイプはAGM-114Fであり、爆発反応装甲に対応するため二重弾頭を装着する。

AGM-114は1989年に大幅にアップデートされ、ヘルファイアIIが誕生した。このミサイルは、新型のデジタル式オートパイロットとより強力な弾頭、強化型シーカーを備え、再プログラム可能なソフトウエアでさまざまな攻撃を選べる点が大きな特徴だ。ヘルファイアIIの初期生産型が1994年に導入されたAGM-114Kで、その後、新しい爆風破砕弾頭をもつ海軍のAGM-114M、サーモバリック弾頭のAGM-114Nが生産された。

▼AGM-114Kヘルファイア II

ヘルファイアIIファミリーの第1世代であり、1991年の湾岸戦争での経験を生かし開発されたのがAGM-114Kだ。小型のAGM-114B/Cのサイズに戻ったが、軽量の部品を使用したために最大射程は延伸された。AGM-114Kの量産型は1994年に配備がはじまった。

AGM-114K Hellfire II

全　　長：1630ミリ
胴体直径：178ミリ
翼　　幅：330ミリ
発射重量：45.4-49キロ
弾頭重量：8-9キロ
射　　程：0.5-8キロ
速　　度：マッハ1.3
推進システム：固体燃料ロケット・モーター
誘導方式：セミアクティヴ・レーザー誘導、
　　　　　ミリメートル波レーダー・シーカー

一方、ロングボウ火器管制レーダーを装備するAH-64Dの兵装とするため、新しいミリメートル波（MMW）のアクティヴ・レーダー・シーカーをもつAGM-114Lが開発された。シーカーはLOBLモードで使用でき、ターゲットのデータを発射ヘリコプターが提供するか、または慣性誘導でターゲットまで飛翔し、その後、シーカーがロックオンして終末誘導することも可能だ。AGM-114Lは1998年に実用配備された。最新のAGM-114Rは、成形炸薬弾と爆風破砕炸弾の効果を組み合わせた新しい弾頭を装着する。この"ロメオ"はより広域をターゲットにすることができ、ヘリコプターにもUAVにも搭載可能だ。

遠く、速く

近年のTOWの開発努力は、射程延伸とターゲットの範囲を広げることに向けられている。BGM-71H TOWバンカーバスターは、対塹壕の新型弾頭をもち、TOW2Bエアロは、長い誘導ワイヤを備えて射程を4500メートルまで延伸している。最新のTOW2Bエアロはワイヤレスで、かわりにレーダーの周波数によるデータリンクを使用する。

第3世代対戦車兵器（TRIGAT）ファミリーは、本来はヨーロッパの共同開発計画だったが、計画のうち地上発射型は2000年に廃止された。このためドイツは、自国のティーガーUHT戦闘ヘリコプターに搭載する空中発射型、長射程のトリガット（TRIGAT）であるPARS 3LRの開発を続けた。このミサイルはIR誘導方式を使用する。ドイツ以外のティーガーの運用国はより定評のあるミサイルを選び、ヘルファイアかイスラエルのスパイクを使用している。一方、HOTの開発は続けられ、HOT 3が1998年に生まれた。

▼ブリムストーン
AGM-114FをベースにしたMBDAブリムストーンは3連装ランチャーに装着される。本来のMMWレーダー誘導を備えた初期運用型は2004年11月に英空軍に配備され、翌年3月に作戦能力を得たと発表された。

ヘルファイアをさらに発展させたのがイギリスのブリムストーンで、対戦車ミサイル最新世代の代表格だ。昼夜の別なく、全天候における攻撃が可能で、自律誘導による撃ちっ放し能力とスタンドオフ射程を備える。計画は1994年にはじまり、1996年にボーイング社とGECマルコーニ社が選定されジョイント・ベンチャーとなった。1999年からテストがはじまり、2000年には最初の誘導発射が行われた。ブリムストーンはアクティヴ・レーダー誘導を使用し、ミリメートル波シーカーがターゲットの高解像度画像を提供する。発射は、直接あるいは間接モードで行われ、発射母機へ別の機から座標の送信が可能だ。タンデム式成形炸薬弾頭を装着したブリムストーンは、英空軍トーネードGR.Mk 4の兵装である。

ソ連の第2世代対戦車ミサイル

ソ連のファラーンガの後継ミサイルが9K113シュツルム・システムであり、ミサイルは9M114ココン（AT-6"スパイラル"）と命名された。これもSACLOS誘導を使用し、無線で誘導指令をミサイルに伝えたが、発射は筒式となり超音速の飛翔が可能だった。

このシステムは車両とヘリコプター発射向けに開発され、シュツルムVは当初、1976年に就役したMi-24V戦闘ヘリコプターに搭載された。このミサイルはスピン安定型でタンデム弾頭を搭載した。次の9M114Mミサイルでは徹甲能力が改善された。

シュツルムVはMi-24Vとともに多数の国に輸

Brimstone

全　　長	1800ミリ
胴体直径	178ミリ
翼　　幅	未公表
発射重量	48.5キロ
弾頭重量	未公表
射　　程	12キロ
速　　度	超音速
推進システム	固体燃料ロケット・モーター
誘導方式	レーダーおよびINSオートパイロット

出され、このヘリコプターの次世代機であるMi-24Pにも搭載された。またロシア海軍Ka-29戦闘ヘリコプターにも搭載され、このヘリコプターは9M120アタカ（AT-9"スパイラル2"）ミサイルも使用可能だ。このATGMはMi-28対戦車ヘリコプターの兵装として開発され、シュツルムVをベースとしていた。

アタカはシュツルムVに似ているが、Mi-28に搭載すると、光学照準器、低光量TVカメラ利用の火器管制システムにより、夜間や悪天候時にも使用可能だ。9M120アタカ・ミサイルはまたMi-24Pシリーズのアップグレード機にも搭載可能だった。9M120は外見上は9M114と似ているが、これより大型で、貫通力の高いタンデム弾頭をもち、射程は6キロまで延伸している。

攻撃ヘリコプター

ソ連の空中発射型ATGMで次に開発されたのが9M120MビクールM（AT-16"スカリオン"）であり、これはKa-50戦闘ヘリコプターとSu-25T攻撃機への搭載を目的としていた。ビクールは長射程ミサイルであり、敵の防空システムの射程外からの発射が可能だった。超音速で飛翔するこのミサイルはセミアクティヴ・レーザー誘導を使用し、ターゲットへのレーザー照射を続けることが必要だった。1990年代に試射が行われ、大規模配備は続くようだ。最初にこのミサイルを搭載したKa-52は前モデルの9M120アタカを使用している。

中国が現在使用する空中発射型ATGMは紅箭8型（HJ-8）であり、中国人民解放軍のZ-9G、Z-9W、Z-11戦闘ヘリコプターが搭載する。1970年代初期から開発されたこのミサイルは、ヘリコプターの機上に装着した光学照準器とリンクしており、SACLOSタイプの誘導を用いる。1980年代後半以降、中国人民解放軍は、携帯式、車両搭載型、ヘリコプター発射型の紅箭8型を配備している。現在、Z-10攻撃ヘリコプター向けのまったく新しい空中発射型ATGWを開発中だ。紅箭10型と命名されたミサイルは、ヘルファイア級の性能をもつようだ。

▼9M114ココン（AT-6 "スパイラル"）

ファランガの後継ミサイルであるココンは、シュツルムVシステムの一部であり、このタイプでは、当時の反応装甲に対するタンデム弾頭を備えた初のミサイルだった。前モデルとは異なり、ココンは筒発射式で、当初からSACLOS誘導を備えていた。

9M114ココン（AT-6 'Spiral'）

全　　　長	1625ミリ
胴体直径	130ミリ
翼　　　幅	360ミリ
発射重量	31.4キロ
弾頭重量	5.3キロ
射　　　程	0.4-5キロ
速　　　度	秒速345メートル
推進システム	未公表
誘導方式	無線指令式SACLOS

▼PARS 3 LR

トリガットLRの空中発射型であるPARS 3 LRはドイツ陸軍のティーガーUHT戦闘ヘリコプター搭載向けのミサイルだ。ティーガーUHTのマスト搭載の照準器で探索と識別後、撃ちっ放し式のミサイルであるPARS 3 LRのIRシーカーが、発射前にターゲットをロックオンする。このミサイルは4連装ランチャーに搭載される。

PARS 3 LR

全　　　長	1500ミリ
胴体直径	150ミリ
翼　　　幅	370ミリ
発射重量	49キロ
弾頭重量	9キロ
射　　　程	0.5-6キロ
速　　　度	時速2000キロ
推進システム	固体燃料ロケット・モーター
誘導方式	パッシヴIR CCDセンサー

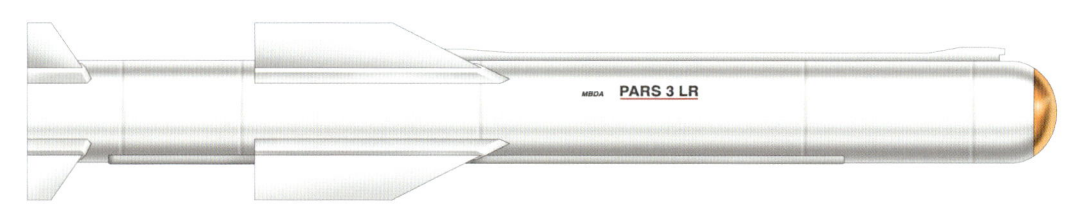

南アフリカのミサイル

1980年代の国境紛争で南アフリカは数多くの戦闘を経験し、車両とヘリコプター発射型の国産対戦車ミサイルを開発した。筒発射式のZT-3スウィフトATGMは1980年代半ばに開発され、1987年のアンゴラで戦闘に試用され、その後ピューマ・ヘリコプターに搭載してさらに試射が行われた。

空中発射型のスウィフトは、その後レーザー・ビーム・ライディング方式のZT-35イングウェに代わられた。このミサイルは1998年からテストが行われ、アルジェリアが同国のアップグレード型Mi-24搭載向けに発注した。一方重重量のモコパは、デネルAH-2ローイファルク攻撃ヘリコプターの兵装向けで、セミアクティヴ・レーザー誘導方式を使用し、MMWシーカーも利用可能だった。タンデム弾頭をもち、発射前あるいは発射後ロックオンが可能であり、初めての誘導テストは2000年に行われたが、このミサイルはその後開発が中止された。

スパイク・ファミリー

イスラエルはフランスとアメリカ供与の空中発射型ATGMを採用し、その後国産ミサイルを生産した。スパイクはミサイル・ファミリーを形成し、そのうちスパイクERはヘリコプターに搭載可能なスタンドアローン・ミサイルで、約8000メートルという最長の射程だ。ミサイルはタンデム弾頭を使用し、画像（IRとTV）誘導と光フ

▼ニムロッド
IAIニムロッドは中射程レーザー誘導ミサイルで、対人と、建物、装甲に使用可能だ。このミサイルは1980年代半ばから開発されたとみられ、CH-53攻撃ヘリコプターに搭載され、通常装着する外部燃料タンクに替え、8発を搭載可能だ。

▲モコパ
モコパ（ZT-6）は南アフリカのデネル社開発、最新の発達型空中発射タイプATGMだ。南アフリカのローイファルク攻撃ヘリコプターに採用されてはいないが、このレーザー誘導式のミサイルは現在も輸出されており、製造者によると、タンデム弾頭を備えるために、1350ミリの装甲貫通能力があるという。

Mokopa

全　　　長	1995ミリ
胴体直径	178ミリ
翼　　　幅	未公表
発射重量	49.8キロ
弾頭重量	未公表
射　　　程	10キロ
速　　　度	秒速530メートル
推進システム	固体燃料コンポジット・ロケット・モーター
誘導方式	セミアクティヴ・レーザー

ァイバーによるデータリンクを用い、撃ちっ放しモードにくわえ、修正指示が可能だ。スパイクERは、LOBLまたはLOALモードで発射できる。ヘリコプター発射型のスパイクERはルーマニア（IAR-330SOCAT）とスペイン（ティーガーHAD）で搭載されている。

イスラエルのニムロッドは、レーザー誘導全天候型のミサイルで、装甲と歩兵をターゲットにし、従来のATGMよりもはるかに長いスタンドオフ射程をもつ。空中発射型のニムロッドはイスラエルのCH-53に搭載されている。通常の運用では、前線偵察チームがレーザー目標指示装置でミサイルをターゲットに誘導する。

Nimrod

全　　　長	1679ミリ（ランチャー含む）
胴体直径	170ミリ（ランチャー含む）
翼　　　幅	未公表
ランチャー重量	55キロ
ミサイル重量	34キロ
射　　　程	0.8-25キロ
速　　　度	未公表
推進システム	固体燃料ロケット・モーター
誘導方式	赤外線誘導

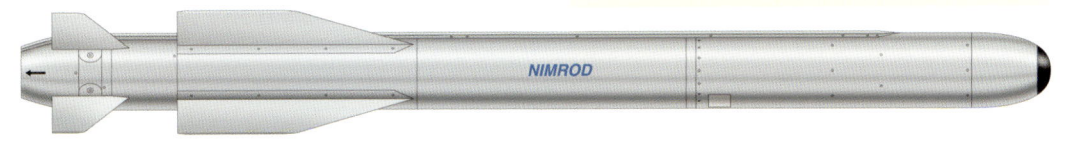

戦闘における現代の対戦車ミサイル

1991年の湾岸戦争では、戦場で空中発射型ATGMが使用されて装甲を破壊した。近年の紛争でも、非対称戦争で必要とされ、ATGMが使用されている。

1991年の「砂漠の嵐」作戦では、前世代のミサイルとともに、TOW2Aが大量に使用された。計3000発以上のTOWが地上と航空機から発射され、その大半がBGM-71D/Eの派生型だった。TOWは「砂漠の嵐」作戦において、英陸軍のヘリコプターが搭載する主要な空中発射型ATGWとなり、リンクス戦闘ヘリコプターの兵装とされた。TOWはすでに地上攻撃開始前に発射されており、1991年1月18日、4機の米海兵隊AH-1Tが、サウジアラビアとクウェートの国境近くにおかれたイラクの指揮所を破壊した。

「砂漠の嵐」作戦中には、HOT 2も投入された。

▼レーザー誘導式のブリムストーン
アフガニスタンに配備されたトーネードGR.Mk 4。その胴体下部の3連装ランチャーに搭載された、デュアルモード・シーカー（DMS）使用ブリムストーンの点検作業中だ。DMSブリムストーンは移動するターゲットに対して多く使用され、副次的損害を最小限にする点も評価された。

計337発のHOTが湾岸地方で発射され、これらは、フランス、クウェート、カタール、アラブ首長国連邦のガゼル・ヘリコプターから行われた。

ヘルファイアは米陸軍AH-64Aに搭載され、TOWと同じく、湾岸戦争開始からまもない戦闘に数回用いられた。1月17日の作戦初期には、アパッチがヘルファイアとハイドラ・ロケット弾を使用してイラクの防空システムに穴をあけ、本格的な空襲の道筋をつけた。イラク軍装甲にくわえ、ヘルファイアは塹壕や橋や砲陣地にも発射され、命中確率は65パーセントだったものの、ほこりと砂が照準システムの障害となり、攻撃能力はいくらか制約を受けていた。2900-4000発のヘルファイア・ミサイルが、この戦争中に発射されたと推定される。

「砂漠の嵐」作戦後、空中発射型ATGMは装甲以外のターゲットに使用される頻度が高まっており、軽車両や塹壕や市街地の構造物などを攻撃し

第4章　対戦車ミサイル

▲ **BGM-71 TOW2**
ごく短時間でロケット・モーターは発射筒からTOWを放出し、胴体中間部のフィンと尾部の制御翼が展張し、固体燃料のブースト・モーターが点火する。ロケットの排気は、尾部から伸びる誘導ワイヤを損傷しないように、ミサイル側部で行われる。

BGM-71 TOW2

全　　　長：	1170ミリ（プローブ圧縮時）、1510ミリ（プローブ伸長時）
胴体直径：	152ミリ
翼　　　幅：	460ミリ
発射重量：	未公表
弾頭重量：	3.9-5.9キロ
射　　　程：	最大3750メートル
速　　　度：	未公表
推進システム：	未公表
誘導方式：	光学追跡、有線誘導

ている。アフガニスタンとイラクにおける多国籍軍の作戦では、このミサイルの対装甲以外の使用が確立され、同じくイスラエルの対反乱作戦では、ヘリコプター発射型のヘルファイアとスパイク・ミサイルが、ハマスとヒズボラの反乱部隊をターゲットにしている。

戦争時のヘルファイア

2003年の「イラクの自由」作戦による侵攻で多国籍軍の空軍がイラクに戻ると、ヘルファイアは、空中発射型ATGMのなかでも最重要な位置を占めた。本来は対戦車ミサイルとして設計されたヘルファイアは、軽量の高性能爆薬／破砕弾頭を装着するため、市街地での戦闘に最適だ。高精度な射撃が可能で、副次的な損害がかぎられている点が高く評価されている。

「イラクの自由」作戦とアフガニスタンの「不朽の自由」作戦では、米陸軍と海兵隊がヘルファイアを使い分け、対装甲にはAGM-114K、建物や塹壕、市街地のターゲットにはAGM-114M、密閉構造のものにはAGM-114Nサーモバリック弾頭を使用した。米陸軍は、AGM-114L（ロングボウ・ヘルファイア）も使った。

英空軍のブリムストーンは「イラクの自由」作戦で初めて実戦に使用され、2005年に運用が発表された。アップデート型のデュアルモード・シーカーを使用するブリムストーンは、2009年初期にイラクで実戦に初めて使用された。アフガニスタンとイラクでは、運用上必要だと判断され、ミサイルは以前のミリメートル波のレーダー・セ

「砂漠の嵐」作戦における米軍のヘリコプター発射ミサイル

ミサイル	使用数
AGM-114ヘルファイア（米海軍）	30
AGM-114ヘルファイア（米海兵隊）	159
BGM-71 TOW	293
計	482

ンサーに代わりレーザー誘導方式を用いている。

「対テロ全面戦争」では、空襲にUAVを用いるという大きな変化があった。ヘルファイア・ミサイルはUAVの主兵装となり、AGM-114Kの派生型であるAGM-114Pが、高高度を飛行する無人戦闘機に搭載されている。米空軍と中央情報局（CIA）が運用する無人機プレデターは、ヘルファイア・ミサイル2発を搭載可能だ。ミサイルは、UAVのマルチスペクトラル・ターゲティング・システム（MTS）がターゲットに行うレーザー照射に誘導され、このシステムのビデオ画像は通常はアメリカにある地上管制基地に送信される。しかしMTS画像は、それ以外の地上と航空設備にも提供できる。ヘルファイアは米海兵隊のKC-130J"ハーヴェスト・ホーク"近接航空支援機の搭載向けでもあり、2010年11月にアフガニスタンのサンギン地区で初めて戦闘に使用された。

第5章
爆弾

　航空機が運用した最初期の兵器が爆弾だった。第1次世界大戦中に大量に投入されたのが最初で、その後急速に大きさも破壊力も増し、軍事における航空機のあり方や戦争の戦い方を変えた。第2次世界大戦の終結によって原子の時代がはじまり、核爆弾の第1世代がもっぱら航空機に配備されることになる。冷戦中は、核爆弾と通常爆弾が、幅広い任務に使用するために刷新、開発され、またミサイルの時代が到来し、自由落下爆弾に初めて誘導システムが導入された。最新の誘導爆弾は高機能なさまざまな誘導方式を利用し、威力とともに精度を高めている。また、空気力学を取り入れた制御翼を利用し、誘導爆弾は現在、真のスタンドオフ射程を備えている。

◀対地攻撃を行うユーロファイター
ミサイルの時代にも無動力兵器の重要性は失われていないことを証明すべく、この英空軍タイフーンは、エンハンスド・ペイヴウェイIIレーザー誘導爆弾（イナート弾）6発を搭載している。ヴェトナム戦争中に開発されたペイヴウェイ・ファミリーは、現在も卓越した誘導爆弾だが、最新タイプは悪天候でも精度を保つために、本来のレーザー誘導に慣性／GPS誘導キットを組み合わせている。

自由落下爆弾

無誘導自由落下爆弾は、航空機搭載兵器のなかでも長く使用されてきたもののひとつだ。戦略核爆弾から対装甲兵器にいたるまで、攻撃の適性によって分類される。

原爆の開発によって、1945年以降の空中発射型兵器開発の様相は変わった。しかし従来の"ダム"（「アイアン」）ボム（正確には通常（汎用、GP）爆弾）は使われ続け、朝鮮戦争やヴェトナム戦争をはじめとする第2次世界大戦後の主要な紛争において、攻撃用兵器の中心にあった。従来の高性能爆薬を使用した通常兵器にくわえ、自由落下爆弾では、破砕特化、爆破、徹甲と半徹甲、成形炸薬／破砕、焼夷または発煙、訓練用、ビラ撒布弾頭などが開発されてきた。クラスター爆弾とディスペンサー兵器は自由落下爆弾のなかでも異なるカテゴリーとなるので別に解説する。

アメリカでは、第2次世界大戦直後の時代には、このクラスではMシリーズが主要兵器だったが、その多くは1945年以前からのものだった。冷戦初期の（訓練用ではなく）実戦向け兵器を重量が軽い順にあげると、100ポンド（45.4キロ）M30A1通常爆弾、100ポンドM47焼夷／発煙爆弾、115ポンド（52.5キロ）M70化学爆弾、120ポンド（54.5キロ）M86破砕爆弾、125ポンド（56.7キロ）M113化学爆弾、220ポンド（100キロ）M88破砕爆弾、250ポンド（113キロ）M57通常爆弾、260ポンド（117.9キロ）M81破砕爆弾、500ポンドM58半徹甲弾、500ポンドM64通常爆弾、500ポンドM76焼夷爆弾、500ポンドM78化学爆弾、750ポンド（340キロ）M116ナパーム弾、1000ポンド（454キロ）M52徹甲弾、1000ポンドM59半徹

▲M117
1950年代初期に実用配備されたM117は、爆薬にマイノール2またはトリトナールを使用している。現在、M117は米空軍のB-52ストラトフォートレスのみに搭載されており、戦術機は、より新型のMk80シリーズの爆弾と誘導兵器を搭載している。

M117
全　　　長：2160ミリ
弾体直径：408ミリ
翼　　　幅：520ミリ
重　　　量：340キロ
誘導方式：無

Mk81
全　　　長：1880ミリ
弾体直径：229ミリ
充填爆薬：44キロ
重　　　量：重量：119キロ
誘導方式：無

▼Mk81
Mk80シリーズで最小のMk81は、公称の重量は113キロだ。現在では軽量兵器もよく使用されるが、ヴェトナム戦争では、爆薬に使用する44キロのコンポジションH6、マイノールあるいはトリトナールが戦術任務には適さないことが判明し、敬遠された。今日、Mk81は輸出されてさまざまな国に配備されている。

Mk82
全　　長：2200ミリ
弾体直径：273ミリ
充填爆薬：89キロ
重　　量：227キロ
誘導方式：無

▲**Mk82**
イラストのMk82はスネークアイ減速用フィンを装着している。このフィンは発射母機から放たれた直後に展張して抵抗を増し、爆弾の落下速度を低下させる。「スネーク」によって、非常に低空、低速での運用が可能で、より安全にターゲットに投下でき、近接航空支援任務にとくに適合した爆弾だ。

▲**Mk83**
Mk83は公称重量454キロで、流線型の鉄製ケーシングにトリトナール高性能爆薬を収容する。米海軍で幅広く運用され、さまざまなPGMの弾頭として使用されており、またクイックストライク機雷としても開発されている。

Mk83
全　　長：3000ミリ
弾体直径：256ミリ
充填爆薬：202キロ
重　　量：447キロ
誘導方式：無

甲弾、1000ポンドM65通常爆弾、1000ポンドM79化学爆弾、2000ポンド（907キロ）M66通常爆弾、2000ポンドM103半徹甲弾、3000ポンド（1361キロ）M118低抵抗型（「スリック」）通常爆弾、4000ポンド（1814キロ）M56ライトケース爆破弾、1万ポンド（4536キロ）M121通常爆弾、1万2000ポンド（5443キロ）M109通常爆弾、2万2000ポンド（9979キロ）M110通常爆弾などがある。第2次世界大戦時のその他の兵器で1945年以降も実用配備されたものには、1600ポンド（726キロ）Mk1と1000ポンドMk33爆弾があり、どちらも徹甲タイプだ。

　上記の爆弾のなかでも最重量級のものは、SAC（戦略航空軍団）の爆撃機が搭載し続け、その後、自由落下核爆弾の第1世代に道をゆずった。Mシリーズのなかでも、最重要で不朽性をもつのが750ポンドM117爆弾で、減速型も利用可能だ。この爆弾はヴェトナム戦争でB-52（と戦術機）の主用な搭載兵器で、のちのペルシア湾の戦争でも使用され、現在もB-52が搭載している。M-117はまたMC1化学爆弾のベースともな

った。

　米軍ではナパーム弾はもう使用されてはいないが、現代の焼夷弾には、約750ポンド（Mod 0）か500ポンド（Mod 1、4、5）のMk77、750ポンドMk78、1000ポンドMk79といったものがある。こうしたのちの世代の焼夷弾は油脂を充填物に使用する。Mk78と79は現在では引退しているが、Mk77は、アフガニスタンとイラクで近年行われた作戦において、2001年以降も使用されていることはよく知られている。

Mk80シリーズ

　Mシリーズは1960年代初期、低抵抗型Mk80シリーズ爆弾に道をゆずった。これらは現在も、米軍の通常型自由落下爆弾のなかで最重要な位置を占めており、またさまざまな精密誘導爆弾の弾頭に使用されている。このなかでも最小のものが250ポンドMk81で、この通常爆弾は尾部に制動翼のスネークアイを装着されることが多く、これが爆弾を安定させ、投下後の落下を遅らせる働きをもつ。

▲ AN-M65

1942年に生産されたアメリカ製M65 1000ポンド通常爆弾は、おもにダムやコンクリート、鉄橋などの硬化ターゲットに使用された。P-47サンダーボルト地上攻撃機はM65を2発、B-26中型爆撃機は4発搭載可能だった。この爆弾はNATO加盟国で配備され、1960年に退役した。

AN-M65

全　　長	1700ミリ
弾体直径	480ミリ
重　　量	471キロ
爆薬重量	269キロ
誘導方式	航空機、自由落下

▲ BLU-82

BLU-82"デイジー・カッター"爆弾は、米軍の兵器において長年にわたり最高の威力をもつ爆弾だった。ヴェトナムでは、ジャングル内にヘリコプターの着地スペースを作るために使用され、C-130ハーキュリーズ輸送機の後部ドアから投下された。

BLU-82

全　　長	3597ミリ
弾体直径	1372ミリ
尾翼幅	未公表
重　　量	6804キロ
誘導方式	無

▲ Mk84

公称重量907キロのMk84はMk80シリーズのなかでも最強の爆弾だ。ヴェトナムではよく使用され、最重量級の通常爆弾のなかでは、1万5000ポンドBLU-82"デイジー・カッター"に次ぐ爆弾だった。発射方法しだいで、3.4メートルのコンクリートを貫通する威力がある。

Mk84

全　　長	3280ミリ
弾体直径	458ミリ
爆薬重量	429キロ
重　　量	925キロ
誘導方式	無

Mk82は500ポンドクラスの爆弾であり、これもスネークアイを装着されることが多く、1000ポンドのMk83も制動翼を装着可能だ。このファミリーで最大の爆弾が、2000ポンドMk84だ。Mk82はヴェトナム戦争中に地雷向けにも改修され、熱や振動を感知して作動する破壊爆雷となったのがMk36だ。Mk40と41はそれぞれ、Mk83とMk84と同様のタイプだ。

基本のMk80シリーズの派生型には、このほかMk94があり、これはMk82のケーシングに非持続性サリン・ガスを充填したものだ。一方、戦後のアメリカ製自由落下兵器で現在も使用中のものには、750ポンドMk116ウェットアイ化学爆弾と750ポンドMk122ファイアアイ焼夷弾がある。

アメリカの核爆弾

1945年に日本に投下された第1世代の「リトル・ボーイ」と「ファット・マン」のあと、まず配備されたアメリカの自由落下核兵器は、砲身型のリトル・ボーイの派生型であるMkI爆弾数発であり、15から16キロトンの核出力をもった。これに続くMkIIIは、ファット・マンの量産タイプであり、この爆縮型プルトニウム爆弾は計120発が完成し、出力は18から49キロトンにおよぶ。これら初期の核爆弾のすべてが1950年にはSAC（戦略航空軍団）への配備から退役した。そしてMk4と改名されてアメリカの核爆弾が初めて量産に入り、さまざまな出力をもつファット・マンの改良型が製造された。1952年に導入されたMk5は大きさと重量を大幅に減らした最初の

▲B53
B53はタイタンII大陸間弾道ミサイルに使用されるW53と同様の弾頭を採用し、9メガトンの出力だ。爆弾尾部には4枚のフィンとパラシュートが装着され、このパラシュートは、パイロット・シュート1個と、サイズが2種類の4個のキャノピーからなる。この爆弾はおもにB83に置き換えられた。

B53
全　　長：3800ミリ
弾体直径：1270ミリ
尾翼幅：未公表
重　　量：4015キロ
パラシュート・システム：350-400キロ

▲B57
戦術核爆弾のB57はNATO加盟国で多数使用された。NATOの「デュアル・キー」の配備体制において核任務を担った戦闘爆撃機に搭載され、爆弾のメンテナンスとセキュリティは米空軍が行った。B57は、シーキング・ヘリコプターはじめ、対潜航空機にも搭載された。

B57
全　　長：3000ミリ
弾体直径：375ミリ
重　　量：重量：227キロ
減速用パラシュート(オプション)：直径3800ミリ

核爆弾であり、6から120キロトンの出力をもち、空中爆発か地上爆発のどちらかにすることが可能だった。Mk4をベースとしたMk6も「軽量」兵器であり、1950年代前半に生産された。Mk7は戦術的使用向けに設計されたアメリカ初の核爆弾だった。トールともいわれるこの爆弾は、1952年から1967年まで配備され、8から61キロトンまでの出力があった。Mk8は地中貫通爆弾であり、遅延信管と25から30キロトンの出力を有した。短期間ではあるが、改良型Mk11に代わるまで使用された。Mk12は戦術戦闘機向けの爆弾で、12-14キロトンの出力をもち、1954年から使用され、1962年に退役した。

1954年には初のメガトン級の核爆弾であるMk14が登場し、熱核爆弾の時代がはじまった。Mk14は1954年にわずか5発が製造されたのみで、その後Mk15が最初の「軽量」熱核爆弾として導入された。Mk14が5から7メガトンだったのに対し、この爆弾の出力は1.7から3.8メガトンだった。アメリカの核兵器で最重量のものはMk17であり、出力は10から15メガトンだった。

この爆弾は非常に大型だったため、B-36ピースメーカー爆撃機にしか搭載できず、配備されたのは1954年から1957年までの3年間にすぎなかった。

Mk18はアメリカ最大の核分裂兵器で500キロトンの出力をもち、1950年代後半の短期間配備された。Mk20以降は、命名システムが再度変更された。Mk20（B20）はMk13の高出力型だが、1954年に中止された。その後、4から5メガトンのB 21が1950年代後半に配備された。B24はMk17によく似ており、10から15メガトンの出力だった。B36はもっとも大量に生産された核爆弾だが、1960年代初期に退役したメガトン級兵器のひとつで、B41がこれに代わった。一方B39はMk15の改良型を代表する爆弾であり、低高度からの減速投下（レーダーウン投下）が可能だった。

アメリカの第2世代の核爆弾

冷戦後期に生産されたアメリカの主要核兵器にはB28があり、これは1958年にSACに初め

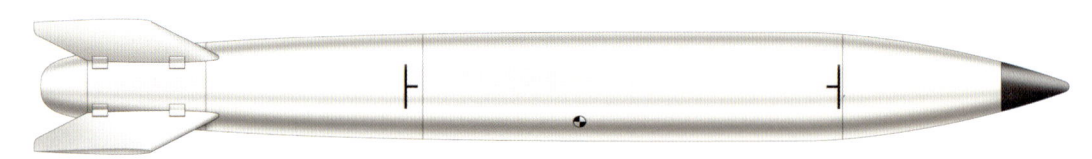

▲ **B61**
1980年代半ばまで、B61はNATOにもっとも多く配備された核爆弾であり、西ヨーロッパの米空軍基地などに今日も配備されている。多数の派生型が生産され、最新の、地中貫通型"バンカーバスター"B61 Mod11などがある。

B61

全　　　長	3580ミリ
弾体直径	330ミリ
尾翼幅	未公表
重　　　量	320キロ
減速用パラシュート	直径7300ミリ

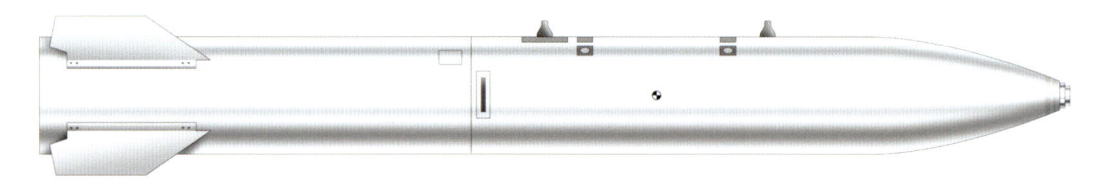

▲ **B83**
B83は1980年代初期にB82、B43、および超高出力のB53の一部の後継爆弾として実用配備された。出力が数タイプあるのは、この爆弾が戦略または戦術ターゲットに使用可能だからであり、また、超音速戦闘機の外部搭載にも適している。パラシュートによって、爆弾投下速度を発射時のマッハ2から時速96キロまで減速させることが可能だ。

B83

全　　　長	3670ミリ
弾体直径	457ミリ
尾翼幅	未公表
重　　　量	1100キロ
減速用パラシュート	14メートル

▲FAB-500Sh

爆弾名の"Sh"は、シュツルモビク（攻撃機）に搭載されることを意味する。FAB-500Shは低高度投下を目的とするためパラシュートを使用する。このため衝撃力は低下するものの、確実に爆発させるための信管を用いる。

FAB-500Sh

全　　　長：2210ミリ
弾体直径：450ミリ
尾　翼　幅：570ミリ
重　　　量：515キロ
誘導方式：無

▲FAB-500M-54

ソ連製M-54型爆弾は高抵抗兵器で、円錐形のノーズを囲むリングが目立つ。このシリーズの爆弾はおもに機内搭載向けであり、高速機の外部搭載が可能な、低抵抗M-62に代わられた。

FAB-500M-54

全　　　長：1500ミリ
弾体直径：457ミリ
尾　翼　幅：570ミリ
重　　　量：477キロ
誘導方式：無

て導入され、おもにB-52に搭載された。熱核爆弾のB28はさまざまなタイプが生産され、出力も70キロトン、350キロトン、1.1メガトン、1.45メガトンのものがあり、弾頭はAGM-28ハウンドドッグASMにも搭載可能だった。B28EXは超音速機の外部搭載向け流線型タイプで、コンパクト型のB28INは機内兵倉搭載向けだ。B28REは減速用パラシュートをもつ外部搭載爆弾で、B28FIはレーダーウン投下向けのパラシュート装備タイプであり、空中、地表、遅延爆発の3つの起爆モードを選択可能だった。さらに、B28RIはB28FIと同様だが、空中爆発か地表爆発のみの選択だった。B28の退役は1980年代初期にはじまり、1991年にようやく完了した。B28にとって代わったのがB83で、B-1Bランサー、B-52、FB-111搭載向けに開発された高出力の爆弾だった。B83はメガトン級では初のレーダーウン投下の兵器で、マッハ1の速度で投下し、地表爆発が可能だった。この爆弾は1983年に実用配備され、アメリカの核兵器「貯蔵弾頭」であり続けている。本来は戦略的任務を担うが、B83は戦術機に搭載も可能だ。

高出力のB43は米空軍、海軍と海兵隊が利用し、外部搭載としてもっとも多く使用され、一

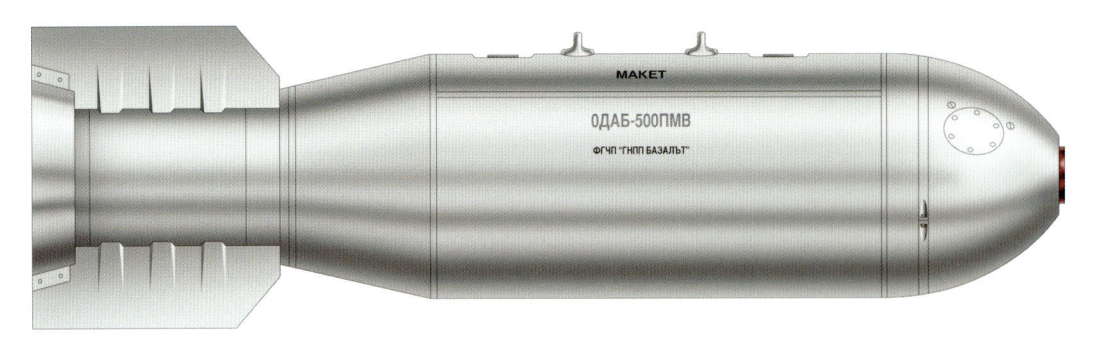

▲ ODAB-500

ODABシリーズは燃料気化爆弾(サーモバリック弾)であり、ソ連時代にはアフガニスタンで、ロシアはチェチェンで使用した。報告によると、初期バージョンは信頼性が低かったため、アフガニスタンでの使用は限定的だったようだ。しかし性能どおりに作動したときには非常に破壊力があった。

ODAB-500

全　　長：2200ミリ
弾体直径：450ミリ
尾翼幅：未公表
重　　量：392キロ
誘導方式：無

▲ OFAB-100-120

OFAB爆弾は高性能爆薬/破砕兵器で、軽装甲車両や砲、レーダー・サイトおよび兵員向けの爆弾だ。標準的通常爆弾とは異なる鉄製の弾体は、爆発時に破片を生じるためのもの。OFAB-100-120は、空中爆発向けのスタンドオフ起爆装置に組み合わせ、パラシュートを装着可能だ。

OFAB-100-120

全　　長：1065ミリ
弾体直径：273ミリ
尾翼幅：345ミリ
重　　量：123キロ
誘導方式：無

部は英空軍の重爆撃機にも供与された。製造は1961年にはじまり、最後の兵器が引退したのは1991年だった。この爆弾は自由落下か減速モードを選択し、レーダーウン投下かトス爆撃が可能で、また空中爆発か地表爆発の設定ができた。この爆弾の出力は、70キロトンから1メガトンまで5タイプがあった。

　SAC最大の核爆弾が9メガトンの出力をもつB53で、1962年からB-47ストラトジェット、B-52、B-58ハスラーに搭載された。4つのタイプが生産され、自由落下か減速用パラシュート使用での配備が可能だったが、B61の登場で廃止された。B61は1980年代まで、NATO空軍で配備数最大の爆弾であり、その他の同盟国にも供給された。超音速機の外部搭載向けではあったが、軽量のB61は、B-52(および核兵器搭載機能を失う以前のB-1B)には機内搭載も可能だった。1968年に生産がはじまり、さまざまな戦術または戦略爆弾として利用でき、出力も任務に合わせて0.3から340キロトンまで多様なものがある。レーダーウン投下も可能で、このためにはB61を15メートルの高度から投下し、自由落下かパラシュートの使用を行う。空中か地表爆発、または遅延信管の選択も可能だ。B61は現在も米空軍に配備されている。

　1963年に生産が開始されたB57核爆弾は、

海軍機が爆雷として使用したが、アメリカとNATOのさまざまな固定翼機向けの任務も担った。出力は5から10キロトンまであり、レーダーウン投下、トス、ロフト爆撃ができ、空中爆発か地表爆発の選択が可能だ。対潜水艦兵器としては水圧信管が用いられた。B57は1993年に配備を終えた。

ソ連は冷戦期間に多様な自由落下爆弾を開発し、その多くは現役だ。標準的自由落下通常爆弾がFABシリーズであり、ディスペンサーで使用する小型爆弾にくわえ、50キロのFAB-50から9000キロのFAB-9000までさまざまな重量のものがある。FAB-9000はこれまでに生産されたなかで最重量級の通常爆弾であり、おもにTu-22超音速爆撃機に搭載された。第2次世界大戦後に導入されたおもなシリーズがM-46（1946年を意味する）タイプで、このシリーズはFABの名の末尾にM-46がつき、重量は250キロから

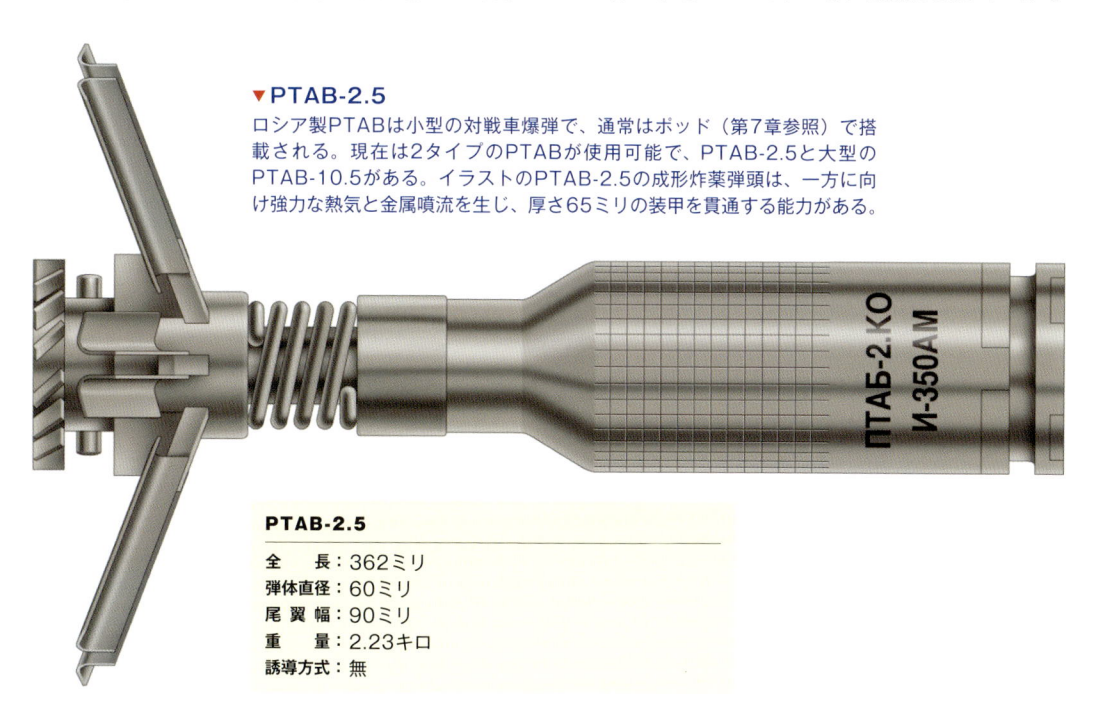

▼ **PTAB-2.5**
ロシア製PTABは小型の対戦車爆弾で、通常はポッド（第7章参照）で搭載される。現在は2タイプのPTABが使用可能で、PTAB-2.5と大型のPTAB-10.5がある。イラストのPTAB-2.5の成形炸薬弾頭は、一方に向け強力な熱気と金属噴流を生じ、厚さ65ミリの装甲を貫通する能力がある。

PTAB-2.5

全　　長	362ミリ
弾体直径	60ミリ
尾 翼 幅	90ミリ
重　　量	2.23キロ
誘導方式	無

▲ **OFAB-500ShN**
OFABシリーズのひとつがOFAB-500ShNで、公称重量500キロ、近接支援機による低高度投下用爆弾だ。基本タイプは高度50-500メートルからの投下向けだが、OFAB-500ShNは弾体が長く、複数の弾頭を装着している。

OFAB-500ShN

全　　長	2493ミリ
弾体直径	450ミリ
尾 翼 幅	570ミリ
重　　量	525キロ
誘導方式	無

▲ フル搭載した"スリック"

ネヴァダ州ネリス空軍基地上空を飛ぶF-111。米空軍、第366戦術戦闘航空団（TFW）第391戦術戦闘訓練飛行隊所属のF-111が、機体下部に500ポンドMk82低抵抗型爆弾を24発搭載している。

▼ AN.52

フランスのAN.52は戦術核兵器であり、ミラージュIIIEと、のちにジャギュアAとシュペル・エタンダールに搭載された。この爆弾は1972年に初試験が行われ、実用配備された。出力は6-8キロトンと25キロトンのふたつのタイプがあった。AN.52は1992年に退役し、ASMPスタンドオフ・ミサイルがこれに代わった。

AN.52

全　　　長	4200ミリ
弾体直径	未公表
尾　翼　幅	未公表
重　　　量	455キロ
誘導方式	無

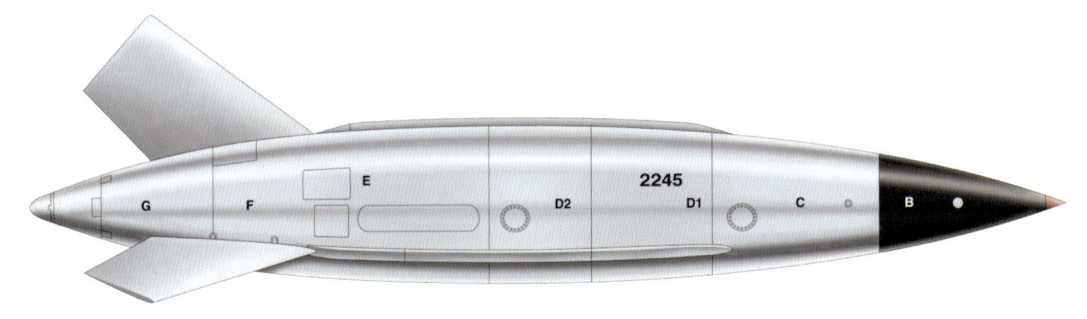

▼ Expal BR-250

スペインのExpal（Explosive Alavese）製爆弾は、1982年のフォークランド紛争でアルゼンチンのミラージュIIIとIAIダガーに搭載され多数使用された。250キロのBR-250と、400キロのBRI-400の2種類のサイズが使用可能だった。BRPとBRIPはパラシュート減速型だった。

Expal BR-250

全　　　長	2940ミリ
弾体直径	360ミリ
尾　翼　幅	未公表
重　　　量	500キロ
誘導方式	無

3000キロまでのものがある。このあとのM-54も、250キロから9000キロまでの重量のものがあった。1960年代初期に、ソ連は新型の流線型、低抵抗爆弾を導入し、このM-62爆弾は250キロと5000キロのもののみが製造された。

　FABシリーズのほかには、高性能爆薬／破砕タイプのOFABファミリーが、装甲の施されていない車両や砲、兵員などをターゲットとした。ソ連設計の焼夷弾にはナパーム・タンクをもつZBシリーズがある。BrABシリーズは装甲車両向けに設計されたもので、空力を利用し貫通力を備えている。BetABシリーズは、堅固化ターゲットを攻撃するため、固体燃料ロケット・ブースターを装着してコンクリートその他の硬化構造物を貫通させる。とくにソ連がよく使用した自由落下爆弾のなかにサーモバリック弾（燃料気化爆弾、FAE）がある。ソ連でODABと命名されたこの爆弾は、液体燃料が霧化して非常に揮発性の高い蒸気雲を生じる。この蒸気雲に着火して空中爆発を起こし、破壊的な真空効果を生む。

　イギリスで1945年以降に生まれた高性能爆薬通常爆弾は、おもにロイヤルオードナンス社で製造された。主要生産タイプは245キロと454キロの重量で、その一部は減速用フィンを装着可能だった。

イギリスの核爆弾

　イギリス初の核兵器はブルーダニューブであり、1952年に行われたイギリス初の核実験「ハリケーン」作戦に用いられた。1953年に英空軍に支給され、イギリス初の実用核兵器となった自由落下型ブルーダニューブ爆弾は、10キロトンの出力だった。しかし生産はかぎられ、1962年に退役した。第2世代の核分裂兵器は、1961年導入

▼長寿の"ダム"ボム
グアム、アンダーセン空軍基地に停機するB-52Hに、M117爆弾を搭載する米空軍第2爆撃航空団の整備士。

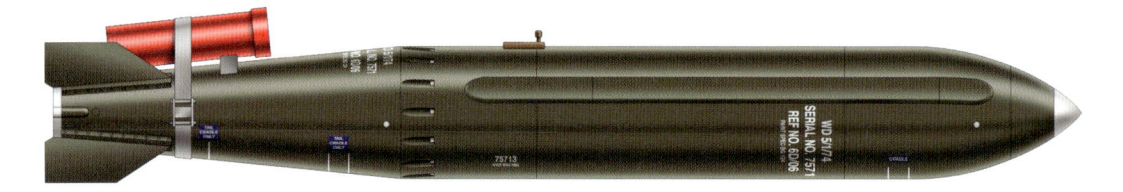

▲WE177B
イギリス最後の自由落下核爆弾がWE117であり、英空軍トーネードに1998年まで搭載された。この爆弾の尾部に装着した、赤く目立つキャニスターには、爆弾を投下回路とつなぐワイヤリング・ハーネスが収納されていた。WE117Bは出力450キロトンの熱核爆弾だった。

WE177B
全　　長：3378ミリ
弾体直径：未公表
尾 翼 幅：未公表
重　　量：457キロ
誘導方式：無

▲デュランダル
フランスのマトラ社開発、デュランダル対滑走路兵器は、アメリカ（空軍）をはじめ、多数の国に輸出され配備された。この爆弾の最終型は、パラシュートを使用して落下したのち、固体燃料モーターが着火して強化コンクリートに厚さ400ミリまで突入し、それから弾頭が爆発するか、遅延信管によって時間をおいて爆発する。

Durandal
全　　長：2500ミリ
弾体直径：212ミリ
弾頭重量：150キロ
重　　量：240キロ
誘導方式：無

▼"ブルーデス"
米海軍水陸両用攻撃艦の飛行甲板に停機する米海兵隊AV-8BハリアーIIに、Mk76機内搭載通常爆弾をしっかりと装着する整備士。この11.3キロの訓練用小型爆弾は、"ブルーデス"というなんとも皮肉なニックネームで呼ばれる。この爆弾には、目標範囲で「バフ」（ぱっと風が起こる）のを目視できるだけの分量の爆薬（カートリッジ1個）しか入っていないのだ。

▲ 爆弾の搭載

第509爆撃航空団（ホワイトマン空軍基地所属）のB-2スピリット爆撃機に、BDU-56爆弾搭載の準備を行う、ミズーリ州ホワイトマン空軍基地、第509航空整備中隊の兵器スペシャリスト。2005年4月11日、グアムのアンダーセン空軍基地に配備中のひとコマ。

のレッドベアードであり、軽量で5-20キロトンの出力をもつ戦術爆弾で、英海軍にも配備された。

1958年から、少量ではあるが、500キロトン程度の出力をもつヴァイオレットクラブが暫定的に配備され、その後、イエローサンMk1爆弾に替えられた。これはイギリス初の国産水素爆弾だが、のちにアメリカ供与のMk28に代わったため廃棄された。イギリス初の水素爆弾の実験は1957年に行われたが、メガトン級の出力は達成できなかった。

アメリカがその後イギリスに重要な核テクノロジーを提供し、アメリカの設計を使用することで、イギリスはメガトン級のイエローサンMk2爆弾を1961年から生産し、これがMk28から派生した核弾頭レッドスノーを搭載した。イギリスの空中発射型核兵器はWE177で完結し、これは英空軍と海軍に1966年に導入された。高出力戦略爆弾と、低出力戦術爆弾、爆雷の3つのタイプが製造された。英空軍が保有した最後の核兵器であるWE177は、1998年に退役した。

フランスの自由落下爆弾には、滑走路破壊爆弾であるBAPシリーズがあり、パラシュートで投下され、その後固体燃料ロケット・モーターで、厚さ300ミリの強化コンクリートを貫通可能になるまで加速する。BAP100はわずか32.5キロで、18発まで搭載可能だ。デュランダルは同様の「滑走路爆弾」で、これも推進補助にロケットを使用する。

高性能爆薬弾

一方フランスでは、高性能爆薬通常爆弾は、SAMP社が1000キロまでの多様な重量のものを製造している。トムソン・ブラント社は、125キロTBA高性能爆薬／破砕対人爆弾を生産している。フランスの自由落下核兵器には、ミラージュIVA爆撃機搭載向け、AN-11と改良型AN-22戦略兵器と、フランス空軍と海軍の戦術攻撃機に搭載されたAN-52があった。

アメリカの誘導爆弾

アメリカは第2次世界大戦と朝鮮戦争で誘導爆弾を使用したが、1960年代半ばにペイヴウェイ・ファミリーが出現し、精密誘導爆弾の時代が到来した。

現代のアメリカの「スマート爆弾」の出現は、第2次世界大戦中に米陸軍航空軍（USAAF）と海軍が製造した誘導「爆装グライダー」（誘導爆弾、GBシリーズ）にさかのぼるが、当初これはまったくの無誘導爆弾だった。戦後の開発は、自由落下の垂直爆弾（VB）ファミリーに集中した。これは、初期タイプが戦時中に実用配備されていた爆弾だ。朝鮮戦争で実戦使用されたのは1000ポンド（454キロ）VB-3ラゾンで、B-29が搭載して北朝鮮の橋に投下したが、破壊力が不足した。このシリーズの最後の爆弾であるVB-13（のちのASM-A-1）ターゾンも朝鮮戦争で使用され、道路や鉄橋や貯蔵所などを攻撃した。ターゾンは1万2000ポンド（5443キロ）の重量で、ラゾンと同様、無線指令誘導を使用した。

誘導爆弾の開発熱はヴェトナム戦争中に再燃し、自由落下爆弾にレーザー誘導を備えて精密空対地兵器を生み出そうとする、ペイヴウェイ計画がはじまった。操舵翼とレーザー誘導装置の装着によって、精度の向上にくわえスタンドオフ射程が可能になったが、これはまだ無動力だった。

1965年には、テキサス・インスツルメンツ（TI）社が米空軍の兵装開発試験センターとペイヴウェイ・ファミリーを共同開発することになった。TI社の誘導装置を装着した最初のレーザー誘導爆弾（LGB）は1965年4月に投下され、プログラムは最終的に、航法装置や、目標指示と識別、全天候および暗視誘導システムなど、30もの関連システムを組み合わせた。

1971年には、初代のペイヴウェイIファミリーに8つの異なる誘導装置が備わった。基本的にはみな似ていたが、カナード翼と後部の制御用フィンの大きさが異なり、爆弾の重量と大きさに合わせたものになっていた。

ペイヴウェイ・シリーズの大きな特徴は「ボルトオン」の誘導装置であり、ノーズ部にジンバル搭載のシリコン検出器アレイを備えている。シーカーは正しい波長のレーザー光源を捕捉する。レーザーは、発射母機か、適切な装備をもつ別機、または地上の前線航空管制（FAC）が発したものだ。初期の目標指示器には、ペイヴナイフ、ペイヴスパイク、ペイヴタックなどがあった。シーカーが発するシグナルは、爆弾後部の大型尾翼にある、制御部に指令を送る誘導コンピュータで処理される。そしてなにより、誘導装置と尾翼キットは大半の標準的自由落下型通常爆弾にくわえることが可能である。

ペイヴウェイI

ペイヴウェイ・シリーズの爆弾はそれぞれ「誘導爆弾ユニット（GBU）」と命名されていた。ペイヴウェイIファミリーは、M117爆破弾（"BOLT-117"となった）、Mk84通常爆弾（高抵抗および低抵抗型）、M118E1爆破弾、Mk82通常爆弾（高抵抗および低抵抗型）、米海軍ロックアイMk20 Mod 2クラスター爆弾（AT破砕小型爆弾を搭載）、それに、米空軍向け、ペイヴストームIクラスター爆弾と組み合わせ可能な誘導装置を使用する。SUU-54ディスペンサーに約1800発のAT破砕子爆弾を搭載したのが、ペイヴストームIだ。ロックアイとM117をベースとしたペイヴウェイI LGBはまもなく廃止され、かわりに米海軍と海兵隊が使用したMk83通常爆弾がくわわった。GBU-2とGBU-10、GBU-12には2種類の異なる翼のキットがあり、長いほうの翼は低速飛翔と射程延伸のために装着されている。ペイヴウェイの全タイプは153ページの表にあげた。

簡素化したペイヴウェイIIシリーズの設計は1972年にはじまり、この爆弾は1970年代後半に導入された。安価で複雑ではないシーカーと誘導用コンピュータ、それに、機動性を向上させる新しい（固定翼ではない）折り畳み式翼のエアロフォイル群が特徴だ。ペイヴウェイIIに使用される主要な爆弾は、Mk82、Mk83、Mk84/BLU-109であり、また、英空軍向けにはイギリスの

▲GBU-49エンハンスド・ペイヴウェイⅡ

レイセオン・エンハンスド・ペイヴウェイⅡの最新タイプを代表するのがGBU-49だ。基本的には5000ポンドGBU-12と同様だが、INS/GPS誘導装置をくわえ、誘導がデュアルモードの兵器となった。このミサイルは、非公式ではあるが、EGBU-12とも言われている。アメリカの戦術機向けにくわえ、MQ-9リーパーUAVにも搭載可能で、輸出タイプは多数の国に販売されている。フランスでは、フランス空軍のミラージュ2000Dとフランス海軍のシュペル・エタンダール攻撃機搭載向けだ。

GBU-49 Paveway II

全　　　長	3331ミリ
弾体直径	273ミリ
尾翼幅	457ミリ
重　　　量	227キロ
誘導方式	レーザーおよびGPS/INS

GBU-28 Paveway III

全　　　長	7600ミリ
弾体直径	356ミリ
尾翼幅	1700ミリ
重　　　量	2268キロ
誘導方式	レーザー・シーカー

▲GBU-28ペイヴウェイⅢ

"ディープスロート"と呼ばれるGBU-28は「砂漠の嵐」作戦向けに急きょ開発され、米空軍F-15Eに搭載され2度使用された。"バンカーバスター"型兵器はイラクの堅固化塹壕攻撃向けで、その運動エネルギーを最大限にするために高高度からの投下が必要だった。BLU-113と命名された弾体には米陸軍M201榴弾砲の砲身を使用していたが、誘導パッケージはGBU-24/BペイヴウェイⅢのものを採用した。

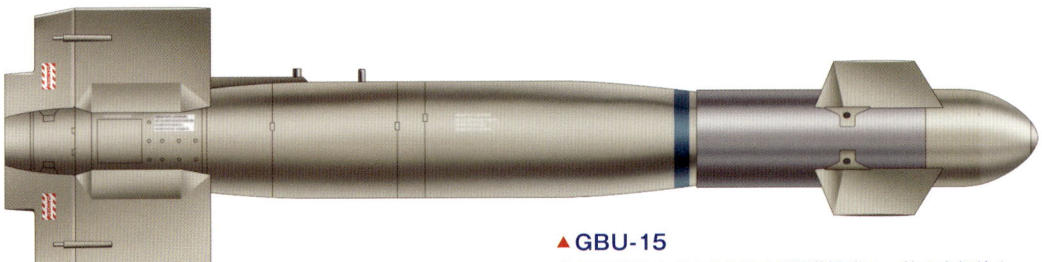

▲GBU-15

光電子誘導方式のGBU-15誘導爆弾は、敵の高価値ターゲットの破壊を目的としており、現在はF-15Eに搭載されている。1999年と2000年には、慣性／GPS航法誘導をくわえることで、多数のGBU-15が悪天候での運用能力を備えた。

GBU-15

全　　　長	3900ミリ
弾体直径	457ミリ
尾翼幅	1500ミリ
重　　　量	907キロ
誘導方式	テレビまたは赤外線

1000ポンドMk13/18爆弾が使用される。ペイヴウェイⅡは1974年に試用がはじまり、最初期の生産モデルは1977年に導入された。初期生産品はレイセオン社が担当したが、のちにペイヴウェイⅡはロッキード・マーチン社も製造するようになっている。

ペイヴウェイⅡの欠点は悪天候時のレーザー・シーカーの機能に限界がある点で、これでは誘導で致命的な失敗をしかねない。この問題に対処するため、GPS援用の慣性誘導を追加装備としたものが、エンハンスド・ペイヴウェイ（EGBUシリーズ）となる。また、レイセオンEGBUに代わるのがアップグレード型、ロッキード・マーチン・デュアルモード・レーザー誘導爆弾（DMLGB）であり、慣性／GPS誘導装置をくわえている。2005年以降、DMLGBは米海軍のペイヴウェイ

▲GBU-44バイパー・ストライク

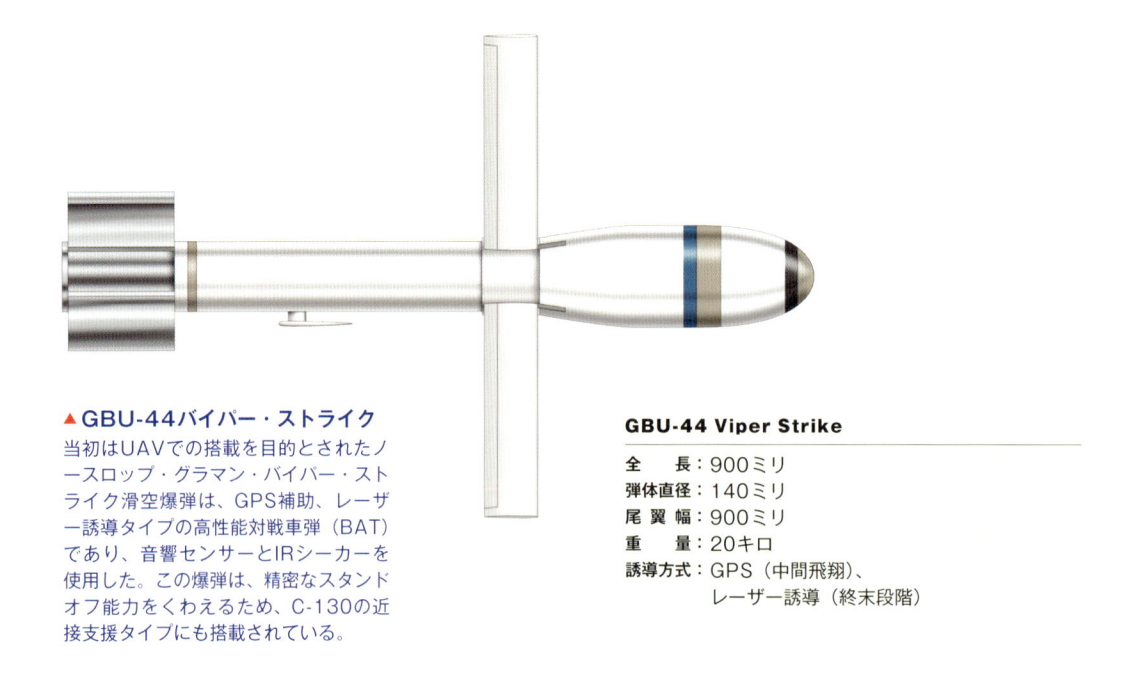

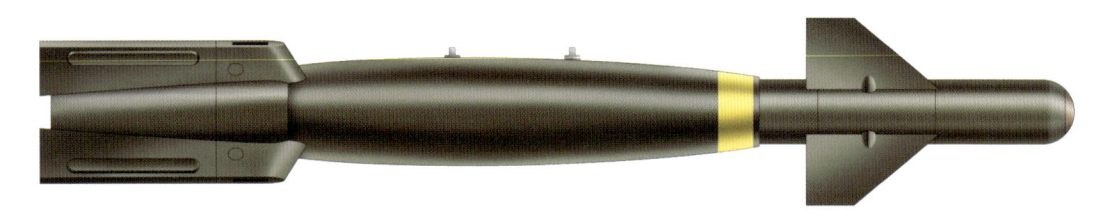

当初はUAVでの搭載を目的とされたノースロップ・グラマン・バイパー・ストライク滑空爆弾は、GPS補助、レーザー誘導タイプの高性能対戦車弾（BAT）であり、音響センサーとIRシーカーを使用した。この爆弾は、精密なスタンドオフ能力をくわえるため、C-130の近接支援タイプにも搭載されている。

GBU-44 Viper Strike

全　　長：900ミリ
弾体直径：140ミリ
尾 翼 幅：900ミリ
重　　量：20キロ
誘導方式：GPS（中間飛翔）、
　　　　　レーザー誘導（終末段階）

▲1000ポンド・ブリティッシュ・ペイヴウェイII

「GBU-13」といわれることがあるが、これは間違いだ。このブリティッシュ・ペイヴウェイは、ペイヴウェイIIのキットをベースにイギリスで生産されたMk13爆弾だ。イギリスでは、ペイヴウェイIIを、同じ重量のMk18とも組み合わせた。このふたつの爆弾は、1982年のフォークランド紛争中に英空軍ハリアー打撃機で使用された。ブリティッシュ・ペイヴウェイはCPU-123とも呼ばれることがあるが、これは誘導パッケージを表しているだけだ。

1000lb British Paveway II

全　　長：4320ミリ
弾体直径：457ミリ
尾 翼 幅：490ミリ
重　　量：453キロ
誘導方式：レーザー・シーカー

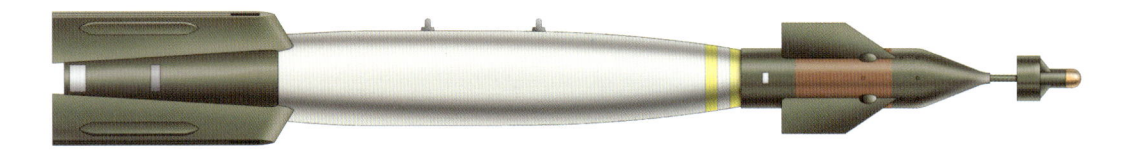

▲GBU-16ペイヴウェイII

1000ポンド級のペイヴウェイII LGBはGBU-16といわれる。弾頭に関しては、この爆弾は標準的なMk83低抵抗通常爆弾かBLU-110を搭載する。BLU-110も外見上は似ているが、低感度爆薬を収容する。BLU-110は米海軍が採用しており、この爆弾は外部に保護用のグレーのコーティングが施されている（上イラスト）。低感度爆薬は空母の事故に備え、燃料の発火に影響されないよう設計されたもの。

GBU-16 Paveway II

全　　長：3700ミリ
弾体直径：360ミリ
尾 翼 幅：未公表
重　　量：454キロ
誘導方式：レーザー・シーカー

▲GBU-22ペイヴウェイIII

イラストのGBU-22のブルーの弾体はイナート弾で、通常は試射向けに、弾道の質確保のためコンクリートを充填している。500ポンドGBU-22はMk82爆弾をベースにし、米軍には配備されていないが、レイセオン社が輸出向けに生産しており、F-16とミラージュ2000に搭載される。

GBU-22 Paveway III

全　　長：	3505ミリ
弾体直径：	270ミリ
尾翼幅：	490ミリ
重　　量：	327キロ
誘導方式：	レーザー・シーカー

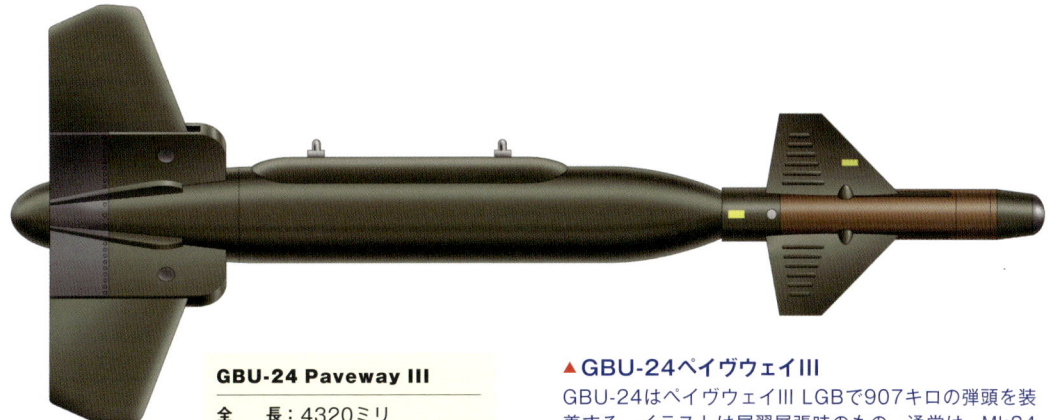

GBU-24 Paveway III

全　　長：	4320ミリ
弾体直径：	370ミリ
尾翼幅：	1650ミリ
重　　量：	907キロ
誘導方式：	レーザー・シーカー

▲GBU-24ペイヴウェイIII

GBU-24はペイヴウェイIII LGBで907キロの弾頭を装着する。イラストは尾翼展張時のもの。通常は、Mk84低抵抗通常爆弾、BLU-109貫通弾頭、またはBLU-116発展型単一貫通弾（AUP）を弾頭とする。GBU-24はエンハンスド・ペイヴウェイの慣性／GPS誘導装置を装着可能だ。

II向けに生産されている。

　1980年から開発されたペイヴウェイIIIは、より広範囲の高度で投下可能であり、マイクロプロセッサーと展張式翼がくわわった。とくに、ペイヴウェイIIIは低高度での発射に適している。初期のペイヴウェイでは、低高度発射からのスタンドオフ射程確保のためには、ロフト軌道が必要だったが、本来の「バンバン」式のオートパイロットがこれの障害になるのが欠点だった。「バンバン」制御の誘導では、操縦翼の舵角が最大かゼロかのどちらかで、このために爆弾はターゲットのロックオン後すぐに、放物線の軌道を外れる。これに対し、ペイヴウェイIIIは新しい低高度投下用レーザー誘導爆弾（LLLGB）の誘導方式を使用している。デジタル式オートパイロットによって、悪天候や雲に覆われている場合にも精度を確保する。また、高高度でのダイブ投下か、ロフト・テクニックを使って射程を延伸することも可能で、ペイヴウェイIIIは終末誘導に比例航法を使用して最適な衝撃角度とする。

　ペイヴウェイIII誘導キットはまずMk82、Mk83またはMk84弾頭と組み合わされ、計画されていたHSMの弾頭は中止された。1983年にはペイヴウェイIIIが初めて配備された。ペイヴウェイIIと同じく、ペイヴウェイIIIは慣性／GPSパッケージを装着して悪天候時の精度を向上させている。慣性／GPSによる誘導が可能な最初のペイヴウェイIII（EGBU）は、1999年に試射が行われ、2000年に配備された。通常は、慣性／GPS誘導装置は中間飛翔の誘導に使用され、レーザー・シーカーが終末段階の誘導を行う。

　最新のペイヴウェイIVシリーズは、小直径爆弾に代わるものとして輸出用に開発されており、英空軍に採用されている。ペイヴウェイIV

はMk82貫通弾頭を、レーザーと慣性／GPSのデュアルモードの誘導と組み合わせた。ペイヴウェイIVで大きく改良されたのが、信管の選択だ。パイロットはターゲットに合わせ、撃発、空中爆発、地表爆発のいずれかを選べる。

光電子誘導兵器

LGBの開発進行と同時に、ヴェトナム戦争においても、テレビ誘導を使用した光電子誘導爆弾の開発に力が入れられた。ペイヴ・ストライク計画のもと、ロックウェル・インターナショナル社が誘導爆弾システム（HOBOS）を米空軍向けに開発した。これはテレビ画像コントラスト追跡システムをベースとした付加キットだ。のちに、改良型テレビおよびIR誘導シーカーをくわえ、夜間と悪天候時の捕捉を強化している。HOBOSはMk84かM118E1爆弾に装着可能だった。

ノーズ部の誘導キットにくわえ、HOBOSは爆弾尾部の4枚のフィンを制御モジュールとし、弾体に4枚のストレーキを取り付けた。HOBOSは、

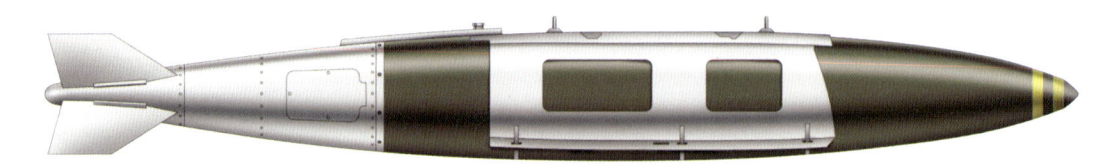

▲ **GBU-31 JDAM**
2000ポンド級JDAMであるGBU-31は、Mk84低抵抗GP、BLU-109貫通弾、低感度爆薬を使用したBLU-117や、BLU-119などさまざまな弾頭を装着可能だ。BLU-119は、生物／化学ターゲットの破壊を目的とした爆風破砕タイプだ。

GBU-31 JDAM

全　　　長	3890ミリ
弾体直径	458ミリ
尾翼幅	640ミリ
重　　　量	924キロ
誘導方式	慣性およびGPS

▲ **訓練場上空のストライク・イーグル**
訓練任務で、ネヴァダ州ネリス空軍基地の米空軍戦闘兵器学校から飛び立ち、2000ポンドのペイヴウェイLGB模擬弾をネリスの北にある訓練場に投下する、F-15Eストライク・イーグル。F-15Eは5発の2000ポンド、ペイヴウェイを搭載し、4発は胴体左右のコンフォーマル・ステーションに、1発は中央部に装着している。

Paveway IV

全　　　長：未公表
弾体直径：未公表
尾　翼　幅：未公表
重　　　量：227キロ
誘導方式：レーザー誘導

▲ペイヴウェイIV

ペイヴウェイIVは英空軍が採用している。デュアルモードの誘導方式を導入し、信管の選択が可能だ。信管の選択は飛翔中に行え、空中爆発、着発、遅延爆発が可能だ。低高度、中高度、高高度からの投下が可能で、ロフト、またはダイブ攻撃をする。ペイヴウェイIVは2008年後半に実用配備され、アフガニスタンで英空軍が配備している。

レーザーおよび光電子誘導方式GBUシリーズ

名称	誘導方式	爆弾	重量
GBU-1	レーザー	M117	750ポンド
GBU-2ペイヴストーム	レーザー	CBU-75クラスター	2000ポンド
GBU-3	レーザー	CBU-74	未公表
BGU-5	レーザー	Mk7ロックアイ	未公表
GBU-6ペイヴストームI	レーザー	CBU-79クラスター	未公表
GBU-7ペイヴストームI	レーザー	CBU-80クラスター	未公表
GBU-8 HOBOS	光電子	Mk84	2000ポンド
GBU-9 HOBOS	光電子	M118	3000ポンド
GBU-10ペイヴウェイI/II	レーザー	Mk84またはBLU-109	2000ポンド
GBU-11ペイヴウェイI	レーザー	M118	3000ポンド
GBU-12ペイヴウェイI/II	レーザー	Mk82	500ポンド
GBU-15	光電子	Mk84またはBLU-109	2000ポンド
GBU-16ペイヴウェイII	レーザー	Mk83	1000ポンド
GBU-21ペイヴウェイIII	レーザー	HSM	2000ポンド
GBU-22ペイヴウェイIII	レーザー	Mk82	500ポンド
GBU-23ペイヴウェイIII	レーザー	Mk83	1000ポンド
GBU-24ペイヴウェイIII	レーザー	Mk84またはBLU-109	2000ポンド
GBU-27ペイヴウェイIII	レーザー	BLU-109	2000ポンド
GBU-28ペイヴウェイIII	レーザー	BLU-113またはBLU-122	4500-5000ポンド
GBU-44ヴァイパー・ストライク	レーザー	未公表	42ポンド
GBU-48エンハンスド・ペイヴウェイII	レーザー／INS／GPS	Mk83またはBLU-110	1000ポンド
GBU-49エンハンスド・ペイヴウェイII	レーザー／INS／GPS	Mk82またはBLU-111	500ポンド
GBU-50エンハンスド・ペイヴウェイII	レーザー／INS／GPS	Mk84またはBLU-117	2000ポンド
GBU-51ペイヴウェイII	レーザー	BLU-126	500ポンド
ペイヴウェイIV	レーザー／GPS	Mk82	500ポンド

　Mk84爆弾を使用したGBU-8と、M118爆弾のGBU-9が製造されている。HOBOSを発展させたのがGBU-15であり、ロックウェルがモジュラー型滑空爆弾システムとして開発し、CWW（十字翼型兵器）ともいわれている。GBU-15は誘導パッケージ、十字翼モジュール、データリンク・モジュールに、2種類の弾頭のオプションという構成だ。データリンクには、ターゲット攻撃にダイ

GBUシリーズの統合直接攻撃弾薬とGPS誘導方式兵器

名称	誘導方式	爆弾	重量
GBU-31 JDAM	GPS	Mk84またはBLU-109	2000ポンド
GBU-32 JDAM	GPS	Mk83	1000ポンド
GBU-34 JDAM	GPS	BLU-109またはBLU-116	2000ポンド
GBU-36 GAM	GPS	Mk84	2000ポンド
GBU-37 GAM	GPS	BLU-113	4500ポンド
GBU-38 JDAM	GPS	Mk82またはBLU-126	500ポンド
GBU-39 SDB	GPS	未公表	285ポンド
GBU-43 MOAB	GPS	BLU-120	2万1700ポンド
GBU-53 SDB	GPS	未公表	250ポンド
GBU-54レーザーJDAM	GPS／レーザー	GBU-32	1000ポンド
GBU-55レーザーJDAM	GPS／レーザー	GBU-31	2000ポンド
GBU-57 MOP	GPS	未公表	3万ポンド

レクトまたはインダイレクト・モードを導入した。ターゲットのタイプと天候によって誘導方式を変え、テレビ誘導にするか、夜間攻撃向けには画像IRタイプにすることが可能だ。当初モデルのGBU-15は1983年に、またIIRキット装着のものが1987年に実用配備された。弾頭は、Mk84低抵抗通常爆弾か、AT／破砕子爆弾を収容するSUU-54ディスペンサーを選択する。

　GBU-15は中高度から超低高度までの発射向けであり、中高度ではターゲットまでの照準線を、超低空ではデータリンクを利用して、爆弾をターゲットの方向に投下すると航空機は退避する。データリンク・モードでは、オペレーターがコックピット内にあるディスプレイ・スクリーンでターゲットのTV画像を確認する。GBU-15は上昇してターゲットを捕捉し、その後終末飛翔のダイブに移る。オペレーターは爆弾をターゲットまで誘導するか、シーカー・ヘッドを介してロックオンすることが可能だ。

　統合直接攻撃弾薬（JDAM）の開発は米空軍と米海軍が1991年にはじめたもので、GPS補助の慣性誘導によって低コストの精密誘導爆弾を生み、精度を上げることを目的としていた。1995年にマクダネル・ダグラス社がJDAMの主要開発者に選ばれて契約し、飛翔テストが1996年にはじまった。JDAMは1998年に実用配備され、当初は米空軍のB-52Hに、その後戦術および戦略戦闘機のすべてに搭載された。JDAMは、Mk80シリーズ通常爆弾やBLUシリーズ貫通弾といった兵器に装着されるキットだ。派生全タイプをこのページの表に掲載している。どのキットも誘導部と制御部からなり、爆弾の尾部に装着し、十字形の尾翼をもつ。弾体かノーズ部にはストレーキが取り付けられ、これが安定性と滑空の性能

▼GBU-38 JDAM

500ポンド級のJDAMは、1000ポンド級と2000ポンド級とは外見が異なり、ストレーキを弾体中央部ではなくノーズ部に装着している。GBU-38はMk82低抵抗通常爆弾、低感度爆薬搭載のBLU-111か、BLU-126低付随被害爆弾（LCDB）を使用する。

GBU-38 JDAM

全　　長：3040ミリ
弾体直径：590ミリ
尾翼幅：500ミリ
重　　量：459キロ
誘導方式：慣性およびGPS

▲ 低コストで高精度
B-52爆撃機からGBU-31、2000ポンド統合直接攻撃弾薬（JDAM）を取り外し、弾薬カートに載せる、米空軍第28遠征航空団の弾薬スペシャリスト。「不朽の自由」作戦にて。B-52Hは1998年に初めてJDAMを搭載した航空機だった。

を向上させる。

レーザー誘導

　レーザー誘導方式JDAMはレーザー誘導キットを導入したものだ。本来もつ全天候、撃ちっ放しモードをレーザー誘導で補完し、移動するターゲットの攻撃が可能になる。初代のキットは2007年から、最初は米空軍と米海軍に配備され、その後ドイツが初めて輸入した。

　小直径爆弾（SDB）にもGPS誘導方式が採用され、250ポンド級の精密誘導爆弾の生産に向けて1990年代半ばに研究がはじめられた。1998年にはこの計画にも熱が入り、間もなく、ボーイング社とロッキード・マーチン社が、作戦運用能力をもつSDBの設計競争に乗り出した。2003年にボーイングGBU-39が初めてテストを行い、同年、これが選定された。2006年に運用テストを行って、SDBはF-15Eストライク・イーグルへの配備が決定した。GBU-39シリーズは、貫通および爆風／破砕向けの多目的弾頭を搭載し、慣性／GPS誘導を使用する。展張式の翼はひし型で、スタンドオフ射程を可能にしている。

　次のモデルのSDB IIは、自動目標識別能力と双方向データリンクにくわえ、マルチ・モードの終末飛翔用シーカーを備えている。SDB IIの設計では、ボーイングとロッキード・マーチン

▼ GBU-43 MOAB
「すべての爆弾の母」の異名をもつGBU-43は、2002年半ばから空軍研究所（AFRL）が開発した。GBU-43はBLU-120（8480キロの爆薬使用）の弾体と、慣性／GPS誘導キットを組み合わせている。MOABを搭載可能な航空機はMC-130ハーキュリーズのみだ。2枚の低アスペクト比翼によって滑空距離が増す。

GBU-43 MOAB

全　　長	9100ミリ
弾体直径	1030ミリ
重　　量	9840キロ
充填爆薬重量	8480キロ
誘導方式	慣性およびGPS

社のGBU-53とレイセオンのGBU-40が競合した。2010年に米空軍はレイセオンの設計を選定し、実用配備は2013年開始の予定だ。

　さらに軽量の誘導爆弾がGBU-44バイパー・ストライクであり、これは高性能対戦車（BAT）誘導AT子弾から派生した兵器だ。GBU-44は無動力誘導爆弾に折り畳み式翼をつけ、セミアクティヴ・レーザー誘導方式を使用している。装着するのは成形炸薬のタンデム弾頭だ。バイパー・ストライクは軽量であるため、UAVでの搭載が可能だ。

　大きさではSDBとバイパー・ストライクの対極にあるのが、大型兵器空中爆発弾（MOAB）と大型兵器貫通弾（MOP）であり、これらは、第2次世界大戦中に堅固化ターゲットに使用された「地震爆弾」の構想を継ぐものだ。

　GBU-43 MOABの開発は2002年半ばにはじまり、これは本来、米空軍最大の空中投下爆弾である1万5000ポンドBLU-82爆弾に、誘導パッケージをくわえたものにする予定だった。だが新型兵器はこれよりさらに大きく、空気力学を考慮した弾体に慣性／GPS誘導を備えた。兵器があまりに大型であるため、搭載はMC-130ハーキュリーズのみ可能であり、航空機の貨物室から投下し、パラシュートも利用する。その後兵器は、尾部の格子式制御用フィンでターゲットまで誘導され、また2枚の翼によってスタンドオフ射程も可能になっている。MOABは2003年に初の投下試験が行われた。

　MOABが、充填した爆薬の破壊力で、深い位置にある堅固なターゲットを破壊するのに対し、GBU-57 MOPは貫通兵器であり、B-2スピリットとB-52H爆撃機の搭載向けに開発されている。MOPも慣性／GPS誘導を用い、2003年にMOABの後継兵器として公開された。重量がMOABの2倍程度の3万ポンド（1万3636キロ）であるGBU-57は、直接打撃堅固化目標兵器（DSHTW）計画下で製造され、おもに、地中30メートルまでの地下施設の破壊を目的としている。

▲ ひそかな配備
2000ポンドGBU-31統合直接攻撃弾薬（JDAM）をB-2スピリット爆撃機のベイにもちあげる米空軍の兵員。イラクでの任務に先立ち、ミズーリ州、ホワイトマン空軍基地でのひとコマ。1機のB-2が、16発のGBU-31または、80発の500ポンド、GBU-38を搭載可能。

ヴェトナム戦争中の誘導爆弾

性能は高くはなかったにも関わらず、初期のLGB（レーザー誘導爆弾）は東南アジアで大きな成果をあげ、米空軍だけでも、このタイプの爆弾を2万5000発超投下し、68パーセントもの撃破率を達成した。

レーザー誘導爆弾は1968年にヴェトナム戦争で実戦に使用され、最初に運用されたのがペイヴウェイIと呼ばれるようになる爆弾だった。配備された最初のタイプはM117爆弾をベースとし、KMU-342/Bレーザー誘導キットを装着していた。こうした兵器はBOLT-117とも呼ばれた。つまり、爆弾（Bomb）、レーザー（Laser）、終末誘導（Terminal Guidance）の頭文字をとったものだ。

GBUシリーズという名が広く採用される前は、ヴェトナム戦争で使用されたような初期のペイヴウェイLGBは、通常は、KMUシリーズの名がついていた。これは誘導キットを表す名だった。一方、「ペイヴストーム」のコードネームはクラスター爆弾を装着したLGBにつけられ、とくにGBU-2を指していた。

ヴェトナムでは、ファントムがペイヴウェイLGBの主要母機となり、F-4DとF-4Eモデルが搭載した。よく使われた策が、爆弾を搭載しない機が「僚機」用のペイヴライト・システムを装備し、ターゲットにレーザー照射するというものだ。「僚機」の後部座席に座るウエポンシステム士官（WSO）用に、レーザー目標指示装置がキャノピー上に搭載され、これがターゲットを照射し、ペイヴウェイを搭載したF-4が降下爆撃し

たのだ。ペイヴウェイIに大型の誘導用固定フィンを取り付けた結果、F-4は、燃料容量しだいでは、2000ポンドLGBを2発しか搭載できなかった。ヴェトナム戦争後期にはペイヴナイフ・ポッドが導入され、1機がターゲットをレーザー照射し、複数の爆弾でそれを攻撃できるようになった。1973年には、テレビ／レーザー追跡および照準システムと爆弾投下用コンピュータを組み合わせた、ペイヴスパイク・ポッドが登場した。ペイヴスパイクは、通常はファントムの胴体前方下部にあるスパロー・ミサイルベイのひとつに装着された。

ペイヴウェイ・シリーズのLGBはソンマ川にかかるタンホア鉄橋を攻撃し、その威力を証明した。1965-68年に行われた「ローリング・サンダー」爆撃作戦では、700を超す爆弾投下がこのターゲットに向けて行われたが成果はほとんどなく、8機の米空軍機を損失した。しかし1972年4月に、8機の米空軍F-4Eが、2000ポンドLBGを搭載してタイにあるウボンの第8戦術戦闘航空団から飛び立った。そして鉄橋は姿をとどめてはいたものの、使用できなくすることに成功したのだ。5月には、ついに、14機のF-4が15発の2000ポンド爆弾と9発の3000ポンド誘導爆弾、それに4ダースの通常型500ポンド通常爆弾を搭

▼GBU-8 HOBOS

ヴェトナム戦争中に初めて使用されたGBU-8は、ロックウェル・インターナショナル社が開発した。Mk84の弾体をベースに光電子テクノロジーを使用したHOBOSは、ペイヴウェイIシリーズよりもすぐれ、完全な撃ちっ放し能力をもち、レーザー照射が不要だった。しかし、ペイヴウェイよりもかなりコストは高かった。

GBU-8 HOBOS

全　　長	3630ミリ
弾体直径	460ミリ
尾翼幅	1120ミリ
重　　量	1027キロ
誘導方式	光電子（テレビ）またはIR

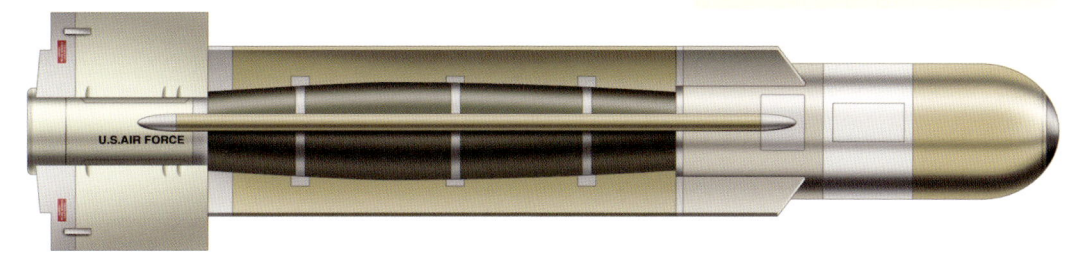

載し、鉄橋の破壊に成功した。コンクリート製橋台の西側は損壊し、上部構造は折れ曲がってしまった。

ペイヴウェイLGBが堅固な橋をターゲットとした攻撃は、このほかにも、ハノイ付近のレッド川にかかるポール・ドメール鉄橋に向けたものがあった。ここには5本の主要線路のうち4本が集まっており、これが、中国とハイフォンの港からくる物資の鉄道輸送をすべて行っていた。非常に堅固なターゲットであるこの鉄橋は、およそ300の対空砲陣地と85ヶ所のSAMサイトに守られていた。1972年5月に攻撃が2度行われて16機のF-4が鉄橋を攻撃し、最終的には、2発の2000ポンドGBU-10 LGBによって、この鉄橋は戦争終結まで使用不可能とされた。

ヴェトナムのファントム機は、HOBOS誘導爆弾も搭載した。この爆弾は、後部座席の乗員がコックピットのモニターのスクリーン上で、十字線の中心にターゲットをおいてロックオンすることが必要だった（当初は後部コックピットのレーダー・スコープが使用され、その後は後部コックピットに小型テレビ・スクリーンが取り付けられた）。ロックオンすると爆弾を投下し、母機はターゲットから離れることができた。HOBOSの最初の試験投下は、1969年に、ヴェトナムでF-4D部隊が行った。ヴェトナム戦争終結時には、米空軍は約700発のGBU-8を投下しており、その中心となったのが第25戦術戦闘飛行隊だった。東南アジアにおけるLGBのスペシャリストは米空軍B-57Gだ。この機は500ポンドのペイヴウェイIを使用して、物資補給ルートとして多用されたホーチミン・トレイルの夜間急襲で奮闘し、大きな成果をあげた。

海上作戦

東南アジアの戦争では、米空軍機が合計2万5000発のペイヴウェイI LGBを投下し、この爆弾が大きな成果をあげたことで、のちの紛争では精密誘導兵器が優先して使用されることになった。一方米海軍はLGB導入が遅く、ヴェトナム戦争中に配備したペイヴウェイIは数百発にとどまった。コスト面の問題が大きな理由だ。空母艦載機による攻撃出動を中止しなければならない場合は、安全指針によって兵器は海に廃棄するよう規定されていたが、LGBを使用するとコストが高くつくために、承認されないことが多かったのである。

▼**GBU-1ペイヴウェイ**
「BOLT-117」ともいわれるGBU-1は、レーザー誘導爆弾ペイヴウェイ・ファミリーのなかでは、初期の成功例だ。この兵器は750ポンドM117爆弾の弾体をベースとし、使用されたレーザー誘導キットはKMU-342と命名された。GBU-1が初めて運用されたのは、1968年、東南アジアでのことだった。

GBU-1 Paveway
全　　長：未公表
弾体直径：未公表
尾翼幅：未公表
重　　量：340キロ
誘導方式：レーザー・シーカー

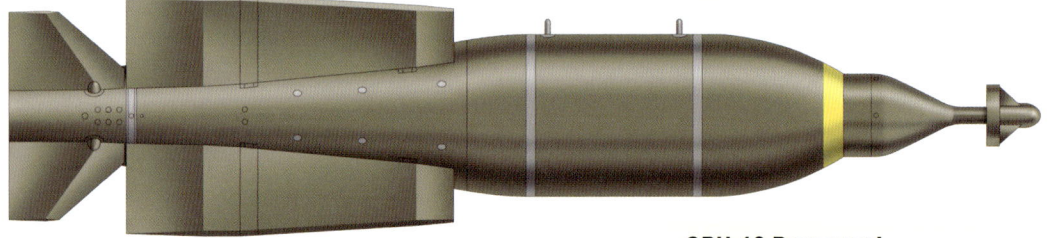

▼**GBU-10ペイヴウェイI**
GBU-10は、どちらも2000ポンド弾頭を装着するペイヴウェイIとペイヴウェイIIの派生型として生産された。GBU-10は米空軍第8戦術戦闘航空団「ウルフパック」のF-4Dの兵装となり、1972年5月に実施された、難攻不落のポール・ドメール鉄橋攻撃に使用された。

GBU-10 Paveway I
全　　長：3840ミリ
弾体直径：460ミリ
尾翼幅：1700ミリ
重　　量：907キロ
誘導方式：レーザー・シーカー

「砂漠の嵐」作戦における誘導爆弾

1991年の湾岸戦争ではLGBの時代が到来した。"ダム"ボムも兵器としての使用が続いてはいたが、誘導兵器が、現代の空中戦でその大きな価値を証明したのだった。

1991年の湾岸戦争に伴うメディア・キャンペーンでは、LGBとその他精密誘導兵器の貢献にスポットライトがあてられたが、160ページの表でわかるように、無誘導の"ダム"ボムもまだ重要な兵器であることは明らかだ。

しかし「砂漠の嵐」作戦ではLGBが初めて大量投入され、さまざまなターゲットに対し、この種の兵器が9000発超使用された。ペイヴウェイIIファミリーは湾岸戦争中、数のうえでは最重要なLGBとなり、2000ポンドGBU-10、1000ポンドGBU-16、500ポンドGBU-12がおもに使用された。ペイヴウェイIIIも採用され、2000ポンドGBU-24は、防御が強固なターゲットの攻撃時には、Mk84弾頭を、ケーシングが厚いBLU-109貫通弾頭に変更可能だった。

このほか、湾岸戦争で使用されたペイヴウェイIIIファミリーにはGBU-27があり、米空軍第37戦術戦闘航空団のF-117Aステルス戦闘機が搭載した。この爆弾はGBU-24をベースとしたが、機体内に収容でき、尾翼アセンブリーを変更し、電波吸収塗料が使用されているようだ。F-117とGBU-27の組み合わせは、イラクの非常に防御が堅いターゲットの一部に使用され、発射母機が搭載する赤外線熱画像／レーザー追跡システムでターゲットを照射した。湾岸戦争で初めて投入されたGBU-24の派生タイプにはほかにも、GBU-28"ディープスロート"がある。この兵器は即席の貫通弾で、2045から2268キロまでの弾頭を装着した。弾頭は、203ミリ砲の砲身を切り取ったものに硬化ノーズ・コーンをつけて作り、これに爆薬を詰めた。数週間で完成したGBU-28は湾岸戦争に向けて少数が送られ、イラクの堅固化塹壕の破壊に2発が使用された。

イギリスの分遣隊はCPU-123ペイヴウェイIIレーザー誘導キットを採用し、これは英空軍の標準的1000ポンド爆弾と一緒に使用されることが多かった。一方、フランスのジャギュア戦闘機は、マトラBGL誘導キットを1000キロ爆弾とともに使用した。ジャギュアはアトリ照準ポッドを使用して、BGLをターゲットまで誘導した。イ

「砂漠の嵐」作戦で使用された米軍の誘導爆弾

名称	誘導方式	爆弾	使用数
GBU-10	レーザー	Mk84	2637
GBU-12	レーザー	Mk82	4493
GBU-15	EO/IR	Mk84	71
GBU-16	レーザー	Mk83	219
GBU-24	LLレーザー	Mk84	284
GBU-24	LLレーザー	BLU-109	897
GBU-27	レーザー	BLU-109	739
GBU-28	レーザー	4000ポンド貫通弾頭	2
		計	9342

GBU-27 Paveway III

全　　長：4200ミリ
弾体直径：711ミリ
尾 翼 幅：1650ミリ
重　　量：907キロ
誘導方式：レーザー・シーカー

▼GBU-27ペイヴウェイIII
1991年にイラクで戦ったF-117Aステルス戦闘機の主兵装であるGBU-27は、GBU-24/Bの大型フィンをペイヴウェイIIタイプのものに替え、これより小型になってF-117の胴体内兵器倉に収容可能になった。GBU-27シリーズは標準装備として貫通弾頭を装着する。

ギリスのLGBはバッカニアとトーネードが投下したが、トーネードの場合、必要とされた航空機搭載用赤外線熱画像レーザー目標指示器（TIALD）ポッドの装備がなかったため、当初はバッカニアが誘導を行った。バッカニアはペイヴスパイク昼間光量目標指示ポッドを使用し、LGBを搭載したトーネード向けに「僚機からのレーザー照射」を行うことができた。一般に、4機のトーネードが2機のバッカニアに支援され、イラクの対空砲が届く範囲外で、爆弾を中高度で投下した。最終的には、戦闘使用のため、トーネード用に2個のTIALDポッドが用意された。

「砂漠の嵐」作戦では、米海軍の無動力ウォールアイ（第2章で解説）とともにGBU-15滑空爆弾も使用された。米空軍のGBU-15はおもにF-111が投下し、橋や、イラクが原油をペルシア湾に集積するのに使っていたポンプ場など、高価値の堅固化ターゲットを攻撃した。GBU-15には、昼間光量TVシーカー・ヘッドと赤外線熱画像シーカーの両方を使用した。

米空軍、第48戦術戦闘航空団のF-111はペイヴタック赤外線熱画像／目標指示器を使用して、PGMを空港や運搬橋や塹壕、装甲などのターゲットに投下した。戦争中に破壊されたというイラクの375の堅固化航空機シェルターのうち、245がこの航空団によるものだとされる。橋を攻撃するさいには、F-111はGBU-15とGBU-24で橋脚を狙うことが多く、攻撃した52の橋のうち、12を破壊した。浮き橋の場合にはGBU-10がよく使われ、装甲にはGBU-12が使用された。第48戦術戦闘航空団は、最終的に、おもにGBU-12を使用して920両の戦車と装甲車両を破壊したとしている。

湾岸戦争ではF-15Eが初めて投入され、第4戦術戦闘航空団はランターン（LANTIRN）システムの初期モデルを利用した。ランターンは、前方監視赤外線センサー（FLIR）と地形追従レーダーを備えた航法ポッドと、FLIRつきの照準ポッドとレーザー測距器／指示器からなる。F-15Eは、"スカッド"ミサイルとイラク軍装甲などを主要なターゲットとした。

「砂漠の嵐」作戦でアメリカとイギリスが使用した無誘導爆弾

名称	タイプ	使用数
Mk82低抵抗	500ポンドGP	6万9701
Mk82高抵抗	500ポンドGP	7952
Mk83低抵抗	1000ポンドGP	1万9018
Mk84低抵抗	2000ポンドGP	9578
Mk84高抵抗	2000ポンドGP	2611
M117低抵抗	750ポンド炸薬	4万3435
UK 1000ポンド	1000ポンドGP	288
	計	15万2583

◀ 安全確認
正規搭載手順によって、GBU-12をB-52爆撃機に搭載する作業を手伝う第2航空整備中隊の上級空兵。

▲ GBU-12ペイヴウェイⅡ

1991年の湾岸戦争でもっとも多く使用されたLGBが500ポンドBGU-12だった。イラストは米海軍タイプであり、グレーの保護用塗料が特徴で、低感度爆薬を充填したBLU-111を使用している。「砂漠の嵐」作戦中には、F-111、F-15E、A-6がGBU-12を投下した。

GBU-12 Paveway II

全　　長：3270ミリ
弾体直径：273ミリ
尾翼幅：1490ミリ
重　　量：227キロ
誘導方式：レーザー・シーカー

対テロ全面戦争で使用された誘導爆弾

近年の紛争では、誘導爆弾に求められる性質が変化してきており、新たに全天候での作戦運用と精度の向上に焦点があてられ、また爆弾の低コスト化も重要視されている。

　21世紀に入ってからの10年におけるアフガニスタンとイラクでの作戦では、ターゲットの性質の変化を反映し、また付随的被害とコストを抑える必要性から、PGMの使用法に大きな変化が見られた。

　旧ユーゴスラヴィアで1999年に実行された「同盟の力」作戦で、B-2が初めて使用したJDAM精密誘導爆弾は、現在では標準的な空対地兵器とみなされて、大半の攻撃で"ダム"ボムよりもこちらが使用されている。2003年に、多国籍軍の航空戦力がペルシア湾に戻って行った「イラクの自由」作戦では、JDAMは航空機投下兵器の大半を占めた。

　2004年には小型のGBU-38JDAMが初めて戦闘に使用され、「イラクの自由」作戦に配備された米空軍F-16が投下した。しかしレーザー・タイプのJDAMが戦闘に初めて使用されたのは2008年のイラクであり、このときは米空軍第

▼ GBU-39 SDB

イラストは、ひし型の翼が折り畳まれた状態。SDBはボーイング社開発のBRU-61爆弾キャリッジに取り付けられ、各キャリッジには4発のGBU-39を装着する。このキャリッジはF-22、F-35、B-2の機外装着も、胴体内兵器倉への搭載も可能だ。SDBの貫通力は、重量がはるかに大きい2000ポンドBLU-109弾頭に匹敵する。

GBU-39 SDB

全　　長：1800ミリ
弾体直径：190ミリ
重　　量：129キロ
弾頭重量：17キロ
誘導方式：慣性およびGPS

▲**兵器の確認**
米空軍F-15Eストライク・イーグルに搭載したGBU-39小直径爆弾（SDB）の最終チェックを行う、第48航空機整備中隊（AMXS）配属の米空軍航空機搭載弾のスペシャリスト。投下されると、爆弾は旋回しひし型の翼を展張する。イギリス、レイクンヒース英空軍基地にて。

77遠征戦闘飛行隊（EFS）のF-16が、移動中の敵車両に投下した。また2010年のアフガニスタンでは、作戦運用されている。レーザーJDAMの導入によって、戦闘機は、以前には2個の兵器を搭載しなければならない状況で、1個の兵器を搭載すればすむ。以前は、標準型JDAMのGBU-38をGBU-12 LGBが補完するのが一般的だったが、現在のGBU-54レーザーJDAMには、このふたつの兵器の特性がうまく組み合わせてあるのだ。

「砂漠の嵐」作戦中や1990年代に旧ユーゴスラヴィアで行われた空爆では、悪天候や雲が低く垂れこめる状況においては、標準的なLGBは効果があるとはいえ、補助的に用いる慣性／GPS誘導爆弾の開発がすすめられた。アフガニスタンとイラクで英空軍が使用したペイヴウェイII EGBUは、こうした兵器の典型だ。

軽量の精密兵器

UAVに兵器を搭載する作戦と、小型爆弾使用の重要性が増していることがよくわかるのが、バイパー・ストライクとSDBの導入だ。米陸軍は2004年後半にイラクでバイパー・ストライクを使いはじめ、MQ-5ハンターUAVに搭載した。その後、米空軍がこの兵器をMQ-1プレデターUAVとAC-130ガンシップに、米海兵隊は"ハーヴェスト・ホーク"KC-130Jに搭載した。SDBは2006年にイラクで、米空軍第494遠征戦闘飛行隊のF-15Eが搭載して初めて実戦に使用された。このときは地上部隊の近接航空支援を行い、その後イラクとアフガニスタンでは、同じパターンで多数の投下が行われることになった。

アメリカ以外の誘導爆弾

ペイヴウェイ・シリーズを開発し多数の派生タイプも生んだアメリカは、誘導爆弾の分野で先導する立場についた。だがそれ以降、他の国々でも、同様の兵器の開発、製造が続いている。

ドイツの戦時努力と朝鮮戦争でアメリカが使用した兵器に刺激を受けたソ連は、1950年代初期に誘導爆弾の開発に着手した。そして最初に生まれたのが、5100キロUB-5000Fコンドルと2240キロUB-2000Fチャイカだった。どちらも照準線利用の無線指令誘導方式を用い、高性能爆薬の弾頭を備えていた。UB-5000FはTV誘導も利用可能で、おもに艦艇に対して使用された。こうした初期の兵器はまもなく誘導ミサイルにとって代わられ、1980年代になってようやく、新世代の精密誘導爆弾がソ連で開発された。

こうした兵器にはKABというシリーズ名がつき、レーザー誘導（末尾にLが使われた）と、TV誘導（末尾にKrがついた）方式があった。実際に生産されたものは、最初は500キロと1500キロ爆弾をベースとし、それぞれ、KAB-500LとKAB-500Kr、KAB-1500LとKAB-1500Krと命名された。これらの爆弾からの派生モデルには、サーモバリック弾、成形炸薬、または徹甲弾頭を使用したものがある。最新のロシア製精密誘導爆弾には、堅固化ターゲット用の、ロケット・ブースター型2500キロUPAB-1500滑空爆弾や、250キロLGB-250レーザー誘導爆弾、KAB-500S-Eなどがあり、これには全地球航法衛星システム（GLONASS）誘導をくわえている。

フランスでは、1970年代後半からSAMPとマトラ社がLGBを開発し、レーザー照射向けアトリポッドを使用して誘導可能な兵器が生まれた。外見上はアメリカのペイヴウェイ・シリーズとは異なるが、こうしたフランスのLGBはアメリカのシーカー技術を利用しており、国産のトムソンCSF製 Elbisにくわえ、ロックウェル製誘導装置が使用されている。フランスのLGBも既存の自由落下通常爆弾にキットを装着する形をとり、就役中のLGBは400キロと1000キロ爆弾をベースとしている。

フランスは近年、JDAMに相当する、AASM（モジュラー型空対地兵器）を開発している。サジェム社開発製造のAASMは、標準的な爆弾の弾体に、誘導装置と射程延伸キットを装着する。AASMのモジュラー設計により、125キロ、250キロ、500キロ、1000キロの爆弾を使用可能だ。慣性／GPS、慣性／GPSとIR、および慣性／GPSとレーザー・シーカーという3つの異なる誘導キットから、任務に応じたものを装着できる。IR画像タイプは衝突前に終末段階の修正ができ、レーザー・タイプは、移動するターゲットへの攻撃に最適だ。フランス空軍に最初に配備されたのは250キロAASM-250であり、これは2008年にラファールが搭載して初めて実戦使用

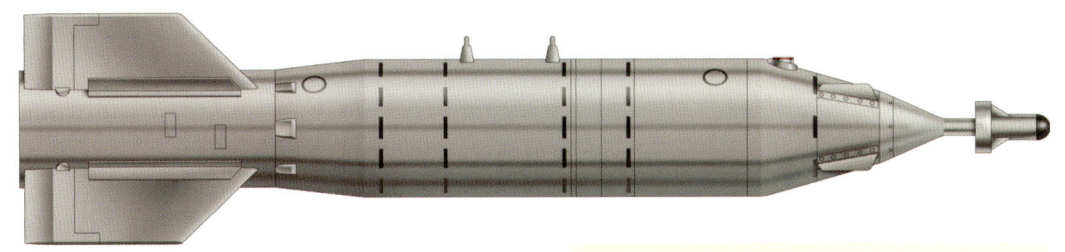

▲**KAB-500L**
重重量のKAB-1500Lは展張式の尾翼をもち、パイロンから投下されたあとにそれを広げるが、KAB-500Lは固定尾翼ユニットをもつ。ペイヴウェイと同様（だがフランスのBGLとは異なる）、ノーズ部にジンバル搭載式で装着したシーカーには、安定用リングがついている。

KAB-500L

全　　長	3050ミリ
弾体直径	400ミリ
尾翼幅	750ミリ
重　　量	525キロ
誘導方式	レーザー・シーカー

▲ AASM
フランスのAASMはスマート爆弾ユニット（SBU）シリーズの名をもつ。SBU-38は慣性／GPSタイプで、SBU-54はレーザー誘導タイプ、SBU-64は慣性／GPSとIR誘導を備えたタイプだ。AASMはフランス空軍ラファールが搭載し、2008年にアフガニスタンで初めて実戦使用された。

AASM
- 全　　長：3100ミリ
- 弾体直径：未公表
- 尾 翼 幅：未公表
- 重　　量：340キロ
- 誘導方式：慣性／GPSのハイブリッド（IIRまたはセミアクティヴ・レーザー誘導付き、昼間／夜間タイプ）

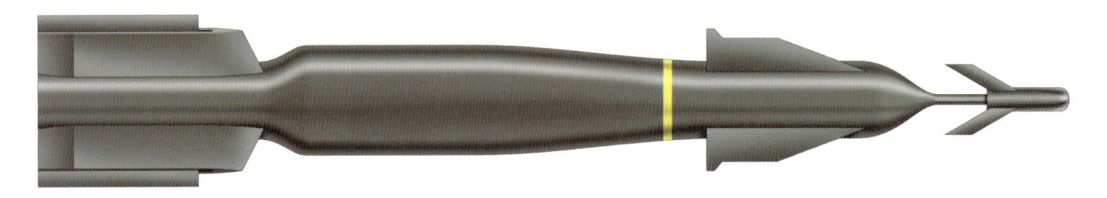

▲ BGL-1000
フランス空軍が1990年代にボスニアとコソボで実戦使用したBGLは、低高度または中高度で、ターゲットから10キロまでの射程から投下可能だ。汎用または貫通弾頭を装着でき、投下母機はおもにミラージュ2000とラファールである。

BGL-1000
- 全　　長：4360ミリ
- 弾体直径：1710ミリ
- 尾 翼 幅：1620ミリ
- 重　　量：1000キロ
- 誘導方式：レーザー・シーカー

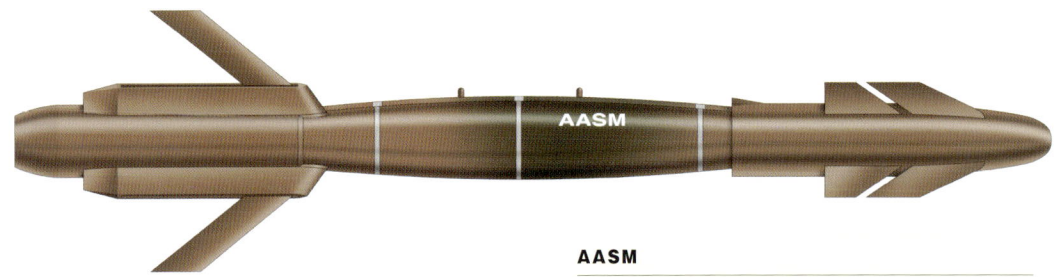

した。派生型やアップグレード版には、空中爆発機能やデータリンクを備えることが計画されている。

　ドイツではディールBGTディフェンス社が、スタンドオフ精密誘導兵器のファミリーである、HOPEとHOSBOを開発している。どちらも慣性／GPS誘導を使用するが、弾頭は、爆風破砕（HOSBO）か貫通弾（HOPE）かの違いがある。航空機発射のテストはすでに実施されているが、まだ発注はされていない。

イスラエルのLGB

　イスラエルの精密誘導爆弾には、エルビット・システムズのオファーがある。ペイヴウェイ・タイプの兵器で、パッシヴIR誘導シーカーを備え、カナード翼で飛翔制御を行う。オファーはさまざまな標準タイプの自由落下爆弾との組み合わせが可能で、装甲その他のターゲットに撃ちっ放しの攻撃が行える。

　おもにイスラエル国防軍／空軍向けに開発されたLGBの代表格が、イスラエル・エアロスペース・インダストリーズ（IAI）のギロチンとグリフィンだ。ギロチンはペイヴウェイと同様、従来の自由落下爆弾を改良してレーザー誘導パッケージをくわえたものだ。ギロチン・キットは、アメリカのMk81、Mk82、Mk83などさまざまな低抵抗爆弾に装着可能だ。またフィン・キットでスタンドオフ射程を約30キロまで延伸する。

　ギロチンに代わって登場したのがグリフィンLGBで、新型のレーザー・シーカーを使用する。最新タイプのグリフィンIIIは、次世代レーザー誘導爆弾（NGLGB）ともいわれている。最新の派生タイプは、精度が向上し、移動するターゲットへの命中能力を強化しているといわれる。グリフィンIIIは軌道修正能力もくわえている。また貫通弾頭と組み合わせ、ターゲットへの貫通力を確保している。グリフィンIIIはGPS誘導パッケージの選択も可能で、デュアルモードの誘導方式

爆弾にもできる。チリ空軍のアップグレード型ミラージュ50パンテーラ向けなどに輸出されており、クフィルに搭載されることもあり、コロンビアが購入したクフィルの輸出型にも使用されている。

　IAIでは、さらに精度を増すため、発達型レーザー誘導爆弾（ALGB）の計画をすすめた。これから生まれたのがリザードLGBで、国内向けと輸出向けの生産に入った。エルビット開発のウィザードLGBは、さまざまな異なる誘導方式を用いる予定だ。基本タイプのリザードのレーザー・シーカーにくわえ、オファーの撃ちっ放し式画像赤外線シーカーとレーザー・シーカーを組み合わせたものがある。GAL（GPSをバックアップとするリザード）タイプもあり、これは、レーザー・シーカーと慣性／GPS誘導とを組み合わせている。さらに、IRシーカーを慣性／GPS誘導と組み合わせたものがある。リザードは多数の国に輸出されており、イタリア空軍AMX攻撃機や、ペルー空軍のミラージュ5Pとミラージュ2000P戦闘機にも搭載されている。

　IAIの中型レーザー誘導爆弾（MLGB）は、レーザーJDAMの概念に近く、当初から、GPSと終末段階用レーザー誘導の、デュアルモードの誘導方式を備える。この兵器は80キロの弾頭を搭載し、展張式翼アセンブリーをもつ。MLGBは軽量であるため、UAVにも搭載可能だ。

戦場のラプター

　南アフリカは、世界で孤立した時代に国産の滑空爆弾を開発、製造し、これらは限定的ではあるがいく度か戦闘に使用された。なかでも最初に登場したのが、ケントロン社開発のラプターであり、H-2ともいわれる。これ以前のH-1がテクノロジー検証のためのものだったのに対し、H-2は実用配備され、1980年代後半のアンゴラにおける作戦で使用された。これはモジュラー型滑空爆弾であり、当初は指令誘導システムを備えたものが製造されたが、のちのタイプはさまざまな新しい航法を導入し、自律、ウエイポイント、慣性／GPSなどが使用された。終末段階にはパッシヴ・テレビ・シーカーを用い、長距離攻撃向けには、

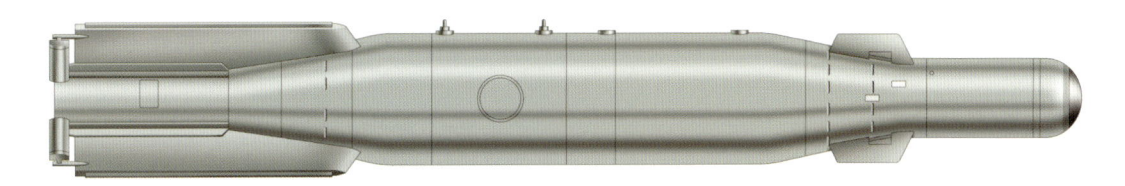

▲KAB-500K
標準的なテレビ誘導方式KAB-500Krは、1500ミリまで貫通する徹甲弾頭を装着し、地中のターゲットにも使用可能だ。この兵器は、領域をターゲットとする場合には、燃料気化爆弾も利用できる。シーカーには、ノーズ部にあるジンバル搭載のフェアリングに装着された昼間光量TV画像センサーを利用する。

KAB-500K

全　　長：	3050ミリ
弾体直径：	未公表
尾 翼 幅：	未公表
重　　量：	560キロ
誘導方式：	TVシーカー

▲IAIグリフィン
外見はアメリカ製ペイヴウェイに酷似している。イスラエルのグリフィンLGBの開発は1990年に完了し、当初は、標準タイプのMk80シリーズ低抵抗爆弾との使用を目的としていた。インド空軍では、グリフィンの誘導キットがイギリスタイプの1000ポンド通常爆弾に組み合わされている。

IAI Griffin

全　　長：	1067ミリ
弾体直径：	140ミリ
尾 翼 幅：	未公表
重　　量：	20.4キロ
誘導方式：	レーザー・シーカー

▲雷霆2型

雷霆2型（LT-2）は中国初のLGBであり、外見はロシアのKAB-500Lと似ている。雷霆2型は2003年から2004年にかけて中国人民解放軍に実用配備され、射程は約7キロといわれているが、照準ポッドは射程15キロのものを使用している。

雷霆2型

全　　長	：3530ミリ
弾体直径	：377ミリ
尾 翼 幅	：950ミリ
重　　量	：564キロ
誘導方式	：レーザー・シーカー

データリンクを介して発射母機に画像が送信された。

ラプターは、1987年にクイト・クアナヴァレの橋に行った攻撃で、南アフリカ空軍のバッカニア機で初めて使用された。最初の任務には失敗したが、1988年に行われた2度目の攻撃では、アンゴラのMiG-23が迎撃に飛んだものの、ターゲットを損壊させるのに成功した。

中国は、以前にはロシア製誘導爆弾を購入していたが、近年精密誘導兵器の分野に参入し、LGBと、GPS補助の兵器を公開している。このうち最初のものが雷霆2型（LT-2）で、GB-1として輸出されている。雷霆2型は中国人民解放軍に配備され、実用配備の2、3年後の2006年に初めて確認された。この兵器はおそらくロシア供与のKAB-500Lをもとに開発され、500キロ自由落下通常爆弾をベースにしている。中国は初期段階においては、ペイヴウェイのテクノロジーをベースに国産LGBを開発しようとしたが、アメリカによる兵器の禁輸でこれを断念し、このクラスの兵器開発に向けた独自計画が1980年代後半にはじまったとみられる。雷霆2型は、ブルースカイなど、国産のさまざまな照準ポッドと組み合わせて使用される予定だ。

中国の雷石6型（LS-6）は、アメリカのJDAMと同クラスの精密誘導滑空爆弾だ。この兵器は標準的500キロ通常爆弾に、誘導および射程延伸パッケージを組み合わせている。誘導パッケージは慣性／GPS誘導システムをベースとし、射程延伸には、2枚の折り畳み式翼でスタンドオフ射程を備え、機動性も増している。試験計画が2003年にはじまり、殲撃8型戦闘機が初めてこの兵器の空中発射を行った。

第6章
空中発射ロケット弾

　無誘導ロケット弾は、第1次世界大戦における空対空兵器としては使用がかぎられたが、戦間期になって注目され、ソ連が、おもに空対地兵器として好んで使用した。ロケット弾は第2次世界大戦において主要国すべてが、これもおもに攻撃用兵器として幅広く使用したが、1945年以降には、誘導ミサイルが登場するまでのつなぎの空対空兵器として利用された。それ以降、無誘導ロケット弾はほぼ例外なく空対地の攻撃に使用され、現在では一部は精密誘導の性能を備えている。

◀ コブラの毒
第369海兵隊軽攻撃ヘリコプター飛行隊配属のAH-1Wコブラ攻撃ヘリコプター。2008年の訓練中、近接航空支援任務において、ターゲットにロケット弾を数発発射している。アリゾナ州ユマ海兵隊航空基地の、砂漠にある実弾射撃場。無誘導ロケット弾は、現在も攻撃ヘリコプターの主要兵器であり、機関砲と高価な誘導空対地ミサイルに不足する能力を補っている。

アメリカの初期のロケット弾

アメリカは第2次世界大戦中に空対地ロケット弾の導入をはじめ、米陸軍航空軍と米海軍が、筒発射式のロケット弾と、一般的な航空機前方発射ロケット弾（FFAR）を使用した。

1943年には、米海軍の計画によって、空対地兵器として5インチ（127ミリ）FFARの開発がはじまった。本来は対潜水艦3.5インチ（89ミリ）兵器として構想されたロケット弾だが、その後大型化され、地上のターゲットや戦艦の攻撃に適した、より強力な弾頭を装着した。海軍計画による1944年の5インチ航空機用高速ロケット弾（HVAR）とともに、この兵器は、大戦直後の時期に、朝鮮戦争などでアメリカと多数の同盟国が使用したなかでもきわめて重要なロケット弾だった。5インチFFARとくらべると、HVAR（"ホーリー・モーゼ"）は速度を増すためにより強力なモーターを備えているため、破壊力が大きかった。HVARの生産は1950年代半ばまで続き、戦後の派生タイプには、成形炸薬ATと近接信管を装着する弾頭のものがあった。

5インチ・ロケット弾のほか、戦時中に設計されたロケット弾には11.75インチ（298ミリ）タイニー・ティムがあり、戦後に米海軍のみに配備された。対艦兵器としても開発されたこのロケット弾は227キロの半徹甲弾を装着し、朝鮮戦争で使用される機会が多かった。朝鮮戦争では、海軍の6.5インチ（165ミリ）対戦車空中発射ロケット弾（ATAR）、"ラム"も使用された。これは1950年にはじまった集中開発計画で生まれたロケット弾だ。1950年代には、爆撃機発射ロケット弾（BOAR）もあったが、あまり用いられなかった。これはADスカイレーダーから20キロトンの核弾頭を発射し、ロフト爆撃のテクニックでスタンドオフ射程をもたせるロケット弾だった。BOARは1956年から1963年まで使用された。

マイティ・マウス

空対空の分野では、1940年代後半から、超音速のマイティ・マウスの開発に力が入れられた。これも本来は海軍の計画だった。大戦中のドイツのR4Mに触発されたもので、2.75インチ、つまり70ミリの口径をもつとされたが、実際のサイズは69.85ミリだった。この口径はのちにこの分野での標準とされた。同時に、FFARに当初つけられた名が「小翼折り畳み式空中発射ロケット弾」（これもFFAR）に変わった。安定性の確保と発射ポッドへの装着のために展張式尾翼が導入されたのだ。

通常、マイティ・マウスは、F-86Dセイバー、F-89Jスコーピオン、F-94Cスターファイア、F-102Aデルタ・ダガーなど、初期の防空軍団所属の迎撃機の兵装に使用された。このロケッ

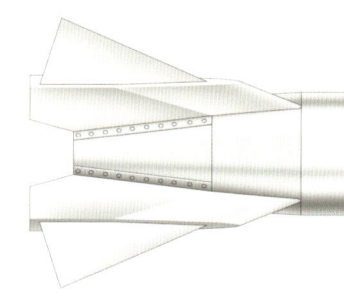

▲ **AIR-2ジーニー**
世界初の核搭載空対空兵器であるダグラス社開発のジーニーは無誘導ロケット弾だが、威力のおよぶ範囲が広いため、航空機の火器管制装置と地上レーダーが支援することで、爆撃機編隊のおおよその方向に発射すればうまくいった。

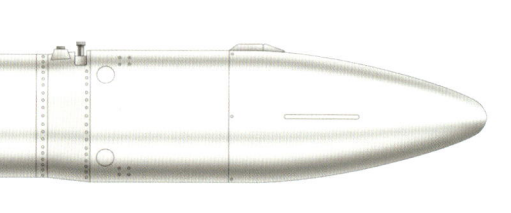

AIR-2 Genie

全　　長	2950ミリ
口　　径	444.5ミリ
尾 翼 幅	900ミリ
発射重量	372.9キロ
弾頭重量	99.8キロ
射　　程	9.7キロ
誘導方式	無

第6章 空中発射ロケット弾

▲ズーニー
5インチ、ズーニー重重量小翼折り畳み式空中発射ロケット弾は、通常は4連装の機外ポッドに搭載された。ヴェトナム戦争で多用され、近年では、米海兵隊が前線航空管制（および「高速FAC」）任務のための目標指示兵器として使用してきた。

Zuni

全　　　長	2769ミリ
口　　　径	127ミリ
尾　翼　幅	不明
発射重量	68キロ
弾頭重量	18.1キロ
射　　　程	5.9キロ
誘導方式	無

ト弾は連装式発射筒に爆撃破壊兵器として搭載され、コンピュータ化した火器管制装置の指令によりコリジョンコースで発射された。

AIR-2ジーニーは核搭載型無誘導空中発射ロケット弾であり、F-89J、F-101Bブードゥー、F-106Aデルタ・ダート迎撃機に搭載された。1954年から開発がはじまったこのロケット弾は、1957年に本来のMB-1の名で運用された。ジーニーは固体燃料ロケット・モーターを推進システムとし、1.5キロトンの核弾頭を装着、安定性確保のため展張式尾翼を使用した。弾頭は、モーターが燃焼しつくす時間にセットしたタイマーで爆発した。高高度飛行する爆撃機への攻撃向けであるジーニーは、1963年にAIR-2と改名され、1980年代まで使用された（F-106搭載）。

5インチFFARとHVARの後継ロケット弾が、1950年代初頭から開発された5インチ空対地ロケット弾、ズーニーだ。さまざまなタイプの弾頭と信管が装着可能で、汎用、成形炸薬、AT／対人および白リン（発煙）弾頭と、遅延信管を使用したものがあった。ズーニーは1957年に実用配備され、一番多く使用されたポッドは4連装のLAU-10だった。1970年代初期に登場したズーニーの最終型はMk 71モーターをくわえ、新しい形の尾翼を取り入れて取り巻き型翼空中発射ロケット弾（WAFAR）となった。

▼ヴェトナム戦争でのロケット弾攻撃
ズーニーはヴェトナム戦争で多用された。写真は米海軍OV-10ブロンコ近接支援航空機。メコン・デルタのターゲットにズーニー・ロケット弾を発射している。1969年。

アメリカの現代のロケット弾

冷戦初期のマイティ・マウスに続いて開発された今日の米軍空対地ロケット弾には、2.75インチのハイドラ・ファミリーがある。

1940年代後半に、米海軍が最初に開発した2.75インチ無誘導空中発射ロケット弾は、空対空兵器という構想だった。しかし、5インチFFARとHVARの影響を受け、軽量の2.75インチ兵器はまもなく空対地兵器に変更され、このタイプのロケット弾は、米陸軍と海兵隊の攻撃ヘリコプターと近接支援航空機の兵装とされた。

今日ではハイドラと呼ばれる2.75インチ・ロケット弾は、さまざまな弾頭を装着可能なモジュラー型兵器であり、戦術機やヘリコプターの多様なポッドから発射できる。発射には7連装や19連装の発射筒が使え、弾頭によく使用されるのは、M151高性能爆薬、M229高性能爆薬／破砕、M247高性能爆薬対戦車（HEAT）、M255フレシェット弾、M261ディスペンサー（9発のM73、AT／対人子弾を収容）、M262照明弾、M264赤リン、M267訓練弾だ。

弾頭は数タイプあるロケット・モーターのひとつに取り付けられる。基本タイプはMk4モーターであり、Mk40はヘリコプターからの使用を意図したもので、精度向上のためにスピンを増している。最新のモーターは推力を増した無煙のMk66で、1970年代初期から開発され、固定翼機とヘリコプターでの使用を目的としている。この一部は現在、ハイドラ70ファミリーと命名されている。基本タイプの7連装と19連装の発射筒には、通常はLAU、Mシリーズの名があるが、戦術固定翼機かヘリコプターに搭載されるかの違いだ。

WAFARハイドラ

ハイドラ70ロケット弾はMk66モーターを装着した最新タイプであり、3枚のフィンからなるWAFAR尾翼キットを装着する。以前のロケット・モーターとは異なり、Mk66はまだロケット弾が発射筒のなかにあるときからスピンしはじめ、精度を増す。ハイドラとMk66の組み合わせは、上記の従来の弾頭にくわえ、M156白リン（発煙）、M257パラシュート減速型戦場照明弾、M259白リン、M274訓練弾、M278パラシュート減速型IR照明弾、M67白リン、赤リン発煙弾、WDU-4フレシェット弾頭が装着可能だ。

Mk66はまた、ジェネラル・ダイナミクス社の先進精密破壊兵器システム（APKWS）の根幹をなす。この計画は1990年代半ばにさかのぼり、米陸軍がハイドラ70の精度向上を提案し、BGM-71 TOWやAGM-114ヘルファイアといった誘導ATミサイルに代わる、より低コストの兵器開発に取り組んだことに端を発する。新しい兵器はまた堅固ではないターゲットや、とくに副次的損害を生むリスクのある状況により適するものだった。

最終的に、APKWS計画ではハイドラ70ロケット弾の誘導タイプを製造することになり、新し

▼ **2.75インチ、ハイドラ**
2.75インチ・シリーズ（現在はハイドラと呼ばれる）で使用された最初期のモーターが、Mk 4とMk 40だ。イラストはMk 4タイプで、高性能の固定翼機での使用を前提とされていた。折り畳み式翼は、開くと（イラストは展張時）直径が165ミリだ。

2.75in Hydra

全　　長	1200ミリ
口　　径	70ミリ
尾翼幅	165ミリ
発射重量	8.4キロ
弾頭重量	2.7キロ
射　　程	3.4キロ
誘導方式	無

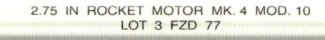

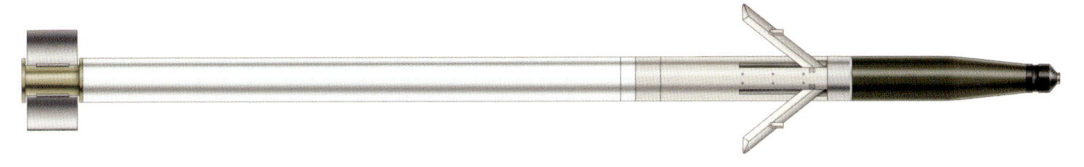

い弾頭と誘導部が取り付けられた。サイズはこれまで同様で、ロケット弾は以前の発射筒を利用可能だった。APKWSの当初タイプ（ブロックⅠ）は、Mk 66モーターと既存のM151弾頭、低コストのセミアクティヴ・レーザー・シーカーを組み合わせた。そしてターゲットまで誘導するため、展張式翼がロケット弾の前方に取り付けられた。本来のAPKWS計画は2005年にキャンセルされたが、APKWS Ⅱとして再開され、主要契約社はBAEシステムズとノースロップ・グラマンだ。ロケット弾は現在、分散開口型セミアクティヴ・レーザー・シーカー（DAKSALS）誘導パッケージを弾頭とモーターのあいだに装着し、またレーザー・シーカーを4枚の展張式制御翼の先端に取り付けている。

ハイドラ・ファミリーの精度向上のためには、米海軍も、低価格画像誘導ロケット弾（LOGIR）構想のもと、同様の努力をはらっている。LOGIRでは、中間飛翔用誘導パッケージとIIR終末飛翔用シーカーをくわえている。

さらに将来を見据えて、米海軍と陸軍はハイドラの後継ロケット弾を開発中であり、スマート弾／先進ロケット弾（SMARt）計画といわれる。これに用いる新しい発射ポッドは、発射母機とAPKWSロケット弾をつなぐデジタル式インターフェースの役割をもち、パイロットは飛行中に信管と発射モードを選択し、ターゲットに合わせたロケット弾にすることが可能だ。

▲ **APKWS Ⅱ**
BAEシステムズのAPKW ⅡはWGU-59という名ももち、初めての発射は2010年に米海兵隊AH-1Wと米陸軍OH-58D(I)ヘリコプターが行った。僚機はAH-1ZとAV-8Bが務めた。

APKWS Ⅱ

全　　長	1875ミリ
口　　径	70ミリ
発射重量	14.5キロ
弾頭重量	4.5キロ
射　　程	5-11キロ
誘導方式	セミアクティヴ・レーザー誘導

▼ **海上のハイドラ**
2.75インチ高性能爆薬ロケット弾を米海軍の退役駆逐艦に発射し、煙に包まれるメキシコ軍BO 105ヘリコプター。大西洋上での訓練中のひとコマ。

その他の西側諸国のロケット弾

比較的製造が簡単な無誘導空中発射ロケット弾は多数の国々で生産されているが、カナダ、フランス、スウェーデンが、この分野において主導的地位にあるのは間違いない。

空中発射ロケット弾で最高速度をほこるのが、カナダのブリストル・エアロスペース開発のCRV-7であり、英空軍も使用している。高出力のモーターと平坦な飛翔経路を特徴とし、これにより射程が伸び、衝撃時の速度は大きく増している。CRV-7は19連装LAUタイプの発射筒から発射可能だ。

フランスの空中発射ロケット弾開発の中心にあったのが旧トムソン・ブラント・アーマメントであり、68ミリと100ミリ口径の幅広いロケット弾を生産している。同社開発の12、22連装発射ポッドを利用する、ヘリコプター搭載向けのSNEB 68ミリロケット弾は、マトラ社の発射筒(F1、F2、F4タイプ155)からも発射可能だ。68ミリSNEBも100ミリタイプも、当初の弾頭は、高性能爆薬/破砕、成形炸薬、チャフを用いた。第2世代では、マルチ・ダートの弾頭に変え、対装甲機能をもたせるため運動力学貫通弾を装着した。

スウェーデンでは、ロケット弾開発にはボフォース社がかかわっている。75ミリと135ミリが標準的な口径だ。19連装の発射ポッドに搭載する75ミリのロケット弾には、高性能爆薬、AT、破砕弾頭を装着する。135ミリのロケット弾は6連装の発射筒に搭載し、汎用、対人/破砕および訓練用弾頭を装着する。

スイスのエリコン社は81ミリのロケット弾を開発し、SNORAとSURAが代表的ロケット弾だ。SNORAは戦術戦闘機とヘリコプター向けであり、さまざまな発射ポッドを利用可能だ。SURAはもっと簡単で、ロケット弾を機外に並べて積載するだけだ。このタイプの装備は、ヘリコプターや軽航空機に適している。SURAは、成形炸薬と高性能爆薬/破砕弾頭を使用する。

▼SNEB 68ミリ

68ミリSNEBは、英空軍のハリアーとジャギュアはじめ、西ヨーロッパの多数の戦術機に採用された。SNEBの発射ポッドとして一番多く使用されるのが、マトラ社設計のタイプ155であり、19発を収容する。

SNEB 68mm

全　　長	910ミリ
口　　径	68ミリ
尾翼幅	240ミリ
発射重量	5キロまたは6.2キロ(弾頭により異なる)
弾頭重量	さまざま
射　　程	4キロ
誘導方式	無

▼CRV-7

超高速のCRV-7は、カナダ空軍CF-188ホーネット、英空軍のハリアーとジャギュア(どちらも現在は退役)、英陸軍航空隊のアパッチAH-1など、さまざまな固定翼機とヘリコプターに搭載されている。

CRV-7

全　　長	1042ミリ
口　　径	70ミリ
尾翼幅	不明
重　　量	6.6キロ(弾頭なしの場合)
弾頭重量	3キロ、4.5キロ、7キロ
射　　程	6.5キロ
誘導方式	無

ソ連とロシアのロケット弾

ソ連はいち早く空中発射ロケット弾を取り入れた国のひとつであり、1939年の対日戦争で使用した。戦後、ソ連はさまざまな口径のロケット弾を生産した。

　1945年以降に、ソ連で大量生産された最初期の航空機発射ロケット弾が212ミリARS-212（またはS-21）であり、これは、第2次世界大戦中によく使用されたRS-82とRS-132ロケット弾から派生したもので、アメリカのHVARと同じ方式でレールから発射された。空対地と空対空の使用を目的としたこのロケット弾が装着した高性能爆薬／破砕弾頭は、着発／近接信管で爆発した。MiG-15、MiG-17、MiG-19が、このロケット弾を2発ずつ搭載した。改良型のARS-212Mタイプは、尾翼を変えてスピンで安定させる新型モーターをつけ、それによって精度が向上した。

　ARS-212のあとにもスピン安定タイプの開発が行われ、TS-212（またはS-1）は1発収容の発射筒から発射し、フィンはもたなかった。それ以前のモデルとは異なり、TS-212は空対地の攻撃のみに適しており、高性能爆薬／破砕弾頭を装着した。

徹甲兵器

　S-3K（KARS-160）は160ミリ対装甲兵器であり、成形炸薬と高性能爆薬／破砕弾頭を組み合わせ、Su-7戦闘爆撃機が7発収容の発射ポッドで搭載した。ARS-212をベースにしたS-3Kは重い弾頭を装着し、尾翼部が大型化した。S-3Kは装甲車にくわえ堅固な構造物にも使用可能だったが、破片効果があり対人にも用いられた。

　ARS-212の後継兵器であり、射程と破壊力と精度を増したS-24は240ミリ・ロケット弾で、1960年代半ばに導入された。ARS-212の大型タイプであるS-24は、より強力なモーターと、6個のノズルによるスピン安定が特徴で、レーダー

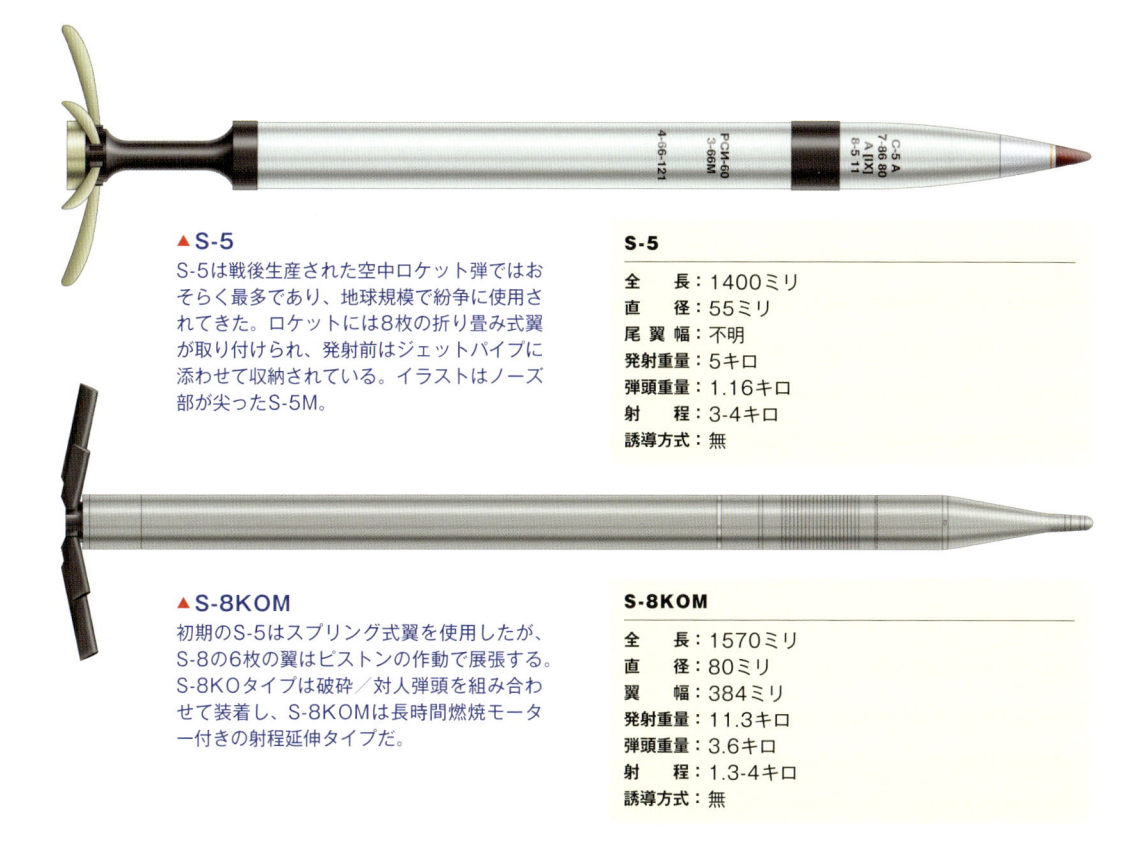

▲ **S-5**
S-5は戦後生産された空中ロケット弾ではおそらく最多であり、地球規模で紛争に使用されてきた。ロケットには8枚の折り畳み式翼が取り付けられ、発射前はジェットパイプに添わせて収納されている。イラストはノーズ部が尖ったS-5M。

S-5

全　　長	1400ミリ
直　　径	55ミリ
尾翼幅	不明
発射重量	5キロ
弾頭重量	1.16キロ
射　　程	3-4キロ
誘導方式	無

▲ **S-8KOM**
初期のS-5はスプリング式翼を使用したが、S-8の6枚の翼はピストンの作動で展張する。S-8KOタイプは破砕／対人弾頭を組み合わせて装着し、S-8KOMは長時間燃焼モーター付きの射程延伸タイプだ。

S-8KOM

全　　長	1570ミリ
直　　径	80ミリ
翼　　幅	384ミリ
発射重量	11.3キロ
弾頭重量	3.6キロ
射　　程	1.3-4キロ
誘導方式	無

▲S-13

S-13はおもに、強化タイプの航空機シェルターや滑走路など、堅固化ターゲットの攻撃を目的とする。標準タイプは地中3メートルか、鉄筋コンクリートを1メートルまで貫通可能で、S-13Tタイプでは、地中6メートル、コンクリート10メートルまで貫通力が増す。

S-13

全　　　長	2540ミリ
直　　　径	122ミリ
翼　　　幅	不明
発射重量	57キロ
弾頭重量	21キロ
射　　　程	1.1-3キロ
誘導方式	無

近接信管を装着可能なS-24Nもあった。近接信管によりロケット弾の弾頭がターゲット上で爆発することになり、破壊効果も増した。S-24Bはコンクリート貫通タイプで、遅延信管をつけ、堅固化構造物に使用された。S-24BNKは対装甲向けに成形炸薬を搭載し、同じく遅延信管をつけた。翼下部の発射レールに装着するS-24シリーズは、MiG-21、Su-7、Su-17ファミリーと、Su-25、Mi-24に搭載可能だ。

普及タイプの「ムクドリ」

おそらく戦後の空中発射ロケット弾でもっとも普及したのがS-5だ。直径57ミリの折り畳み式翼をもつこのロケット弾は、ソ連の戦術機と攻撃ヘリコプターの大半に搭載可能だった。初期タイプはMiG-15、MiG-17、MiG-19でテストを行った。ソ連軍においては、このロケット弾は「ムクドリ」とも呼ばれている。1950年代初期に、おもに空対空兵器として開発されたS-5ロケット弾は、まもなく空対地向けとされた。8枚の安定用前進折り畳み式翼をもち、標準ポッドは、8発（ORO-57K）か16発（UB-16-57）、32発（UB-32-57）収容タイプだ。MiG-17に実験的に搭載されたときには、6発収容のリボルバー・タイプ発射ポッドを、胴体内に4基装着した。S-5の弾頭には、高性能爆薬／破砕（S-5M）、成形炸薬徹甲（S-5K）、破砕強化（S-5MO）、フレシェット（S-5S）、破砕／対人の組み合わせ（S-5KO）、照明弾（S-5O）とチャフ（S-5P）がある。チャフは防衛的ECM用のものであり、編隊による攻撃に先立ち、敵の防空レーダーを無力化するために発射する。Yak-28PP防空制圧機への搭載が知られている。

80ミリS-8はS-5の後継として開発され、射程が延伸され弾頭は重くなったため、敵の防空射程外からの発射が可能であり、S-5よりも破壊効果が高かった。戦術機と戦闘ヘリコプターに搭載のS-8は、6枚の安定翼をもち、20発収容B-8シリーズの発射ポッドを利用する。搭載するのが超音速ジェット機か回転翼機かによって、ポッドのタイプは異なる。多用途破砕／徹甲弾頭を標準搭載とするが、破砕／対人の組み合わせ（S-8KO）、コンクリート貫通（S-8B）、フレシェット（S-8S）、照明弾（S-8O）、チャフ（S-8P）、燃料気化（S-8D）

S-25L

全　　　長	3310ミリ
直　　　径	340ミリ
翼　　　幅	不明
発射重量	480キロ
弾頭重量	190キロ
射　　　程	3キロ
誘導方式	セミアクティヴ・レーザー誘導

▼S-25L

比較的低価格な精密誘導兵器を導入するための画期的な解決策となったのが、S-25Lだ。弾体とモーター部は組み立て式の発射筒に収納され、大型弾頭（S-25Lの場合、誘導部）が発射筒前部から突き出ている。

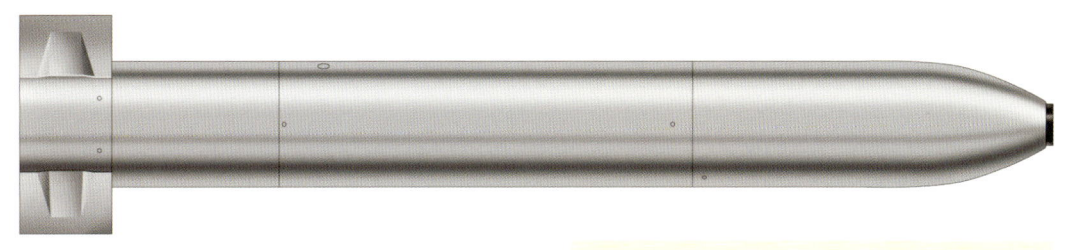

第6章　空中発射ロケット弾

▲S-24
構造が簡単で重重量の空中発射ロケット弾であるS-24は、スピンさせるため、角度のついた6個のノズルをもつロケット・モーターを使用している。モーターが燃焼しつくすと、4枚の後部フィンで安定させる。S-24はSu-7戦闘爆撃機に搭載され実用配備された。

S-24

全　　長	2330ミリ
直　　径	240ミリ
翼　　幅	不明
発射重量	235キロ
弾頭重量	123キロ
射　　程	2-3キロ
誘導方式	無

の弾頭も装着可能だ。さまざまな弾頭にくわえS-8は多様なモーターを装着し、それによって燃焼時間と射程も異なる。末尾が「M」のロケット弾は、長時間燃焼タイプのモーターを装着する。

S-13は重重量の空中発射ロケット弾で、塹壕や滑走路や、堅固化した航空機シェルターなどに用いる。5発収容のB-13Lポッドに搭載する122ミリ・ロケット弾だ。S-8のデザインをベースに大型化し、弾頭はおもにコンクリート貫通タイプで、1メートルまでの貫通力があるが、高性能爆薬／破砕（S-13OF）かコンクリート貫通強化弾頭（S-13T）も装着可能だ。S-13Tはタンデム弾頭を使用し、堅固化構造物が破損した時点で2番手の爆薬が爆発する。おもにSu-25とさまざまなSu-27ファミリーにB-13Lポッドを装着して搭載する。

250ミリS-25、重重量折り畳み式翼ロケット弾は、個々に発射筒に収容して搭載する。ロケット弾は製造所で、金属と木製の発射筒にセットされる。形状はS-8と同様で、4枚の安定翼をもつ。弾頭はおもに、破砕（S-25O）と、対人、構造物、軽装甲車両向けの高性能爆薬／破砕（S-25OF）と、「バンカーバスター」タイプが使用される。

S-25OFMと命名されたこのバンカーバスター・タイプは、基本の高性能爆薬／破砕弾頭の改良タイプで、堅固化ターゲットの破壊を目的とする。弾頭は構造物の表面を破ったら爆発する設計だ。レーザー誘導装置を利用可能なタイプはS-25Lと命名され、レーザー・シーカー・ヘッドと方向制御用のカナード翼をもつ。S-25には、パッシヴIRシーカーをくわえた精密誘導タイプのS-25TPもある。

Chinese 57mm

全　　長	820ミリ
直　　径	57ミリ
翼　　幅	230ミリ
発射重量	3.86-3.97キロ
弾頭重量	1.38キロ
射　　程	5キロ
誘導方式	無

▼中国製57ミリ・ロケット弾
中国人民解放軍が使用する主要な無誘導空中発射ロケット弾は、直径が57ミリ、90ミリ、130ミリだ。このうち、57ミリ・ロケット弾はソ連製S-5から派生したものであることは間違いない。イラストは中国製57ミリ・ロケット弾向け11発収容の発射ポッド。

第7章
ディスペンサー兵器とクラスター爆弾

　空中発射爆弾が登場した当時から、精度の限界を補うためには、1個の爆弾に複数弾頭をもたせて、爆弾を「つぎつぎに投下」すればよいことははっきりしていた。最初期のクラスター爆弾は炸薬の束を使用し、空中爆発して多数の小さな子弾を落とすものだった。現代のクラスター爆弾とディスペンサー兵器は、通常は、装甲や滑走路や人など特殊ターゲットの攻撃向けであり、収容弾はターゲットに合わせている。発射母機の安全確保のために、最新のディスペンサー兵器の一部は滑空兵器であり、スタンドオフ射程からの発射が可能だ。

◀ **爆弾の搭載**
米海軍空母「インディペンデンス」（CV 62）の艦載機に搭載するため、2発のMk 6/7ロックアイII多用途クラスター爆弾を台車に移動させる、米海軍航空部隊兵器整備員（AOAN）。「サザン・ウォッチ」作戦支援のため、ペルシア湾での配備中のひとコマ。

アメリカのディスペンサー兵器とクラスター爆弾

アメリカでは幅広いタイプのクラスター爆弾が開発され、100種類以上にもおよぶ。1945年以降のクラスター爆弾最初期のタイプは「M」シリーズか、マーク・ナンバーで呼ぶ。

その後、完成した兵器はクラスター爆弾ユニット（CBU）と呼ばれるようになった。CBUはディスペンサーの使用を必要とし、これは翼下懸垂ユニット（SUU）と命名された。ひとつのSUUがさまざまなタイプの子弾収容に使用でき、このため新型のCBUはそれぞれ名は違っても、外見は同じだった。子弾自体は、Bomb Live Unitの頭文字でBLUシリーズと命名されている。

米空軍向けに初めて使用された子弾ディスペンサーがSUU-7だ。ディスペンサーには1970ミリの筒が装着されている。SUU-7は航空機に残ったまま、子爆弾を後方に放出する。SUU-7をベースにしたクラスター兵器は、対人と対物子爆弾の搭載が可能だ。SUU-7を発展させたのがSUU-10シリーズで、SUU-7と同じディスペンサーを使用するが、内部がいくらか異なる。SUU-10はさまざまなパラシュート減速型対戦車子爆弾と、ダミーの破砕弾を収容するのに使用される。非使い捨て式ディスペンサーにはこのほかSUU-13があり、下方放出タイプの40本の発射筒をもつ。

▲CBU-12
CBU-12はSUU-7ディスペンサー・ポッドに261発のBLU-17子弾を収容するものだ。白リン（WP）発煙子爆弾のBLU-17は、CBU-13にも収容可能だった。この場合もSUU-7を使用し、BLU-17子爆弾とBLU-16発煙擲弾を収容した。子爆弾はSUU-7ポッド後部の筒から、後方に放出された。

CBU-12

全　　長	145ミリ
弾体直径	70ミリ
尾翼　幅	未公表
重　　量	0.5キロ
誘導方式	無

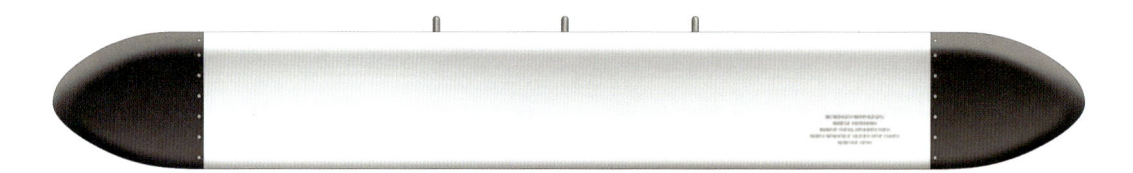

▲SUU-13
SUU-13は非使い捨て式ディスペンサーで、子爆弾を下方放出する筒を40本装着する。収容弾は、BLU-18（CBU-7）、BLU-19（CBU-15）、BLU-20（CBU-16）、BDU-34（CBU-17）、BLU-25（CBU-18）、BLU-43（CBU-28）、BLU-39（CBU-30）、BLU-44（CBU-37）、BLU-49（CBU-38）、BLU-55（CBU-47）、BLU-60（CBU-50）およびBLU-67（CBU-51）。

SUU-13

全　　長	2600ミリ
弾体直径	376ミリ
高　　さ	366ミリ
重　　量	収容弾により異なる
誘導方式	無

SUU-13は対人子爆弾や地雷、化学子爆弾、訓練用子爆弾、地雷子爆弾、破砕子爆弾、クレーター形成子爆弾の搭載に使用された。

発射筒タイプ

SUU-14ディスペンサーは6本の70ミリ発射筒からなり、後方放出する。対物、発煙、破砕、焼夷子爆弾をさまざまに組み合わせて収容するのに使用された。SUU-30は米空軍初の汎用子爆弾ディスペンサーであり、ディスペンサーの投下後、子爆弾が放出された。1970年代から1990年代まで実用配備されたSUU-30はさまざまに使用され、破砕子爆弾（CBU-24、CBU-29、CBU-49、CBU-52、CBU-58、CBU-68、CBU-71）や、焼夷子爆弾（CBU-53、CBU-54）、破砕手榴弾（CBU-62、CBU-63）、成形炸薬対車両子爆弾（CBU-70）を収容した。

使用される頻度は少なかったが、このほか、BLU-45対車両地雷（CBU-33）のみを収容する、再使用タイプのSUU-36、BLU-48破砕子爆弾のクラスター弾（CBU-43）を収容するSUU-37があった。SUU-36と似たタイプのSUU-38は、BLU-42対人破砕子爆弾（CBU-34）かBLU-48破砕子爆弾（CBU-42）を収容した。

SUU-41ディスペンサーは「散布型小型地雷」の収容に使用され、1500発の対人地雷か、6500発か7500発の侵入阻止地雷を収容した。一方SUU-49は、燃料気化爆薬の子爆弾に使用され、CBU-55やCBU-72などを収容した。340キロのSUU-51ディスペンサーは、ナパーム子爆弾、小型地雷キャニスター、対人破砕子爆弾または対物破砕／焼夷子爆弾を収容可能だった。

米空軍におけるSUU-30シリーズの後継は、使い捨てタイプのTMD（戦術弾薬ディスペンサー）ファミリーであり、SUU-64、SUU-65、SUU-66がある。子爆弾は、放出後に時限式で一定の高

▲**SUU-14**
SUU-14は低速機のみにしか適さず、子爆弾は筒後部（イラストでは右）から、ピストン機構を使用して放出された。SUU-14は、BLU-3（CBU-14）、BLU-17（CBU-22）、BLU-24（CBU-25）、BLU-69（CBU-57）などの子爆弾の収容に使用された。

SUU-14

全　　長：	2040ミリ
弾体直径：	239ミリ
尾　翼　幅：	未公表
重　　量：	収容弾により異なる
誘導方式：	無

▲**SUU-30**
幅広く使用されたSUU-30ディスペンサーは発射母機から放出されたのち、ふたつに割れて子爆弾を放出する。基本タイプはSUU-30/Bであり、それからの派生モデルはサスペンションのタイプやノーズ部の形状、尾翼部（大型フィンかフィン先端部がプレート状のものがあった）が異なった。

SUU-30

全　　長：	2400ミリ
弾体直径：	406ミリ
尾　翼　幅：	さまざま、本文参照
重　　量：	収容弾により異なる
誘導方式：	無

度で投下される。ゲーター・システム（対装甲および対人地雷子弾）に組み込まれたSUU-64は地雷を搭載し、風偏差修正子弾ディスペンサー（WCMD）を尾翼キットとして装着可能だ。

SUU-65子弾ディスペンサーには尾翼があり、放出後にスピンして精度を上げる。複合効果子爆弾（CEB）、対装甲子爆弾、射程延伸型対装甲弾（ERAM）、多目的子弾を収容し、WCMDキ

▲SUU-41
SUU-41シリーズのディスペンサーは、「散布型小型（ボタン）地雷」をポッド内の10発用アダプターに収容した。SUU-41に収容する地雷には、XM41E1対人地雷、侵入阻止地雷、双方の組み合わせ、またはダミー地雷があった。「散布型小型地雷」は布製ポーチに入っており、圧力がかかると爆発する設計だった。

SUU-41
全　　　長：3610ミリ
弾体直径：389ミリ
尾　翼　幅：389ミリ
重　　　量：収容弾によって異なる
誘導方式：無

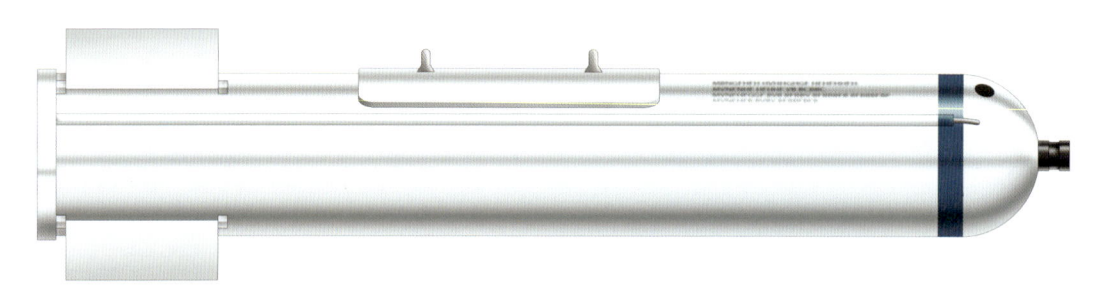

SUU-49
全　　　長：220ミリ
弾体直径：356ミリ
尾　翼　幅：719ミリ
重　　　量：59キロ（BLU-73子爆弾）
誘導方式：無

▲SUU-49
SUU-49は燃料気化爆薬（サーモバリック）収容向けのディスペンサー。このため、おもにBLU-73 FAE子爆弾3発を収容するのに使用され、このほかBLU-98発煙弾3発を収容することもある。BLU-73はそれぞれ33キロの酸化エチレンを充填し、これが爆発して蒸気雲が発生し、その後着火する。

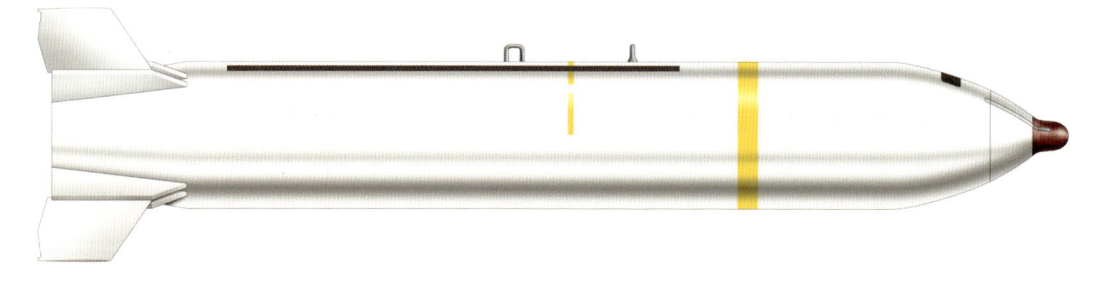

▲CBU-100ロックアイ
CBU-100は、対戦車子爆弾収容のSUU-76使い捨てディスペンサーをいう。CBU-100は、計247個のMk 118子爆弾を収容する。SUU-75とSUU-76子爆弾ディスペンサーはどちらも米海軍のMk 7ロックアイ・シリーズの派生型である。イラストは尾翼展張時のもの。

CBU-100 Rockeye
全　　　長：2310ミリ
弾体直径：337ミリ
尾　翼　幅：876ミリ（展張時）
重　　　量：181キロ
誘導方式：無

第7章 ディスペンサー兵器とクラスター爆弾

ットを装着可能だ。SUU-66はSUU-64のフィンを付けているが、時間設定スイッチと子弾放出システムは異なる。SUU-66はセンサー信管付き弾薬（SFM）を収容し、WCMDキットの使用が可能だ。

米海軍のディスペンサーはMk 7ロックアイ・シリーズをベースとしている。このなかにはSUU-58があり、ゲーター・システムの一部として、対装甲または対人地雷子弾を収容する。このシリーズにはCBU-78、CBU-82、CBU-83などがあり、どれもが対装甲／対車両地雷子弾と対人地雷子弾を混合して収容する。このほか、ロックアイの派生タイプにはSUU-75とSUU-76シリーズがある。すべて使い捨てディスペンサーで、SUU-75とSUU-76は、対装甲小型爆弾（それぞれCBU-99、CBU-100）を収容する。

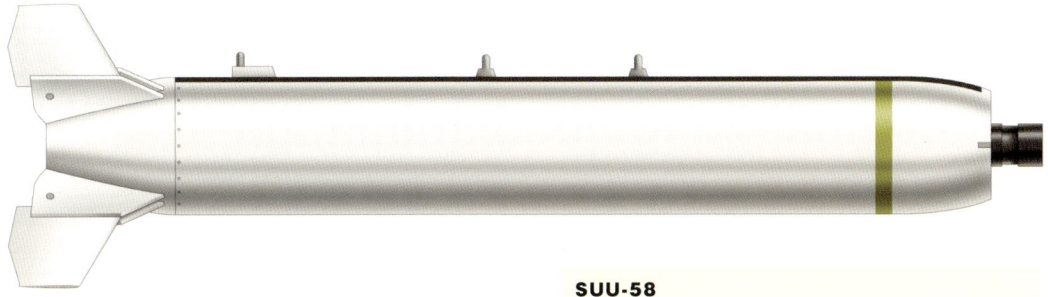

「砂漠の嵐」作戦におけるアメリカのクラスター爆弾とディスペンサー兵器

名称	タイプ	使用数
CBU-52/58/71	クラスター爆弾	1万7831
CBU-87 CEM	クラスター爆弾	1万35
CBU-89ゲーター	クラスター爆弾	1105
Mk 20ロックアイII	クラスター爆弾	2万7987
CBU-72	燃料気化爆薬	254
CBU-78ゲーター	クラスター爆弾	209
計		5万7421

▲SUU-58
広く使用されたMk 7ロックアイ・ファミリーのひとつである米海軍SUU-58は、ディスペンサーとゲーター地雷システムを組み合わせたもの。BLU-91対装甲／対車両と、BLU-92対人小型地雷を収容し、遅延タイマーで地雷を一定時間後に自爆させる。

SUU-58
全　　　長：2400ミリ
弾体直径：337ミリ
尾　翼　幅：876ミリ
重　　　量：BLU-91子爆弾は1個1.95キロ、BLU-92子爆弾は1個1.68キロ
誘導方式：無

▲SUU-66
SUU-66は米空軍SUU-30シリーズ・ディスペンサーのひとつであり、子弾放出システムに膨張バッグを使用し、ケースが開いたときに子爆弾を押し出す。SUU-66は、送電機能を妨害するBLU-114子弾の収容に使用される。または、センサー信管付きBLU-108対装甲弾を収容することも多く、4発のスキート対装甲子弾を収納する。

SUU-66
全　　　長：2310ミリ
弾体直径：397ミリ
尾　翼　幅：520ミリ（収納時）、1070ミリ（展張時）
重　　　量：BLU-108 SFMは1個29.5キロ
誘導方式：スキート用IR

ヨーロッパのディスペンサー兵器とクラスター爆弾

西ヨーロッパ諸国は冷戦時代に多数のクラスター兵器を開発、生産し、この大半は、対装甲と滑走路の破壊という重要な役割を担った。

冷戦時代、最前線に保有する兵器量ではワルシャワ条約機構が優位にあったため、西ヨーロッパ諸国は、この不均衡を変えるためのさまざまな航空機発射型兵器の開発を強いられた。とくに、ディスペンサー兵器は1機の航空機の破壊力を最大限にする手段に適し、装甲の大群や機械化編隊や、飛行場その他の重要なターゲットに用いられた。

最初に専用の多目的ディスペンサー兵器を導入したのは西ドイツで、MBB社開発のMW-1を使用した。1984年に初めて実用配備され、トーネードIDS打撃機の胴体下部に搭載する設計だった。MW-1はふたつのセクションからなり、それぞれが28本の発射筒をもつ。KB44縮射徹甲成形炸薬子爆弾（4704発まで収容可能）、MIFF対装甲地雷（872発）、MUSA破砕爆弾（672発）、遅延信管付きMUSPA散布型多目的地雷（672発）、STABO滑走路貫通弾（244発）、堅固化航空機シェルターの破壊を目的としたASW弾（244発）

▲BL755
BL755は西ドイツ空軍はじめ多数の国に輸出されたが、イラン・イラク戦争中に、イランもかなりの数を使用した。このクラスター爆弾の改良型が1987年に導入され、さらに強力な対装甲子爆弾を使用した。これは成形炸薬を用い、ターゲットのほぼ真上から投下して貫通させる設計だった。

BL755

全　　長	2451ミリ
弾体直径	419ミリ
尾翼幅	566ミリ
重　　量	264キロ
誘導方式	無

▲ベルーガ
ヴィラクブレーのマトラ社と、トムソン・ブラント社開発のBLG-66ベルーガは、超音速戦術機による使用を目的とした。60メートルという低高度から投下でき、最高時速は1020キロだ。

Belouga

全　　長	3300ミリ
弾体直径	360ミリ
尾翼幅	700ミリ
重　　量	305キロ
誘導方式	無

▲ JP233
さまざまな航空機の搭載向けに異なるサイズが設計されたが、JP233は英空軍のトーネードGR.Mk 1と、サウジアラビアへの輸出タイプであるトーネードIDSのみに採用された。トーネードは機体下部に並べて、2個のJP233ディスペンサーを搭載した。

JP233

全　　長	6550ミリ
弾体直径	840ミリ
高　　さ	600ミリ
重　　量	28.5キロ（爆弾重量）
誘導方式	無

と、さまざまなタイプの子弾を収容可能だった。MW-1は冷戦終結時に使用を中止された。

フランス開発のクラスター兵器にはBAT-120があり、航空機に18発まで搭載できる。BAT-120は、防空システムや、車両その他の「堅固ではない」ターゲットの攻撃向けで、34キロの高性能爆薬／破砕子爆弾がパラシュート減速して投下される。トムソン・ブラント社開発のBM-400は、多数の小型弾頭に分かれてケースから放出される爆弾だ。これは堅固化ターゲット向けで、1個のコンテナに3発の100キロ子弾が収容され、これが事前設定された順序で放出されてパラシュートで落下する。基本の対装甲弾にくわえ、多目的子弾かクレーター形成子弾の放出も可能だ。

1996年から開発されたジブレはフランスの子爆弾ディスペンサーで、低高度からの対装甲向けだ。各ディスペンサーには、流線型のボックスに12本か24本の発射筒が入り、それぞれに5発の子弾を収容し、それが後方に向かって放出された。子爆弾は成形炸薬か破砕タイプで、後部のベーンで速度を低下させた。ジブレの後継がマトラ社のベルーガ（BLG-66）であり、1.3キロのグレネード151個を収容する低抵抗子爆弾ディスペンサーだ。攻撃するターゲットのタイプによって、グレネードは汎用破砕、成形炸薬対装甲、または阻止弾タイプを使用可能だった。ベルーガは低高度において高速で放出され、その後パラシュートを開く。速度が低下すると、ベルーガは、ふたつの散布パターンから事前に設定された方法でグレネードを散布する。

イギリスでは、ハンティングBL755が英空軍と英海軍の標準的クラスター爆弾となり、多数が輸出された。1972年に実用配備されたBL755（クラスター爆弾 No.1）は、翼付き弾体に7つの子弾収納部があり、それぞれに21発の子弾が収容されている。子弾は対装甲には成形炸薬を搭載するが、爆発で破片も生じるため、対人にも使用可能だ。ハンティング空中投下破壊兵器（Hades）はBL755をさらに改良したもので、HB876多目的地雷子弾と、SG357成形炸薬滑走路貫通弾を組み込んだ（詳細は下記参照）。

滑走路破壊兵器

MW-1と同等のイギリスのクラスター爆弾がJP233であり、これもハンティング社の開発だ。トーネードのみに搭載され、搭載法はMW-1と同じで、大型の2個のポッドが機体下部に並ぶ。しかし、MW-1がさまざまな任務を遂行するのに対し、JP233は滑走路破壊向けの兵器だった。このため、2個のディスペンサーはそれぞれ内部がふたつに分かれており、前部には215個の小さなHB876多目的地雷が入っており、後部には大型のSG357成形炸薬滑走路貫通弾30個が収容されていた。

冷戦時代のMW-1とJP233は、航空機が大型コンテナを搭載し、それから子弾を放出する形を基本としていたが、近年の開発によってスタンドオフ射程を得、発射母機の安全確保がより高まっている（「砂漠の嵐」作戦中には、英空軍トーネードがJP233を搭載して行う低高度の対滑走路任務は、非常に危険が大きいとみなされていた）。スタンドオフ・ディスペンサーのなかでも代表的なものが、ディスペンサー兵器システム39（DWS 39）であり、DWS 24の改良型で、スウェーデン空軍のJAS 39グリペンの搭載向けに開発された。DWS 24自体が、MW-1と同等の、軽量で

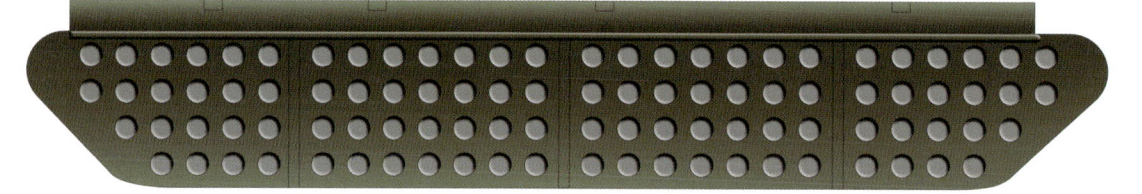

▲ MW-1
冷戦後、ドイツは保有兵器からクラスター爆弾の多くを排除し、MW-1を退役させた。滑走路破壊向けのJP233とは異なり、MW-1は対装甲、多目的破壊、滑走路攻撃向けや、非装甲車両や敵兵員に対しても使用可能だった。

MW-1

全　　長	5330ミリ
幅	1320ミリ
高　　さ	650ミリ
重　　量	4700キロまで
誘導方式	無

運用が柔軟な兵器として1980年代に開発されたもので、MBB社設計のモジュラー型ディスペンサー兵器（MDS）の進化形だった。だがMDSは、子弾を放出し、空のコンテナは航空機に残る設計だった。

トールのハンマー

無動力のDWS 39は、撃ちっ放し可能な自律誘導を採用し、放出後はターゲットまで滑空する。高高度からの放出では20キロの射程が可能で、低高度の放出では10キロの射程だ。スウェーデン空軍のDWS 39の制式名称はBK 90ミョルニル（雷神トールのハンマー）であり、ディスペンサーはドイツのLFK社（現MBDA）、子弾はサーブ・ボフォース・ダイナミクス社の製造だ。

誘導パッケージは慣性航法をベースに電波高度計を備え、これにより子弾放出の高度を選定できる。そして2枚の固定翼で揚力を得る。

ディスペンサーは24本の発射筒（このため、DWS 24と命名された）をもち、それぞれに3発の爆弾を収容する。4キロMJ1空中爆発弾と18キロMJ2対装甲爆弾の2種類の子弾が利用できる。ふたつの混合搭載も可能で、パラシュートで降下する。

ユーゴスラヴィアは冷戦中にクラスター兵器導入を推進し、BL755を購入するのにくわえ、国内企業がDPT-150、150キロ兵器を開発した。これは、さまざまなタイプの破砕子爆弾を54発まで収容した。

▲ BK-90ミョルニル
スウェーデン空軍では、DWS 39の名称はBK-90だ。製造者が命名したDWS 24（24本の子弾用発射筒を意味する）はDWS 39に変わり、これはJAS 39グリペンに搭載されることを表した。400キロのDWS 16、1000キロのDWS 40、1400キロのDWS 60もある。

BK-90 Miölner

全　　長	3505ミリ
幅	1000ミリ
高　　さ	630ミリ
重　　量	600キロ
誘導方式	INSおよび電波高度計

ソ連とロシアのディスペンサー兵器とクラスター爆弾

ソ連は長期にわたって空中発射型クラスター爆弾の開発を主導し、戦間期にはいち早くこの兵器を取り入れ、開発は冷戦時代にも続けられた。

ソ連は一連の破砕爆弾をAOの名称で開発し、その大半はクラスター爆弾に搭載される子爆弾となった。これらは、50キロまでのさまざまなサイズのものが生産された。AOファミリーのなかでも1キロのAO-1は、各ディスペンサーにより多くの弾頭を装着できるように、子爆弾同士の尾翼とノーズが合うよう設計されていた。O-1Mは、航空機搭載型の地雷だ。2.5キロのAO-2.5には、高級鋳鉄で強化したAO-2.5SChタイプと、AO-2.5RT破砕弾があった。ディスペンサーに収容する子爆弾にはShOAB-0.5もあり、これは球状体に304発の対人ペレットを収容していた。

さらに、ディスペンサー収容向けとしてはMAシリーズの子弾があった。これは空中発射型地雷で、MA-3翼なし地雷は、飛行場や移動ルートに障壁となる地雷原を作るためのものだった。MA-3の信管は、地雷が地面にあたると起動し、接触によって爆発した。

ソ連のクラスター爆弾はRBKという名称で生産された。RBKは使い捨て兵器で、発射母機から投下されたあとに子弾を放出した。外部ケースに、対装甲成形炸薬、ペレット、破砕弾や焼夷弾など、さまざまな小口径の子弾を収容するカセット・タイプの容器が収まっている。クラスター爆弾が事前設定された高度に達すると信管が起動し、子弾が後部から放出される。テイルコーンと尾翼が切り離され、膨張したガスが子弾をカセットから散布するのだ。一般的なタイプには、RBK-250とRBK-500があり、AO-2.5子弾、サブBetABコンクリート貫通弾、PTAB-1M対装甲弾かSPBE対装甲小型爆弾を使用可能だ。

500キロ級のRBK-500SPBE-Dには、センサー信管型の15発の大型対装甲子弾が収容され、戦車やその他装甲車両をターゲットとするため、デュアルモードのIRシーカーを搭載している。SPBE-Dは現代のあらゆるタイプの装甲を破壊可能で、400-5000メートルの高度から投下できるとされている。

RBUシリーズは4つの異なる子弾を搭載可能だ。このうち滑走路にクレーターを作るのに使用

▲ PROSAB-250
ソ連は第二次世界大戦中に対爆撃機クラスター爆弾を取り入れはじめ、爆撃機攻撃向けの使用は1945年以降もある期間続いた。ジェット爆撃機が普及すると、戦闘機向け兵器としての役割は不要になったが、兵器としては保持され、地表ターゲットに対して使用される。

PROSAB-250

全　　長	1950ミリ
弾体直径	410ミリ
尾翼幅	不明
重　　量	250キロ
誘導方式	無

Weapons Dispensers and Cluster Munitions

▲RBK-250
これより以前のソ連のクラスター兵器とは異なり、RBK-250とRBK-500クラスター爆弾は高重力と、高速戦術機の戦闘機動飛行に耐える設計だった。RBK-250はZAB-2.5焼夷弾48発も収容できる。500キロのRBK-500はこの子弾を117発収容可能だ。

RBK-250

全　　長	1500ミリ
弾体直径	325ミリ
尾翼幅	410ミリ
重　　量	250キロ
誘導方式	無

されるのは、コンクリート貫通BetTB-M子弾10発だ。対装甲子弾がPTAB-1Mで、1発のRBU-500Uに352発が収容される。対人と対資材には、RBK-500Uが126発のAO-2.5RTM子爆弾を収容し、空中で爆発する。RBK-500UはOFAB-50UD高性能爆薬／破砕子弾10発も収容可能で、これは地表より上や、地中に突入後爆発するよう設定できる。

再利用可能なディスペンサー
KMGU-2は新型の再利用可能子弾ディスペンサーであり、MiG-29やSu-25といった高速戦術機搭載向けだ。通常はAO-2.5シリーズの破砕爆弾を収容する。KMGU-2に収容された爆弾は、発射ポッドの装着法しだいで、回転式ドアから下方か横に向けて放出することが可能だ。

ソ連開発の独特のクラスター爆弾が、PROSABシリーズだ。これは対空爆弾を収容し、戦闘機がより高い高度から敵爆撃機編隊に投下するものだ。PROSAB-250は1950年代初期に実用配備された。同時に配備された、小型タイプの100キロPROSAB-100は、MiG-15が搭載した。PROSABはケースに子弾の集まりと爆薬が収容されている。中央の爆薬が爆発してケースを破壊し、小さな子爆弾の時限信管が作動する。

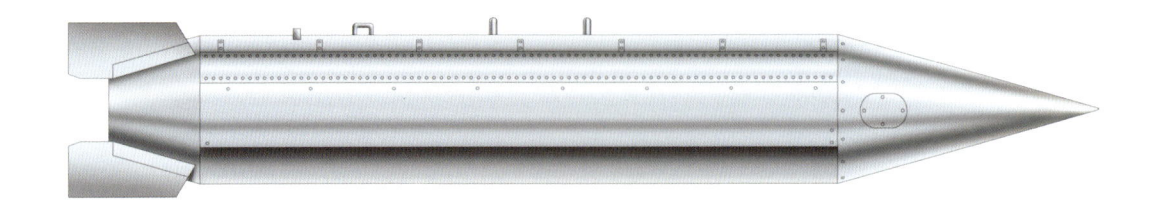

▲KMGU-2
流線型で再利用可能なKMGU-2子弾ディスペンサーは、通常はAO-2.5破砕子爆弾、PFM-1対人地雷、PTAB-2.5対装甲子爆弾を使用する。この兵器はアフガニスタンでの戦闘に使用され、Mi-24などのヘリコプターによる搭載もされている。

KMGU-2

全　　長	3700ミリ
弾体直径	480ミリ
尾翼幅	544ミリ
重　　量	450キロ
誘導方式	無

その他の国のディスペンサー兵器と
クラスター爆弾

クラスター爆弾は比較的生産が簡単で、さまざまな組み合わせで利用可能だ。冷戦時代はとくに、多数の国でよく使用された。

　チリのカーデン・カンパニーは、CB-130やCB-500クラスター弾など、さまざまな自由落下兵器を開発した。CB-130は50発の子爆弾を、大型のCB-500は240発を収容する。どちらも、子爆弾は事前設定されたパターンで放出されるようプログラムされている。各子爆弾には装甲貫通力を最大化するために、ノーズ部にはスタンドオフ用プローブが取り付けられている。チリにはこのほか、フェリマー社製のクラスター爆弾システムもあり、100発から248発までの高性能爆薬対戦車、高性能爆薬多目的、また徹甲タイプの爆弾を収容する。放出されると、このクラスター爆弾は尾翼が展張してコンテナをスピンさせ、子爆弾の散布を助ける。

　TALシリーズはイスラエルのクラスター爆弾ユニットで、サイズが同じTAL-1、TAL-2がある。TAL-1は279発の0.5キロ子爆弾を収容し、TAL-2は0.4キロの子爆弾215発を収容する。航空機から放出後、クラスター爆弾は尾翼によってスピンし、子爆弾を広い地域に散布する。散布範囲は信管のタイプで異なる。

　南アフリカは国内開発のクラスター爆弾を国境紛争で使用した。CB-470がその代表例で、空中爆発を利用した対人弾だ。近接信管を利用するのではなく、個々の子爆弾が地面にあたって跳ねてから爆発した。子爆弾アルファが、最初はキャンベラ機の爆弾ベイから投下されたが、その後、低高度での放出向けにCB-470コンテナが生産された。CB-470は40発のアルファを収容し、10発ずつをまとめて、最大限の領域をカバーする間隔で放出する設計になっている。散布後、子爆弾が作動する。

　イラン・イラク戦争で得た厳しい経験をもとに、イランは国産のスタンドオフ・ディスペンサー兵器を開発している。カイトは翼付きの兵器システムで、おもに敵の防空施設をターゲットとする。

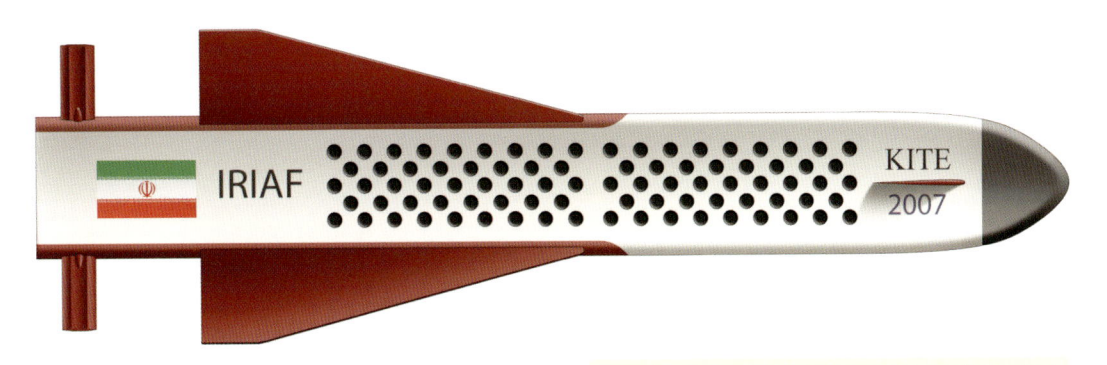

▲カイト
カイトは、イラン共和国空軍F-4EファントムIIに搭載される。低高度子弾ディスペンサーのカイトの射程は15キロで、200発まで子弾を収容可能だ。改良型はより高性能な慣性／GPS誘導方式を利用できる。

Kite

全　　長	：4100ミリ
幅	：700ミリ
高　　さ	：500ミリ
重　　量	：700キロ
誘導方式	：慣性／GPS

航空機搭載兵器関連用語集

A
AAM	空対空ミサイル
AARGM	先進型対レーダー誘導ミサイル
AASM	モジュラー型空対地兵器
ACM	発展型巡航ミサイル
AEW	早期警戒機
AGM	空対地ミサイル
ALARM	空中発射対レーダー・ミサイル
ALCM	空中発射巡航ミサイル
AMRAAM	発達型中射程空対空ミサイル
APKWS	先進精密破壊兵器システム
ARM	対レーダー・ミサイル
ASCC	航空関係標準化調整委員会
AShM	対艦ミサイル
ASM	空対地ミサイル
ASMP-A	改良型中射程空対地ミサイル
ASRAAM	発達型短射程空対空ミサイル
ASW	対潜水艦戦争
ATGM	対戦車誘導ミサイル
ATM	対戦車ミサイル
AWACS	早期警戒管制機

B
BLU	Bomb Live Unit
BROACH	ロイヤルオードナンス強化型炸薬弾
BVR	視程外射程

C
C2	指令管制
CALCM	通常弾頭空中発射巡航ミサイル
CAP	戦闘空中哨戒
CAS	近接航空支援
CBU	クラスター爆弾ユニット
CCD	電荷結合素子
CEB	複合効果子弾
CEM	複合効果弾
CNAF	台湾空軍
COIN	対反乱

D
DRAAF	アフガニスタン民主共和国空軍

E
ECCM	対電子対抗手段
ECM	電子対抗手段
ECR	電子戦闘偵察
ERDL	射程延伸データリンク

F
FAA	艦隊航空隊
FAC	前線航空管制
FAE	燃料気化爆薬
FFAR	航空機前方発射ロケット弾／小翼折り畳み式空中発射ロケット弾
FLIR	前方監視赤外線センサー

G
GBU	誘導爆弾ユニット
GCI	地上要撃管制
GP	通常（汎用）爆弾

H
HARM	高速対レーダー・ミサイル
HE	高性能爆薬
HOBOS	ホーミング爆弾システム
HOT	高亜音速光学追尾筒発射
HUD	ヘッドアップディスプレイ
HVAR	航空機用高速ロケット弾

I
IAF	インド空軍
IDF/AF	イスラエル空軍
IFF	敵味方識別装置
IIR	画像赤外線
INS	慣性航法装置
IR	赤外線
IrAF	イラク空軍
IRIAF	イラン空軍
IRST	赤外線捜索追尾（装置）

J
JASSM	統合空対地スタンドオフ・ミサイル
JDAM	統合直接攻撃爆弾
JSF	統合打撃戦闘機

JSOW	統合スタンドオフ兵器		SAC	戦略航空軍団
			SACLOS	半自動指令照準線一致

K
kT	キロトン

L
LACM	対地巡航ミサイル
LANTIRN	夜間低高度航法および目標指示赤外線装置
LGB	レーザー誘導爆弾
LOAL	発射後ロックオン
LOBL	発射前ロックオン

M
MAD	磁気探知装置
MFD	多機能ディスプレイ
MICA	戦闘・航空迎撃ミサイル
MMW	ミリメートル波
MOAB	大型兵器空中爆発弾
MOP	大型兵器貫通弾
MT	メガトン
MUPSOW	多目的スタンドオフ兵器

N
NSM	対艦攻撃ミサイル
NVG	夜間暗視装置

O
OCU	作戦転換部隊
OTH	超水平線

P
PAF	パキスタン空軍
PGM	精密誘導弾
PLSS	精密照準攻撃装置

R
RAM	電波吸収体
RHAWS	レーダー追跡／警戒システム
RSAF	サウジアラビア空軍
RWR	レーダー警戒受信機

S

SAC	戦略航空軍団
SACLOS	半自動指令照準線一致
SAM	地対空ミサイル
SAR	捜索救難
SARH	セミアクティヴ・レーダー誘導
SATCOM	衛星通信
SCALP EG	通常弾頭長射程巡航ミサイル発展型
SDB	小直径爆弾
SEAD	敵防空網制圧
SFW	センサー信管兵器
SIGINT	信号情報
SLAM	スタンドオフ対地攻撃ミサイル
SLAM-ER	スタンドオフ長距離対地攻撃ミサイル
SLAR	側方監視機上レーダー
SOM	スタンドオフ弾
SRAM	短射程攻撃ミサイル
SUU	翼下懸垂ユニット
SyAAF	シリア空軍

T
TALD	戦術空中発射デコイ
TAC	戦術航空軍団
TERCOM	地形照合誘導方式
TFR	地形追従レーダー
TFW	戦術戦闘航空団
TIALD	航空機搭載用赤外線熱画像レーザー目標指示器
TMD	戦術弾薬ディスペンサー
TRIGAT	第3世代対戦車兵器
TOW	筒発射式、光学追尾、有線誘導

U
UARAF	アラブ首長国連邦空軍
UAV	無人航空機

V
VHF	超短波
VLF	超長波

W
WAFAR	取り巻き型翼空中発射ロケット弾
WCMD	風偏差修正子弾ディスペンサー

索　引

[英数]

3M11ファラーンガ（AT-2"スワッター"）……125、127
3M55オニクス（ヤホント）AShM ……93
80キロ中型レーザー誘導爆弾、IAI ……165
9K11マリユートカ（AT-3"サッガー"）ATGM ……125
9M114ココン（AT-6"スパイラル"）ATGM ……129、130
9M120Mビクール（AT-16"スカリオン"）……130
9M120アタカ（AT-9"スパイラル2"）ミサイル ……130
9M14M（AT-3"サッガー"）ATGM ……125、126
9M17Mファラーンガ M ……125
9M17Pファラーンガ ……125、127
AA.10 AAM ……12
AA.20（のちのノール 5103）AAM ……12
AA.25（ノール 5104）AAM ……12
AA.26（R530）AAM ……12、13、19、25、42、43、45
AA-1（K-5、のちのRS-1U）"アルカリ"AAM ……12、13
AA-10"アラモ"（R-27R）AAM ……32、33、34、53、53
AA-11"アーチャー"（R-73）AAM ……32、33-4、53、57、58、65
AA-12"アダー"（R-77）AAM ……56、58
AA-1"アルカリ"（RS-2U）AAM ……11、13
AA-1"アルカリ"（RS-2US）AAM ……13
AA-2"アトール"（R-3S）AAM ……14、21、25、26-7、28、36、38、43、46、51
AA-3"アナブ"（R-8MR）AAM ……19
AA-5"アッシュ"（R-4R）AAM ……18
AA-5"アッシュ"（R-4R/4M）AAM ……19
AA-6"アクリッド"（R-4R）AAM ……18、19
AA-6"アクリッド"（R-40D）AAM ……19
AA-6"アクリッド"（R-40TD）AAM ……19、51
AA-7"エイペックス"（R-23）AAM ……31、33、47、53
AA-7"エイペックス"（R-23R）AAM ……33、51
AA-7"エイペックス"（R-23T）……33
AA-7"エイペックス"（R-24R）AAM ……31、51
AA-8"エイフィド"（R-60）AAM ……31、33
AA-8"エイフィド"（R-60M）AAM ……33
AA-9"エイモス"（R-33）AAM ……32、34
AA-9"エイモス"（R-33S）AAM ……34
AAM-3/AAM-4/AAM-5（90式 ／ 99式 ／ 04式）AAMS ……61

AAM-A-2 AAM ……10
AAM-N-11（のちのAIM-54フェニックス）AAM ……17
AAM-N-2 AAM（のちのAIM-7A）スパロー I AAM ……10、11
AAM-N-3（のちのAIM-7B）スパロー II AAM ……11
AAM-N-6（のちのAIM-7C）スパロー III AAM ……11
AAM-N-6a（のちのAIM-7D）スパロー IIAAM ……11、16
AAM-N-6b（のちのAIM-7E）AAM ……16、22
AARGM（先進型対レーダー誘導ミサイル）の開発 ……86-7
AASM（モジュラー型空対地兵器）、340キロ誘導爆弾 ……163
AASM-250、250キロLGB ……163
AGM-12B（もとのASM-N-7a）ASM ……76、83
AGM-12C（もとのASM-N-7b）……76、82
AGM-12E ASM ……82
AGM-12ブルパップ ASM ……75、76-7、82、82
AGM-22（以前のSS.11）……126
AGM-28ハウンドドッグ ALSM ……71
AGM-45A ASM ……84
AGM-45B ARM ……76、84
AGM-45シュライク ARM/ASM ……75-6、77、78、78、83、84、98
AGM-62Bウォールアイ II ASM ……98
AGM-62ウォールアイ I 誘導爆弾 ……62、76、76、77、77、82、84、99
AGM-65A ASM ……77、84-5、114
AGM-65B/C/D/E ASM ……77、98
AGM-65F ASM ……77、114
AGM-65G ASM ……81、86、98、101、102
AGM-65H/J/K ASM ……86
AGM-65マヴェリック ASM ……76-7、82、84、86、91、98、101
AGM-69 SRAM（短射程攻撃ミサイル）……69、71
AGM-69A SRAM ……71
AGM-78 ARM ……84
AGM-78A ARM ……77
AGM-78B ARM ……77、83
AGM-78C/D ARM ……77
AGM-78スタンダード ARM ……77-8、78、83
AGM-84A AShM ……116
AGM-84C（ハープーン・ブロック1B）AShM ……117
AGM-84D（ハープーン・ブロック1C）AShM ……114、117
AGM-84E SLAM（スタンドオフ対地攻撃ミサイル）……98

索引

AGM-84G（ハープーン・ブロック1G）AShM ……117
AGM-84H SLAM（スタンドオフ対地攻撃ミサイル） ……101
AGM-84H SLAM-ER（スタンドオフ長距離対地攻撃ミサイル） ……86, 87
AGM-84K ……87
AGM-84L（ハープーン・ブロックII）AShM ……117, 118
AGM-84M（ハープーン・ブロックIII）AShM ……118
AGM-84ハープーン AShM ……116
AGM-86/AGM-86A/AGM-86B ALCM ……72
AGM-86C ALCM ……100
AGM-86C CALCM（通常弾頭型空中発射巡航ミサイル） ……98, 100, 101
AGM-86D CALCM ……73
AGM-88 HARM（高速対レーダーミサイル） ……98
AGM-88A HARM ……77
AGM-88A HARM ブロックII ……87, 100
AGM-88B HARM ブロックIII ……98, 100
AGM-88B HARM ブロックIIIB ……87
AGM-88C/D ……87
AGM-88E AARGM ……87, 88
AGM-109トマホーク ALCM ……72
AGM-114A ASM ……123
AGM-114B/C/F ATGM ……128
AGM-114KヘルファイアII ATGM ……130, 135
AGM-114L/M/N ATGM ……128, 133
AGM-114P ATGM ……133
AGM-114R ATGM ……128
AGM-114ヘルファイア ATGM ……128-9, 132, 133
AGM-119ペンギン AShM ……110-20
AGM-122サイドアーム ASM ……79
AGM-123スキッパーII ASM ……79, 99, 114
AGM-129 ACM（発展型巡航ミサイル） ……73
AGM-130、補助ロケット付き滑空爆弾 ……87, 102, 103
AGM-130A/D 滑空爆弾 ……87
AGM-142B/C/D/E/F/G/H ASM ……90
AGM-142ハブナップ ASM ……89-90, 92, 101, 102
AGM-154 JSOW（統合スタンドオフ兵器） ……87, 93, 101
AGM-154A JSOW ……87
AGM-154C JSOW ……31990
AGM-158 JASSM（統合空対地スタンドオフ・ミサイル） ……90
AGM-158B JASSM-ER ……87
AIDC F-CK-1経国 ……37, 37, 121
AIM-4A AAM ……10
AIM-4B AAM ……10, 17
AIM-4D AAM ……15, 20, 22
AIM-4E スーパーファルコンAAM ……11
AIM-4F スーパーファルコンAAM ……11, 11, 15

AIM-4GスーパーファルコンAAM ……111, 15
AIM-4ファルコンAAM ……10, 20, 22
AIM-54A AAM ……46, 48, 49, 50, 51, 52
AIM-54B AAM ……17
AIM-54C AAM ……17, 63
AIM-54フェニックス AAM ……15, 17-18, 55
AIM-7AスパローI AAM ……10, 11
AIM-7BスパローII AAM ……11
AIM-7C/DスパローIII AAM ……11
AIM-7E-2 AAM ……22
AIM-7Eスパロー AAM ……16, 22, 26, 28, 30, 46, 48, 49, 50, 51
AIM-7F AAM ……16, 39, 39, 40
AIM-7M AAM ……30, 62, 63, 64
AIM-7P AAM ……30
AIM-7スパロー・ファミリー ……15, 20, 21-2, 23, 55, 56, 62
AIM-9B AAM ……14, 14, 23, 42, 43, 44, 45, 46, 53
AIM-9C AAM ……78
AIM-9D AAM ……16, 23, 26, 27, 28, 29, 41
AIM-9E AAM ……16, 23
AIM-9F AAM ……16
AIM-9G AAM ……17, 23, 41
AIM-9H AAM ……17, 23
AIM-9J AAM ……17, 46, 48, 50
AIM-9L AAM ……30, 38, 39, 40, 41, 42, 42
AIM-9M AAM ……30, 62, 63, 64, 65
AIM-9N AAM ……17
AIM-9P AAM ……30, 30, 33, 45, 46, 48, 49, 50, 51, 54, 62, 64
AIM-9X AAM ……55, 57
AIM-9サイドワインダー AAMファミリー ……30, 37, 45, 55, 57, 62, 62, 114
　初期の ……15, 16-17
　誕生 ……11-12, 14
　ヴェトナム戦争中の ……20, 20, 22-3
AIM-23Cセシル AAM ……60
AIM-26AファルコンAAM ……15-16
AIM-26BファルコンAAM ……16
AIM-120 AMRAAM ……55, 62-3, 65
AIM-120 AMRAAM（発達型中射程空対空ミサイル） ……55, 59, 62-3, 62
AIM-120B AMRAAM ……55
AIM-120C AMRAAM ……65
AIM-120C-5/-6/-7 AMRAAM ……55
AIM-120D AMRAAM ……55
AIM-132 ASRAAM（発達型短射程空対空ミサイル） ……55
AIR-2ジーニー（以前のMB-1）核ロケット弾 ……168-9
AJ168マーテル ASM ……81
ALARM（空中発射対レーダー・ミサイル） ……92-3, 95, 99, 102
AM39エグゾセ AShM、アエロスパシアル ……86, 108, 112-15, 117

Index

AN-11/AN-22 核爆弾 ……144
AN-52 核爆弾 ……144, 146
AO破砕爆弾シリーズ ……185, 186
APKWS（先進精密破壊兵器システム）、ジェネラル・ダイナミクス ……170-1
APKWSブロックII 2.75インチ・ロケット弾 ……171
ARM（対レーダー・ミサイル）……75-6
ARMAT（BAZAR）ARM ……81 85
ARS-212/ARS-212M（S-21）212ミリロケット弾 ……173
AS.11 ATGM ……124
AS.12 AshM、ノール ……106, 108, 116
AS.15TT AShM、アエロスパシアル ……108-9
AS.20 ASM ……79, 95
AS.30（以前のノール5401）AsM ……81, 85, 95
AS.30L ASM ……79, 86, 96, 99, 100, 113
AS-1"ケンネル"（KS-1コメート）ALCM/Ashm ……68, 69, 106, 108
AS-2"キッパー"（K-10）AShM ……106, 109
AS-3"カンガルー"（Kh-20）ASM ……68, 69
AS-4"キッチン"（Kh-22/Kh-22M）AShM/ASM ……71, 105, 107
AS-4"キッチン"（Kh-22PG/Kh-22PSI）AShM ……l07, 109
AS-5"ケルト"（KSR-11）ASM ……68
AS-5"ケルト"（KSR-2）AShM/ASM ……68, 106
AS-6"キングフィッシュ"（KSR-5）AShM/ASM ……71, 107, 110
AS-7"ケリー"（Kh-23）ASM ……78, 80
AS-9"カイル"（Kh-28）ARM ……80
AS-10"カレン"（Kh-25）ASM ……79, 80
AS-10"カレン"（Kh-25ML）ASM ……80
AS-11"キルター"（Kh-58）ARM ……80, 81
AS-12"ケグラー"（Kh-25MP）ARM ……80
AS-13"キングボルト"（Kh-59）スタンドオフ兵器 ……88, 89
AS-14"ケッジ"（Kh-29）ASM ……85, 88, 89
AS-14"ケッジ"（Kh-29L）ASM ……86, 89
AS-14"ケッジ"（Kh-29T）ASM ……84
AS-15"ケント"（Kh-55）ASM ……72
AS-16"キックバック"（Kh-15）SRAM ……73
AS-17"クリプトン"（Kh-31）ASM ……88
AS-17"クリプトン"（Kh-31A）AShM ……88, 118, 119
AS-17"クリプトン"（Kh-31P）ARM ……88, 92
AS-18"カズー"（Kh-59M）スタンドオフ兵器 ……88, 90
AS-18"カズー"（Kh-59MK）スタンドオフ兵器 ……88-9, 90
AS-20"カヤック"（Kh-35）AShM ……118-19
AS37マーテル ASM ……80, 86, 92
ASM-1/ASM-1C（80式／91式）AShM ……111, 112
ASM-2（93式）AShM、三菱 ……121, 122
ASM-A-1ターゾン（以前のVB-13）1万2000ポンド爆弾 ……148
ASM-N-10 ARM、AGM-45シュライクARM ASMP ALCM参照 ……72, 73, 74

ASM-N-7aブルパップA（のちのAGM-12B）ASM ……75, 76
ASM-N-7bブルパップB（のちのAGM-12C）ASM ……75, 77, 82
ASM-N-7ブルパップ（のちのAGM-12A）ASM ……75, 76-7
ASMP-A（改良型中射程空対地ミサイル）ALCM ……74
AT-2"スワッター"（3M11ファラーンガ）ATGM ……125, 127
AT-2"スワッター"（9M17PファラーンガPスコーピオン）ATGM ……125, 127
AT-3"サッガー"（9K11マリューツカ）ATGM ……125
AT-3"サッガー"（9M14M）ATGM ……125, 126
AT-6"スパイラル"（9M114ココン）ATGM ……129
AT-9"スパイラル2"（9M120アタカ）ミサイル ……129-30
AT-16"スカリオン"ATGM ……130
ATAR（対戦車空中発射ロケット弾）（Ram）、6.5インチ ……168
ATM-12 ASM（ブルパップ）……77
B20（以前のMk20）熱核爆弾 ……140
B21/B24熱核爆弾 ……140
B28EX熱核爆弾 ……140
B28FI熱核爆弾 ……141
B28IN熱核爆弾 ……140
B28RE熱核爆弾 ……140-1
B28RI熱核爆弾 ……141
B28熱核爆弾 ……140-1
B36/B39/B41熱核爆弾 ……140
B43熱核爆弾 ……141-2
B53熱核爆弾 ……139, 142
B57熱核爆弾 ……139, 142-3
B61熱核爆弾 ……140, 142
B83熱核爆弾 ……140, 141
BAe（ブリティッシュ・エアロスペース）……91
　ハリアー ……103 150, 172
　ハリアー GR.Mk3 ……41
　ニムロッド ……42, 110
　シーイーグル AShM ……110, 111
　シーハリアー ……110
　シーハリアー FRS.Mk1 ……41, 42, 42
　シースクア AShM ……107, 110, 115-16, 115
BAe／マクダネル・ダグラス AV-8BハリアーII ……146, 171
BAEシステムズ ……171
BAeダイナミクス ……57
BAPシリーズ、滑走路破壊爆弾 ……147
BAT-120クラスター弾 ……183
BDU-56爆弾 ……147
BetAB貫通爆弾 ……144
BGL-1000 1000キロLGB ……164
BGM-71 TOW ATGM ……124-5 132
BGM-71A TOW ATGM ……125, 127
BGM-71B (射程延伸型) TOW ATGM ……125
BGM-71C改良型TOW (I-TOW) ATGM ……125
BGM-71D TOW2 ATGM ……125, 132

索引

BGM-71E TOW2A ATGM ……125
BGM-71F TOW2B ATGM ……125
BGM-71H TOWバンカーバスター ATGM ……129
BK-90ミョルニル子弾ディスペンサー ……184
BL755クラスター爆弾、ハンティング ……182, 183
BLG-66ベルーガ子爆弾ディスペンサー ……182, 183
BLU (Bomb Live Unit) ……178
BLU-17子弾 ……178
BLU-42/-45-48子弾 ……179
BLU-73 FAB（燃料気化爆薬）子爆弾 ……180
BLU-82"ディジー・カッター"1万5000ポンド爆弾 ……138, 156
BLU-109 2000ポンド爆弾 ……148, 153, 154, 159
BLU-110 1000ポンド爆弾 ……150, 153
BLU-111 500ポンド爆弾 ……153, 161
BLU-113 4500ポンド爆弾 ……153, 154
BLU-116 2000ポンド爆弾 ……154
BLU-117 2000ポンド爆弾 ……153
BLU-120 2万1700ポンド爆弾 ……154, 155
BLU-122 5000ポンド爆弾 ……153
BLU-126 500ポンド爆弾 ……153, 154
BM-400クラスター爆弾、トムソン・ブラント ……183
BOAR（爆撃機発射ロケット弾）、核 ……168
"BOLT-117"（爆弾、レーザー、終末誘導）……148, 157, 158
BrAB徹甲弾 ……144
BVR（視程外射程）AAM ……58, 59, 60-1, 60, 61
C-601（YJ-6、CAS-1"クラケン"）AShM ……111, 112
C-611（YJ-61）AShM ……121
C-801K（YJ-81）AShM ……121
C-802（YJ-82）AShM ……121
C-802KD（KD-88）AShM ……121
CAS-1"クラケン"（YJ-6、C-601）……112
CASOM（通常弾頭スタンドオフ・ミサイル）……90
CB-130クラスター弾、カーデン ……187
CB-470クラスター弾 ……187
CB-500クラスター弾、カーデン ……187
CBU（クラスター爆弾ユニット）……178
　クラスター弾も参照
CBU-12 ……178
CBU-33/-34/-42/-43子弾 ……179
CBU-52/-58クラスター爆弾 ……181
CBU-72 FAE ……181
CBU-74爆弾 ……153
CBU-75 2000ポンド・クラスター爆弾 ……153
CBU-78ゲーター地雷子弾 ……181
CBU-79クラスター爆弾 ……153, 181
CBU-80クラスター爆弾 ……153
CBU-82/-83対人地雷子弾 ……181
CBU-87 CEM ……181
CBU-99対装甲小型爆弾 ……181
CBU-100ロックアイ子弾ディスペンサー ……180, 181
CIA（中央情報局）……133
CPU-123ペイヴウェイIIレーザー誘導キット ……159-60

CRV-7 2.75インチ・ロケット弾、ブリストル・エアロスペース ……172
DASA ……91
DH-10 LACM ……74
DPT-150子弾ディスペンサー ……184
DWS39（ディスペンサー兵器システム39）……184
EGBU（エンハンスド・ペイヴウェイ）、ペイヴウェイII ……149, 162
EGBU-12 ペイヴウェイII 500ポンドLGB ……149
Expal (Explosivos Alveses) BR-250爆弾 ……144
F-98 AAM ……10
FAB-50 50キロ爆弾 ……143
FAB-500M-54 477キロ爆弾 ……141
FAB-500Sh 515キロ爆弾 ……141
FAB-9000 9000キロ爆弾 ……143
FABシリーズ自由落下爆弾（ソ連）……143
FFAR（前方発射／小翼折り畳み式空中発射ロケット弾）、5インチ ……168
FKR-1巡航ミサイル ……69
FMAプカラ ……42
GAM-77（のちのAGM-28）ALSM ……69
GAM-83A ASM ……75, 77
GAM-83B ASM ……75, 77, 82
GAM-83ブルパップ ASM ……75, 76-7
GAM-87スカイボルト ALBM ……69, 70
GAR-1（のちのAIM-4）ファルコンAAM ……10
GAR-1D（のちのAIM-4A）ファルコンAAM ……10
GAR-2（のちのAIM-4B）ファルコンAAM ……10, 17
GAR-2A（のちのAIM-4C）AAM ……11
GAR-2B（AIM-4D）AAM ……15, 20
GAR-3（のちのAIM-4E）スーパーファルコンAAM ……10, 11
GAR-3A（のちのAIM-4F）AAM ……11
GAR-4A（のちのAIM-4G）スーパーファルコンAAM ……11
GAR-11（のちのAIM-26A）AAM ……15-16
GAR-11A（のちのAIM-26B）AAM ……16
GB（誘導爆弾）シリーズ ……148
GB-1（雷霆2型、LT-2）500キロ LGB ……166
GBU-1ペイヴウェイI 750ポンド LGB ……153, 158
GBU-2ペイヴストーム2000ポンドLGB ……148, 153, 157
GBU-3/5 LGB ……153
GBU-6/7ペイヴストームI ……153
GBU-8 HOBOS 2000ポンド誘導爆弾 ……152, 153, 157, 158
GBU-9 HOBOS 3000ポンド誘導爆弾 ……152, 153
GBU-10ペイヴウェイI 2000ポンドLGB ……62, 148, 153, 158, 159, 160
GBU-10ペイヴウェイII 2000ポンドLGB ……153
GBU-11ペイヴウェイI 3000ポンド LGB ……153
GBU-12ペイヴウェイI 500ポンド LGB ……148, 153, 161
GBU-12ペイヴウェイII 500ポンド LGB ……153, 159, 160

GBU-15 2000ポンド誘導爆弾　……153, 154, 159, 160
GBU-16ペイヴウェイII 1000ポンドLGB　……78, 150, 153
GBU-21ペイヴウェイIII 2000ポンドLGB　……153
GBU-22ペイヴウェイIII 500ポンドLGB　……151, 153
GBU-23ペイヴウェイIII 1000ポンドLGB　……153
GBU-24ペイヴウェイIII 2000ポンドLGB　……151, 152, 153
GBU-27ペイヴウェイIII 2000ポンドLGB　……153, 159
GBU-28ペイヴウェイIII"ディープスロート"5000ポンドLGB　……149, 153, 159
GBU-31 2000ポンドJDAM　……152, 154, 155, 156
GBU-32/-34 JDAM　……154
GBU-36/-37 GAM　……154
GBU-38 500ポンドJDAM　……154, 161
GBU-39 285ポンドSDB　……154, 155, 161
GBU-40 SDB、レイセオン　……156
GBU-43 2万1700ポンドMOAB（大型兵器空中爆発弾）　……154, 155, 156
GBU-44バイパーストライクLGB　……150, 153, 156, 161
GBU-48エンハンスド・ペイヴウェイII 1000ポンド誘導爆弾　……153
GBU-49エンハンスド・ペイヴウェイII 500ポンド誘導爆弾　……149, 153
GBU-50エンハンスド・ペイヴウェイII 2000ポンド誘導爆弾　……153
GBU-51ペイヴウェイII 500ポンドLGB　……153
GBU-53 250ポンドSDB　……154, 156
GBU-54 1000ポンド・レーザーJDAM　……154, 161
GBU-55 2000ポンド・レーザーJDAM　……154
GBU-57 3万ポンドMOP（大型兵器貫通弾）　……154, 156
GBU-87ズービンASM　……96, 97
GBUシリーズ、レーザーおよび光電子誘導弾　……154
GBUシリーズGPS誘導兵器　……154
GBUシリーズJDAM　……154, 155-6
GECマルコーニ　……129
GPS誘導兵器、GBUシリーズ　……154
　GBUシリーズも参照
H-2（ラプター）滑空爆弾、ケントロン　……95, 165
HALテジャス　……59
HARM（高速対レーダーミサイル）　……77, 86-7, 98-9
HJ-8 ATGM　……130-1
HJ-10 ATGM　……131
HOBOS（誘導爆弾システム）、ロックウェル　……84, 152, 153, 157, 158
HOPE誘導爆弾　……163
HOSBO誘導爆弾　……163
HOT ATGM、ユーロミサイル　……124, 125, 127, 129
HOT3 ATGM　……129

HSM、2000ポンド　……153
HVAR（航空機用高速ロケット弾）　……168
IAI（イスラエル・エアロスペース・インダストリーズ）
　発達型レーザー誘導爆弾（ALGB）　……164
　ダガー　……41, 42, 144
　グリフィンIII（次世代）LGB　……164
　グリフィンLGB　……164
　ギロチンLGB　……164
　クフィル　……39, 85, 165
　クフィルC2　……54
　80キロ、中型レーザー誘導爆弾　……165
　ネシェル　……28, 29
　ニムロッドATGM　……131
　サーチャーI UAV　……44
IAR-330 SOCAT　……131
IRIS-T（赤外線画像システム・尾部制御／推力偏向制御）　……57, 58
JDAM（統合直接攻撃弾薬）　……101, 161
　GBUも参照
JP233滑走路破壊兵器、ハンティング　……62, 183-4, 183
K-10/K-10S（AS-2"キッパー"）AShM　……106, 109
K-40/K-80ミサイル　……19
K-5（のちのRS-1U、AA-1"アルカリ"）AAM　……12, 13
K-8ミサイル　……18-19
KAB-500Kr 1500キロ誘導爆弾　……162
KAB-500Kr/KAB-500L 500キロ誘導爆弾　……162, 163
KAB-500S-E 500キロ誘導爆弾　……162
KAB-1500L 1500キロ誘導爆弾　……162, 163
KABシリーズ誘導爆弾　……163
KARS-160（S-3K）160ミリロケット弾　……173
KD-63（YJ-63）LACM　……74, 75
KD-88（C-802KD）AShM　……121
Kh-15（AS-16"キックバック"）SRAM　……73-4
Kh-15S SRAM　……74
Kh-20（AS-3"カンガルー"）ASM　……68, 69
Kh-22（AS-4"キッチン"）AShM/ASM　……71, 105, 107
Kh-22M（AS-4"キッチン"）AShM/ASM　……71, 107
Kh-22N（AS-4"キッチン）AShM　……107
Kh-22PG/Kh-22PSI（AS-4"キッチン"）AShM　……107, 109
Kh-23（AS-7"ケリー"）ASM　……78, 80, 85
Kh-25（AS-10"カレン"）ASMシリーズ　……79-80, 85
Kh-25M ARMシリーズ　……79, 80
Kh-25ML（AS-10"カレン"）ASM　……80
Kh-25MP（AS-12"ケグラー"）ARM　……79
Kh-27PS ARM　……79
Kh-28（AS-9"カイル"）ARM　……79, 80, 85
Kh-29（AS-14"ケッジ"）ASM　……84, 85, 89
Kh-29L（AS-14"ケッジ"）ASM　……85, 89
Kh-29MK　……89
Kh-29T（AS-14"ケッジ"）ASM　……84

索引

Kh-29TE ……89
Kh-31（AS-17"クリプトン"）ASM ……89
Kh-31A（AS-17"クリプトン"）AShM ……89, 117, 118
Kh-31P（AS-17"クリプトン"）ARM ……89, 91
Kh-35（AS-20"カヤック"）AShM ……117-18
Kh-55（AS-15"ケント"）ASM ……72, 72, 74
Kh-58（AS-11"キルター"）ARM ……79, 81
Kh-59（AS-13"キングボルト"）スタンドオフ兵器 ……88, 89
Kh-59M（AS-18"カズー"）スタンドオフ兵器 ……88, 90
Kh-59MK（AS-18"カズー"）スタンドオフ兵器 ……88-9, 90
Kh-65S AShM ……117
Kh-66 ASM ……78, 86
Kh-101/Kh-102 ALCM ……74
Kh-555 ALCM ……73
KMGU-2子弾ディスペンサー ……186
KMUシリーズLGB ……157
KS-1コメート（AS-1"ケンネル"）ALCM/AShM ……68, 106
KSR-2（AS-5"ケルト"）AShM/ASM ……68-9, 71, 106
KSR-5（AS-6"キングフィッシュ"）AShM/ASM ……71, 108, 110
KSR-5N（AS-6"キングフィッシュ"）AShM ……108
KSR-5P（AS-6"キングフィッシュ"）AShM ……71, 108
KSR-11（AS-5"ケルト"）ASM ……69
KSS巡航ミサイル ……69
LANTIRN（夜間低高度航法および目標支持赤外線装置） ……78, 160
LFK（現MBDA） ……184
LGB-250 250キロLGB ……162
LOGIR（低価格画像誘導ロケット弾）構想 ……171
LS-6 500キロ滑空爆弾 ……165
LT-2（雷霆2型）500キロ（GB-1）LGB ……166
M103 2000ポンド半徹甲弾 ……137
M109/M110 通常爆弾 ……137
M113 125ポンド化学爆弾 ……136
M116 750ポンドナパーム弾 ……136
M117 750ポンド爆破弾 ……136, 137, 145, 148, 153, 157, 158, 160
M118 3000ポンド低抵抗型（"スリック"）爆弾 ……137, 153
M118E1爆破弾 ……148
M121 1万ポンド 通常爆弾 ……137
M30A1 100ポンド通常爆弾 ……136
M-46タイプ爆弾（ソ連） ……143
M47 100ポンド焼夷／発煙爆弾 ……136
M52 1000ポンド徹甲弾 ……136
M-54タイプ爆弾（ソ連） ……141, 143
M56 4000ポンド ライトケース爆破弾 ……137
M57 250ポンド 通常爆弾 ……136
M58/M59半徹甲弾 ……136
M-62タイプ爆弾（ソ連） ……141, 143
M64 500ポンド 通常爆弾 ……136

M65 1000ポンド 通常爆弾 ……136-7
M66 2000ポンド 通常爆弾 ……137
M70 115ポンド 化学爆弾 ……136
M76 500ポンド 焼夷爆弾 ……136
M78 500ポンド 化学爆弾 ……136
M79 1000ポンド 化学爆弾 ……137
M81/M86/M88 破砕爆弾 ……136
MAA-1ピラナAAM ……9, 61
MAR-1 ARM ……94, 96
MA子弾シリーズ ……185
MB-1（のちのAIR-2ジーニー）核ロケット弾 ……169
MBB ……109
 BO 105 ……124, 171
 モジュラー型ディスペンサー兵器（MDS） ……184
 MW-1ディスペンサー兵器 ……182-3, 184
MBDAミサイル・システムズ ……57, 94
 ブリムストーン ATGM ……129, 132, 133
 デュアルモード・シーカー使用のブリムストーン ……133
 ストーム・シャドウ・スタンドオフ・ミサイル ……91, 102
MC1化学爆弾 ……137
MDS（モジュラー型ディスペンサー兵器）、MBB ……184
MICA（戦闘・航空迎撃ミサイル） ……9, 57, 58
 IR/RF ……57, 58
Mk 1 1600ポンド 徹甲爆弾 ……137
Mk 4/5/6核爆弾 ……139
Mk 7（トール）核爆弾 ……137, 40
Mk 7ロックアイ爆弾 ……153
Mk 8/11/12核爆弾 ……140
Mk 13 1000ポンド爆弾（イギリス） ……149, 150
Mk 15/17熱核爆弾 ……140
Mk 18 1000ポンド爆弾（イギリス） ……148, 150
Mk 18熱核爆弾 ……140
Mk 20（のちのB20）熱核爆弾 ……140
Mk 33 1000ポンド徹甲爆弾 ……137
Mk 76訓練用小型爆弾（"ブルーデス"） ……146
Mk 77焼夷爆弾 ……137
Mk 78/79焼夷爆弾 ……137
Mk 80シリーズ爆弾 ……136, 137, 138, 139
Mk 81 250ポンド通常爆弾 ……136, 137
Mk 82 500ポンド 通 常 爆 弾 ……137, 138, 148, 151, 154, 159, 160
Mk 83 1000ポンド 通常爆弾 ……137, 148, 153, 154, 159-60
Mk 84 2000ポンド 通 常 爆 弾 ……137, 138, 148, 153, 154, 159, 160
Mk 94 500ポンド化学爆弾 ……139
Mk 116ウェットアイ750ポンド化学爆弾 ……139
Mk 122ファイアアイ 750ポンド焼夷爆弾 ……139
Mk I/III核爆弾 ……139
MUPSOW（多目的スタンドオフ兵器） ……95
MW-1ディスペンサー兵器、MBB ……182-3, 184
Mシリーズ爆弾（アメリカ） ……136-7, 139
NATO ……17, 98, 99
NPOマシノストローイェニエ設計局 ……93
ODAB-500 392キロ サーモバリック弾 ……142

ODABサーモバリック弾（燃料気化爆弾）……145
OFAB-100-120 123キロ 高性能爆薬／破砕爆弾 ……142
OFAB-500ShN 500キロ爆弾……143
OFABシリーズ高性能爆薬／破砕爆弾（ソ連）……145
PARS 3LR ATGM ……128, 130
PGM-500 ……94
PGMミサイルファミリー ……92
PL-1/PL-2 AAM ……36
PL-5 AAM ……35, 36
PL-5B/C/E AAM ……36
PL-7 AAM ……35, 36
PL-8 AAM（パイソン3） ……36, 38-9, 38, 40
PL-9 AAM ……36-7, 36
PL-11 AAM ……36, 37
PL-12 AAM ……60, 61
PROSABクラスター弾シリーズ ……186
PROSAB-250クラスター弾 ……185, 186
PTAB-2.5対戦車爆弾 ……143
R051 AAM ……12
R-3R AAM ……38
R-3S（AA-2"アトール"）AAM ……14, 23, 25, 26-7
R-4R（AA-5"アッシュ"）AAM ……18
R-4/R-4M（AA-5"アッシュ"）AAM ……19
R-8M/R-8M1 AAM ……19
R-8MR（AA-3"アナブ"）AAM ……19
R-13M AAM ……38
R-13M1 AAM ……38, 46, 47, 51
R-23（AA-7"エイペックス"）AAM ……33, 47, 53
R-23R（AA-7"エイペックス"）AAM ……33, 51
R-23T（AA-7"エイペックス"）AAM ……33
R-24 AAM ……33, 47
R-24R（AA-7"エイペックス"）AAM ……31, 51
R-27 AAM ……33
R-27R（R-27ER、AA-10"アラモ"）AAM ……33, 53
R-27T（R-27ET）AAM ……33
R-33（AA-9"エイモス"）AAM ……19, 32, 34
R-33S（AA-9"エイモス"）AAM ……34
R-40（AA-6"アクリッド"）AAM ……19, 46, 47, 62, 64
R-40D（AA-6"アクリッド"）AAM ……19
R-40R（AA-6"アクリッド"）AAM ……51, 62
R-40RD AAM ……51
R-40TD（AA-6"アクリッド"）AAM ……19
R-60（AA-8"エイフィド"）AAM ……31, 33, 43, 44, 46, 47, 51
R-60M（AA-8"エイフィド"）AAM ……33
R-73（AA-11"アーチャー"）AAM ……32, 33-4, 53, 57, 58, 65
R-73E（AA-11"アーチャー"）AAM ……34
R-77（AA-12"アッダー"）AAM ……56, 58
R-98/R-98M AAM ……19
R510 AAM ……12-13
R511 AAM ……10, 12-13
R530（AA26）AAM ……12, 13, 19, 25, 42, 43
R550マジック1 AAM ……19, 42, 46, 47, 52, 58
R550マジック2 AAM ……35, 54, 54, 65

Rb 04 AShM ……118
Rb 05A AShM ……118
RBK-250/RBK-500クラスター爆弾 ……185, 186
RBK-500SPBE-Dクラスター爆弾 ……185
RBK-500Uクラスター弾 ……186
RBKクラスター爆弾 ……185
RBS 15 AShM ……118-19
RBS 15F AShM ……119
RBU-500Uクラスター弾シリーズ ……186
RIM-66Bスタンダード AShM ……114
RS-2U（AA-1"アルカリ"）AAM ……11, 13
RS-2US（AA-1"アルカリ"）AAM ……13
Rダーター AAM ……58, 60
S-1（TS-212）212ミリロケット弾 ……173
S-13 122ミリロケット弾シリーズ ……174, 175
S-2巡航ミサイル ……68
S-3K（KARS-160）160ミリロケット弾 ……173
S-5 57ミリロケット弾シリーズ ……173, 174
S-8 80ミリロケット弾シリーズ ……173, 174-5
S-8KO 80ミリロケット弾 ……173, 174
S-21（ARS-212）212ミリロケット弾 ……173
S-24 240ミリロケット弾シリーズ ……173-4, 175
S-24B/S-24BNK/S-24N 240ミリロケット弾 ……174
S-25 250ミリロケット弾シリーズ ……175
S-25L 340ミリロケット弾 ……174, 175
SAMP ……144, 163
SBU-38/SBU-54/SBU-64 340キロ誘導爆弾 ……162
SDB II ……155-6
SDB（小直径弾） ……154, 155, 161
SEPECATジャギュア ……101, 110, 159, 172
SEPECATジャギュアA ……144
ShOAB-0.5子爆弾 ……185
SNCASE アキロン ……12, 13
SNEB 68ミリロケット弾 ……172
SNORA 81ミリロケット弾、エリコン ……172
SS.10（ノール 5203）ATGM ……124, 126
SS.11（のちのAGM-22）ATGM ……124, 126
SURA 81ミリロケット弾、エリコン ……172
SUU（翼下懸垂ユニット）子弾ディスペンサー ……178-9, 180, 181
TALクラスター爆弾シリーズ ……187
TBA 125キロ 高性能爆薬／破砕 対人爆弾 ……144
TGAM-83 ASM（ブルパップ） ……77
TOW 2Bエアロ ……129
TOW（筒発射、光学追尾、有線誘導）システム ……124-5, 127, 128, 132
TRIGAT（第3世代対戦車兵器）ファミリー ……129
TRW/IAI MQ-5ハンター UAV ……161
TS-212（S-1）212ミリロケット弾 ……173
TY-90 AAM ……61
UAV（無人航空機） ……38, 44, 64-5, 85, 133
UB-2000F チャイカ 2240キロ誘導爆弾 ……162
UB-5000F コンドル 5100キロ誘導爆弾 ……162
UPAB-1500 1500キロ誘導爆弾 ……162
Uダーター ……60
V-1飛行爆弾 ……68

索引

V3A/Bククリ AAM　……53
V3Cダーター　……59
V4 AAM（Rダーター）　……58, 60
VB（垂直爆弾）爆弾ファミリー　……148
WAFAR（取り巻き型翼中発射ロケット弾）　……169, 170
WCMD（風偏差修正子弾ディスペンサー）　……181
WE177B核爆弾　……146
WE177核爆弾　……144, 146
WGU-59（APKWSII）2.75インチ・ロケット弾　……171
YJ-6（C-601；CAS-1"クラケン"）AShM　……74, 111, 112, 121
YJ-61（C-611）AShM　……121
YJ-63（KD-63）LACM　……74
YJ-81（C-801K）AShM　……121
YJ-82（C-802）AShM　……122
ZBナパーム爆弾　……144
ZT-35イングウェ ATGM　……131
ZT-3スウィフト ATGM　……131
ZT-6（モコパ）ATGM　……131

[あ]

〈アヴェンジャー〉、英フリゲート艦　……116
アヴロ
　ブルースチール・スタンドオフ核爆弾　……70
　ヴァルカン　……70
　ヴァルカンB.Mk2　……70
アヴロ・カナダCF-105アロー　……11
アエロL-39　……65
アエロスパシアル　……108, 109
　アルエットII　……124, 126
　アルエットIII　……126
　AM39エグゾセ AShM　……86, 109, 113, 114-15, 117
　AS15TT AShM　……108-9
　AS30（以前のノール5401）ASM　……81, 85, 95
　AS30L ASM　……81, 85, 96, 11, 113
　ASMP ALCM　……72, 73
　パンテル　……108
　ピューマ　……131
　SA.321GVシュペル・フルロン　……113
　SA.321H　……62
　SS.11 ATGM　……124
アエロスパシアル／ウエストランド
　ガゼル　……124, 127, 132
　パルチザン（ガゼル）　……125
アグスタ・ウエストランド AW101　……118
アグスタ・ベル AB.204　……125
アグスタ・ベル AB.212　……110, 111, 114
アストラ AAM　……59
アスピデ AAM/ASM　……34, 35-6, 37
アスピデ2 AAM/ASM　……36
〈アトランティック・コンベア〉　……116
「アーネスト・ウィル」作戦　……114
アパシュ対滑走路兵器　……90

アフガニスタン　……43-4, 102, 103, 127, 132, 133, 137, 142, 153, 161, 186
　空軍　……44
アフリカ、サハラ以南におけるAAM　……53
アメリカ　……69, 71, 72, 75, 124-5, 136
　個々の兵器タイプも参照
アラブ首長国連邦空軍　……92
アラブ連合共和国空軍　……25
〈アル・タジャール〉　……113
アルカイダ　……103
アルジェリア　……126, 131
アルスナル航空工廠　……12
アルゼンチン　……41-2, 54, 115-16, 126
アルゼンチン海軍　……115
アルゼンチン空軍　……42
アルファ ASM　……94
〈アルフェレス・ソブラル〉　……116
アレニアAMX　……165
アンゴラ　……53, 131, 165
アントノフAn-26　……44

[い]

イエローサンMk 1/2水素爆弾　……144
イギリス　……
　冷戦初期のAAMの発達　……12, 13
　高性能爆薬通常爆弾　……144
　核爆弾　……144, 145
イギリス　……57, 69-70, 91, 92, 110, 144, 146
　1000ポンド通常爆弾　……159, 160
イギリス国防省　……57
イスラエル　……38, 39, 58, 75, 85, 89, 90, 96, 110-1, 111, 116, 127, 131, 133, 147, 163-4, 164, 187
　AAMの開発　……25
　1966-73年のミサイルによる撃墜　……27
　レバノン戦争（1982年）におけるミサイルによる撃墜　……40
　第4次中東戦争におけるミサイルによる撃墜　……29
イスラエル空軍　……25, 26, 27, 38, 39, 65, 84, 89, 164
　第119飛行隊「バット」　……26
イタリア　……92, 110
イタリア海軍　……110, 111
イタリア空軍　……36, 165
　第36航空団　……108
イラク　……62-3, 64-5, 93, 99-101, 103, 113-14, 126, 127, 132, 133, 137, 159-60, 161
イラク空軍　……25, 46, 51, 52, 62-3, 64, 65, 84, 85, 96, 113-14
イラク軍最高司令部　……102
「イラクの自由」作戦　……101, 102, 133, 161
イラン・イスラム共和国、空軍（イラン空軍）　……18, 46, 52, 84, 96, 114, 187
イラン・イラク戦争（1980-88年）　……46-52, 84-85, 96, 109, 113-14, 126, 127, 182
　イランのAAMによる撃墜　……48-51
　イラクのAAMによる撃墜　……46-7

Index

イラン海軍 ……52, 114
インヴィンシブル ……116
イングリッシュ・エレクトリック・キャンベラ ……42, 43, 54, 187
イングリッシュ・エレクトリック・ライトニング 12, 13, 16, 17
インディペンデンス ……177
インド ……43-4, 59, 117
インド海軍 ……95, 110
インド空軍 ……43, 44, 93, 95, 165

[う]

ヴァイオレットクラブ核爆弾 ……144
ウィザードLGB、エルビット ……164
ウエストランド
　リンクス ……110, 116, 132
　スカウト ……126
　シーキングMk 42B ……110
　スーパーリンクス ……107
　ワスプ ……116
ヴェトナム戦争（1954-75年） ……20-4, 75, 76, 78, 126, 127, 136, 137, 138, 148, 157-8, 169
　AA-2による撃墜 ……21
　AIM-4による撃墜 ……22
　ASM（空対地ミサイル） ……82-3, 83
　サイドワインダー AAM ……20, 20, 22-3
　スパロー AAM ……21-2
ヴォート
　A-7/A-7Eコルセア II ……99
　F-7E（FN）クルセイダー ……18
　F-8クルセイダー ……16, 20, 23
　F-8C/F-8E/F-8Hクルセイダー ……23
ウォールアイ、Mk 6、誘導爆弾 ……76
ウォールアイER（射程延伸型） ……77
ウォールアイ、AGM-62、誘導爆弾 ……76, 77, 82, 98
ウォールアイII、AGM-62B、ASM ……98
ウォールアイII、Mk 5、誘導爆弾 ……76, 77, 82

[え]

英海軍 ……12, 41, 70, 107, 110, 145, 183
　機動部隊 ……41, 114-16, 115, 116
英空軍 ……30, 41, 42, 91-2, 94, 99, 102, 129, 133, 141, 144, 146, 148, 151, 153, 159-60, 161, 172, 183-4
　急襲作戦「ブラック・バック」 ……76
　冷戦初期のAAM ……12, 13
　第617飛行隊「ダムバスターズ」 ……70, 102
　V爆撃機 ……70
英駆逐艦〈コヴェントリー〉 ……116
エイラート ……110
英陸軍 ……126, 132
英陸軍航空隊 ……172
エクアドル ……54, 58
エクアドル空軍 ……54

エグゾセ AShM、アエロスパシアル AM39 ……86, 109, 113, 114-15
エジプト ……68-9, 117
エジプト海軍 ……110
エジプト空軍 ……25, 27, 28
エジプト陸軍 ……126
エチオピア ……53
エプスタイン、ギオラ ……28
エリコン、ロケット弾 ……172
エリトリア ……53
エルビット ウィザード LGB ……62
エルビット オファー LGB ……163-4
エンタープライズ、米空母 ……93
エンブラエル AMX ……94, 96
エンブラエル ツカノ ……54

[お]

オーストラリア ……89
オーストリア ……58
オチキス・ブラント社製弾頭 ……10
オットー・ブレダ ……110
オニクス、3M55 AShM ……93
オランダ空軍 ……63
オールズ、ロビン ……20
オルト、フランク、大佐とオルト・レポート ……21

[か]

カイト スタンドオフ兵器 ……187
核爆弾、アメリカ ……139-40
　第2世代 ……140-42
風偏差修正子弾ディスペンサー（WCMD） ……180
カセット誘導爆弾 ……96
カーデン CB-130/-500クラスター弾 ……187
カナダ ……172
ガブリエル AShM ファミリー ……110
ガブリエル III/AS AShM ……111
ガブリエル III ミサイル ……110-11
カモフ ……
　Ka-29 ……130
　Ka-32 ファミリー ……118
　Ka-50/Ka-52 ……130
「ガリラヤのための平和」作戦（1982年） ……127
〈カール・ヴィンソン〉、米海軍空母 ……101
韓国 ……89, 117
艦隊航空部隊（FAA）、イギリス ……41

[き]

北ヴェトナム空軍 ……20, 23
北ヴェトナム陸軍 ……127
キティホーク ……84
キャンベル、フィリップ少佐 ……56
旧ユーゴスラヴィア ……62, 63, 63, 65, 102, 161
旧ユーゴスラヴィア
ギリシア ……65, 91
ギリシア空軍 ……65

ギロチン LGB ……164
金門島 ……14

[く]

クイト・クアナヴァレの橋 ……166
空対空ミサイル（AAM） ……9-65
　個々のミサイル名も参照
　1990年以降の戦闘における ……62-5
　「砂漠の嵐」作戦におけるミサイルによる撃墜 ……64
　イラク ……62-5
　旧ユーゴスラヴィアにおけるミサイルによる撃墜 ……65
　シリア ……65
　冷戦初期 ……10-13
　イギリス、フランス、ソ連 ……10, 11, 12- 13
　アメリカ ……10-12,10, 11
　フォークランド紛争中（1982年）の ……41-2
　インドにおける ……43-5
　イラン・イラク戦争（1980-8年）の ……46-52
　ラテン・アメリカにおける ……54
　レバノン戦争（1982年）中の ……38-40
　現代の ……55-61
　　BVR（視程外射程）能力 ……58, 60-1
　　ヨーロッパの短射程 ……57-8
　1960年代と1970年代 ……15-19
　　初期のサイドワインダー ……16-17
　　ミラージュ搭載のミサイル ……19
　　海軍の派生タイプ ……15, 17-18
　　ソ連のミサイル ……18-l9, 18
　1980年代と1990年代の ……30-7
　　中国の発達 ……36-7
　　ヨーロッパの ……35-6
　　輸出向けサイドワインダー ……30, 33
　　ソ連の短射程 ……33-5
　パキスタンの ……43-5
　第3次中東戦争の ……25
　サハラ以南のアフリカにおける ……53
　台湾海峡危機（1958年）の ……14, 14
　ヴェトナム戦争も参照
　消耗戦争の ……26-7
　世界初の撃墜成功 ……14
　第4次中東戦争における ……28-9
空対地（艦）ミサイル（ASM） ……67-102
　個々のミサイル名も参照
　「砂漠の嵐」作戦における ……98-100
　　AGM-65の派生型 ……98
　　対レーダー ……98
　　マヴェリック ……98
　　ウォールアイ ……99
　対テロ全面戦争における ……101
　中東における ……84-5
　ヴェトナムにおける ……82-3, 83
空対地ミサイル、戦術的
　冷戦 ……75-81
　　対レーダー、シュライク ……7-56, 77, 78-9
　現代の ……86-97
　　ヨーロッパの巡航 ……91-2

　　イランの計画 ……96
　　英空軍 ALARM ……92-3, 95
　　南アフリカとの関連 ……92-6
　　ステルス性のJASSM ……87, 88
空対地ミサイル、戦略的
　冷戦初期の ……68-71
　　B-52搭載向けハウンドドッグ ……69-70
　冷戦後期 ……71-3
　現代の ……73-5
空中発射 ……
　フォークランド紛争における ……114-16
　現代の ……116-21
　　ヨーロッパにおける強化 ……117-20
　　極東 ……120-21
　タンカー戦争における ……113-14
空中発射巡航ミサイル（ALCM） ……71, 72, 72, 73, 73
空中発射スタンドオフ爆弾 ……69-70, 70
空中発射弾道ミサイル（ALBM） ……69
空中発射ロケット弾
　ロケット弾、空中発射型を参照
ククリV3 A/B AAM ……53
〈グラスゴー〉、駆逐艦 ……116
クラスター弾 ……179
　ヨーロッパの ……182-4
　その他の国の ……187
　ソ連とロシアの ……185-6
　アメリカの ……178-81
クラブ、3M51、AShM ……94
グラマン
　A-6 ……62, 99
　A-6A/B ……83
　A-6E ……99
　E-2Cホークアイ AEW ……39
　EA-6Bプラウラー ……88
　F-14トムキャット ……17, 52
　F-14Aトムキャット ……46, 48, 49, 50, 51, 52, 52, 60, 64
グリフィン LGB ……164
グリフィンIII ……164
グルジア空軍 ……65
グロスター・ジャヴェリン ……12

[け]

ケントロン ラプター（H-2）滑空爆弾 ……94, 164-5

[こ]

航空宇宙技術センター（CTA） ……96
航空機前方発射ロケット弾（FFAR）、5インチ ……168
航空機用高速ロケット弾（HVAR）、5インチ ……168
ココン、9M114、（AT-6"スパイラル"）ATGM ……129
コソヴォ ……87, 102, 162
国境紛争 ……187
〈コモドーロ・ソメレーラ〉、哨戒艇 ……116
コルモラン AShM ……108, 109-10

Index

コルモラン2 AShM　……110
コロンビア　……165
コングスベルグ ペンギン AShM　……119
コングスベルグ対艦攻撃ミサイル（NSM）　……120
コンベア　……
　B-36ピースメーカー　……140
　B-58ハスラー　……142
　F-102Aデルタ・ダガー　……10, 168
　F-106Aデルタ・ダート　……169

[さ]

サウジアラヴィア　……58, 60, 109, 117, 183
サウジアラヴィア空軍　……62, 64, 114
「サザン・ウォッチ」作戦　……63, 177
サジェム　……163
サッター 1 ASM　……96, 97
サッター 2 ASM　……96
サッター 3／サッター 4 ASM　……96, 97
サッター ASMシリーズ　……96
「砂漠の嵐」作戦　……31, 62, 63, 87, 90, 100, 132, 149, 159-60, 161, 183
　におけるASM　……98-100
　AGM-65の派生ミサイル　……98
　対レーダー　……98
　ウォールアイ　……99
　における誘導爆弾　……159-60
　におけるヘリコプター発射ミサイル　……133
　ミサイルによる撃墜　……64
　におけるアメリカとイギリスの無誘導爆弾　……160
　におけるアメリカのクラスター爆弾とディスペンサー兵器　……181
「砂漠の狐」作戦　……63
サハンド　……114
サーブ
　105　……119
　A 32ランセン　……119
　AJ 37 ビゲン　……118, 119
　J 35ドラケン　……16
　JA 37 ビゲン　……30
　JA 39グリペン　……58, 61, 91, 94, 119, 183
サーブ・ボフォース・ダイナミクス　……184
　RBS 15 AShM　……118-19
　RBS 15F AShM　……119
"サール"型ミサイル搭載艇　……110
〈サンタ・フェ〉　……116
「散布型小型地雷」　……179, 180

[し]

シーイーグル AShM、BAe　……110, 112
ジェネラル・アトミックス　……
　MQ-1プレデター UAV　……162
　MQ-9リーパー UAV　……149
　RQ-1Aプレデター UAV　……65
ジェネラル・ダイナミクス　……
　先進精密破壊兵器システム（APKWS）　……170
　F-111　……89, 160

F-111B　……15, 17
F-111F　……62, 160
FB-111　……141
FB-111A　……71
〈シェフィールド〉、駆逐艦　……115
シコルスキー
　CH-53　……131
　HSS（H-34の海軍仕様）　……126
　シーキング　……139
　SH-3Dシーキング　……114
　SH-60Bシーホーク　……120
シースクア AShM、BAe　……107, 110, 115-16
システル　……110
シースパロー SAM　……16
ジブレ 子爆弾ディスペンサー　……183
シャフリルI AAM　……25, 25, 26, 27, 28
シャフリルII AAM　……26, 27, 28, 29, 42, 54
十字翼型兵器（CWW）、ロックウェル　……153
シュツルム、9K113、ATGMシステム　……129
シュツルムV ATGMシステム　……129
シュド・アビエーション、ボートゥール　……19
シュド・アビエーション、ボートゥールIIN　……12, 13
シュペル530 AAM　……58
シュペル530D AAM　……31, 35, 47, 52
シュペル530F AAM　……19, 35, 47, 52, 52
小直径爆弾（SDB II）　……155
小直径爆弾（SDB）　……155, 162
消耗戦争（1967-70年）　……26
小翼折り畳み式空中発射ロケット弾（FFAR）、5インチ　……168
〈ジョン・F・ケネディ〉、米空母　……99
地雷、Mk36、40、41　……137
シリア　……38, 39, 84, 127
シリア空軍　……28, 38, 39, 65
瀋陽F-6　……43, 44, 45
瀋陽J-11B　……60

[す]

スウェーデン　……119, 172
スウェーデン空軍　……16, 30, 105, 119, 184
スウェーデン陸軍　……125
スカイフラッシュ AAM　……30, 33
スカイボルト ALBM、GAM-87　……69, 70
スキャルプEG（通常弾頭長射程巡航ミサイル発展型）スタンドオフ・ミサイル・ファミリー　……90-1
〈スターク〉、フリゲート艦　……113, 114
ストーム・シャドウ スタンドオフ・ミサイル　……91-2, 102
ズーニー5インチFFAR　……169
スパイク ATGM　……129, 131, 133
スパイクER ATGM　……131
スーパーマリン スイフトF Mk7　……12
スペイン　……91, 131, 144
スホーイ
　Su-7　……173, 174, 175
　Su-9　……13
　Su-11　……18-19

Su-15 ……19
Su-15TM ……19
Su-17 ……80-1, 174
Su-17M ……80, 81
Su-20 ……51
Su-22 ……44, 51, 54, 85
Su-22M-3K ……51
Su-22M-4K ……51, 85
Su-24 ……31, 80
Su-24M ……81, 88, 89
Su-25 ……174, 175, 186
Su-25T ……130
Su-27 ……33, 34, 53, 58, 65, 175
Su-30 ……44, 89
Su-30MKI ……59
Su-35 ……89
スマート弾／先進ロケット弾（SMARt）計画 ……171

[せ]

西安
　H-6 ……74, 121
　H-6B ……111
　H-6D ……121
　H-6H ……74
　H-6K ……74
　JH-7 ……121
成都
　J-7 ……35, 36
　J-8B ……166
　J-8F ……60
　J-10 ……60
　JF-17 ……94, 96
セスナA-37B ……54
セスナO-2A ……127
セネバ戦争（1995年）……54
セルビア ……63, 86, 98, 99, 102
セレニア（のちのアレニア）アスピデ AAM/ASM ……34
セレニア・アスピデ2 AAM/ASM ……36
戦術弾薬ディスペンサー（TMD）ファミリー ……179
先進精密破壊兵器システム（APKWS）、ジェネラル・ダイナミクス ……170
戦闘・航空迎撃ミサイル（MICA）AAM ……9, 57, 57, 58

[そ]

ソコ J-21 ヤストレブ ……63
ソ連 ……71, 105, 117-18, 123, 125, 127, 129-31, 141, 142, 162, 163
　個々の兵器タイプも参照
ソ連 ……72, 73, 78
　ロシアも参照
ソ連海軍 ……105, 106-7
　ロシア海軍も参照
　　バルチック艦隊 ……108
　　黒海艦隊 ……106, 108
　　北方艦隊 ……108, 109
ソ連空軍 ……43-4
　ロシア空軍も参照

[た]

第3次中東戦争（6日間戦争）（1967年）……25, 26, 110
第4次中東戦争（ヨム・キプール戦争）（1973年）……26, 28-9, 69, 84, 117, 126, 127
　イスラエルのミサイルによる撃墜 ……29
第800海軍飛行隊 ……42
第893海軍飛行隊 ……12
大韓航空007便 ……19
対艦攻撃ミサイル（NSM）、コングスベルグ ……120
対艦ミサイル（AShM）……105-22
　個々のミサイル名も参照
　冷戦、冷戦の対艦ミサイルを参照
対戦車空中発射ロケット弾（ATAR）（Ram）、6.5インチ ……168
　個々のミサイル名も参照 ……123-33
　冷戦 ……124-16
　現代の ……128-31
　戦闘における ……132-3
　南アフリカの ……131
　ソ連の第2世代 ……129-931
タイタス、ロバート、中佐 ……22
「対テロ全面戦争」……133, 161
　におけるASM ……101, 102
タイニー・ティム 11.75インチ・ロケット弾 ……168
台湾 ……14, 37, 121
台湾空軍 ……14
タウラスKEPD350 スタンドオフ・ミサイル ……93, 95
ダグラス
　AH-1W ……78
　ADスカイレイダー ……168
　AIR-2ジーニー（以前のMB-1）核ロケット弾 ……168-9
　F5Dスカイランサー ……11
多国籍軍 ……62-3, 101, 133, 161
ダーターAAMファミリー ……58, 58, 60-1
ダッソー
　エタンダール ……108
　エタンダールIVM ……12
　MD.311 ……126
　ミラージュ ……41, 42, 53
　ミラージュIII ……19, 42, 43, 94, 95, 144
　ミラージュIIIBJ ……28, 29
　ミラージュIIIC ……12, 13, 19
　ミラージュIIICJ ……25, 27, 28, 29
　ミラージュIIIE ……144
　ミラージュIIIEP ……45
　ミラージュIVA ……72, 147
　ミラージュIVP ……72
　ミラージュ5P ……54, 165
　ミラージュ50パンテーラ ……164
　ミラージュ2000 ……31, 58, 81, 151, 164

ミラージュ 2000-5/2000-9 ……93
ミラージュ 2000C ……31, 35, 52
ミラージュ 2000D ……91, 149
ミラージュ 2000EG ……65
ミラージュ 2000N ……72, 74
ミラージュ 2000P ……165
ミラージュ F.1 ……51, 81, 95, 114
ミラージュ F.1C ……19, 35, 52
ミラージュ F.1CZ ……53
ミラージュ F.1EQ ……47, 52
ミラージュ F.1EQ-4 ……47
ミラージュ F.1EQ-5 ……113
ミラージュ F.1EQ-6 ……47
ミラージュ F.1JA ……54
ミステール ……43
ミステールIVA ……12
シュペル・ミステールB2 ……12
ラファール ……9, 58, 74, 163, 164
シュペル・エタンダール ……72, 109, 114-15, 116, 144, 149
シュペル・ミステールB2（サール）……25, 28
ダービー AAM ……58, 60
タリバン ……103
タンカー戦争（1981-7年）……113-14
タンホア鉄橋 ……82, 157

[ち]

チェチェン紛争、第1次（1994年）……65
チャド ……128
チャンス・ヴォートF7U-3Mカトラス ……11
中国 ……61, 74, 111, 120-21, 130, 166
　57ミリロケット弾 ……175
　1980年代と1990年代の発達 ……36-7
中国人民解放軍空軍 ……14, 36, 37, 60, 74, 111, 130-1, 165, 175
朝鮮戦争（1950-3年）……106, 136, 148, 168
直昇 Z-10 ……131
直昇 Z-11 ……130
チリ空軍 ……165

[つ]

ツポレフ
　Tu-4 ……68, 106, 108
　Tu-16 ……25, 68, 71, 106, 108, 109, 110
　Tu-16K-10 ……109
　Tu-22 ……71, 107, 143
　Tu-22K ……107
　Tu-22M ……71, 107
　Tu-22M-2 ……105
　Tu-22M-3 ……73
　Tu-26 ……105
　Tu-95K ……68, 69
　Tu-95K-22 ……71
　Tu-95MS ……72, 74
　Tu-128 ……18, 19
　Tu-160 ……72, 73

[て]

デ・ハヴィランド
　ファイアストリークAAM ……12, 13, 16
　シー・ヴェノム ……12
　シー・ヴィクセン ……12, 16
ディスペンサー兵器 ……177-87
　ヨーロッパの ……182-4
　他の国々の ……187
　ソ連とロシアの ……185-6
　アメリカの ……178-81
ディスペンサー兵器システム39（DWS39）……183
ディールBGTディフェンス ……58, 164
テキサス・インスツルメンツ（TI）……148
「デザート・ストライク」作戦 ……98
デネル ……131
　チーター ……60, 95
　チーターC/D ……58
　ローイファルク ……131
デュランダール対滑走路兵器 ……146
「テリック」作戦 ……103
デリラー スタンドオフ・ミサイル ……90, 96
天剣 AAMファミリー ……37
天剣1 AAM ……37
天剣2 AAM ……37

[と]

ドイツ ……57, 155, 163, 182
ドイツ海軍 ……108, 109
ドイツ空軍 ……67, 91, 94, 182
　第73戦闘航空団 ……34
ドイツ陸軍 ……128, 130
「同盟の力」作戦 ……63-4, 86, 98, 102, 161
トムソン・ブラント・アーマメント ……172
　BLG-66ベルーガ 子爆弾ディスペンサー ……182, 183
　BM-400クラスター爆弾 ……183
　TBA 125キロ 高性能爆薬／破砕 対人爆弾 ……144
トムソンCSF ……163
取り巻き型翼空中発射ロケット弾（WAFAR）……169
トール（Mk 7）核爆弾 ……140
トルコ空軍 ……65
トルゴス スタンドオフ兵器 ……95, 96

[な―の]

南昌Q-5 ……35
日本 ……61, 111, 112, 121, 122, 139
　航空自衛隊 ……61
ニムロッド ATGM、IAI ……131
ノヴァトール設計局 ……93
「ノーザン・ウォッチ」作戦 ……102
ノースアメリカン
　F-86セイバー ……43
　F-86D ……168
　F-86E ……44

F-86F ……14, 43, 45
F-100F"ワイルド・ウィーズル" ……83
FJ-4フューリー ……75
セイバーMk6 ……45
ノースロップ（のちのノースロップ・グラマン） ……171
B-2スピリット ……90, 147, 156, 161
F-5A ……53
F-5BR ……59
F-5E ……46, 48, 49, 50, 51, 60
F-5F ……60
F-5M ……94
F-89Hスコーピオン ……10
F-89Jスコーピオン ……10, 168-9
GBU-44バイパー・ストライクLGB ……150, 153, 156
ノール
5103／5104 AAM ……12
AS.12 AShM ……114
AS.20（以前のノール5110）ASM ……80
AS.30（以前のノール5401）ASM ……81, 85, 95
SS.10（ノール5203）ATGM ……124, 126
SS.11（ノール5210）ATGM ……124, 126
ノルウェー ……119-20
ノルウェー海軍 ……119
ノルウェー空軍 ……120

[は]

パイソン3 AAM ……36, 38-9, 38, 40
パイソン4 AAM ……58, 61, 65
パイソン5 AAM ……65
ハイドラ2.75インチ・ロケット弾 ……132, 170, 171
ハイドラ70・ロケット弾ファミリー ……170, 171
パキスタン ……43-4, 94-5, 96, 97
空中兵器開発・製造センター ……97
国家技術・科学委員会（NESCOM） ……97
パキスタン海軍 ……44
パキスタン空軍 ……43, 44, 94, 95
ハキーム ASM ……92
爆撃機発射ロケット弾（BOAR）、核 ……168
爆弾、自由落下
個々の爆弾名も参照
イギリスの核兵器 ……144, 146
Mk80シリーズ（アメリカ） ……136, 137, 138, 139
アメリカの核兵器 ……138-40
第2世代 ……139-41
爆弾、誘導 ……148-66
「対テロ全面戦争」における ……161
アメリカ以外の ……162-5
「砂漠の嵐」作戦における ……159-60
アメリカ ……148-56
光電子方式 ……151-53
GBUシリーズJDAMおよびGPS誘導兵器 ……154

GBUシリーズ、レーザーおよび光電子誘導弾 ……153
レーザー誘導（JDAM） ……155-6
ペイヴウェイ爆弾ファミリー ……148-9, 151
ヴェトナムにおける ……157-8
発達型レーザー誘導爆弾（ALGB）、IAI ……165
ハトフ8（ラード）巡航ミサイル ……94, 97
パナビア
トーネード ……42, 62, 93, 146, 159-60
トーネードECR ……86
トーネードF.Mk3 ……30
トーネードGR.Mk1 ……99, 110, 183-4, 183
トーネードGR.Mk4 ……92, 102, 129, 132
トーネードIDS ……91, 94, 108, 109, 182, 183
ハマス ……133
〈ハーミーズ〉 ……42
「ハリケーン」作戦 ……145
哈爾浜Z-9G/Z-9W ……130
バンタムATGM、ボフォース ……125
ハンティングBL755クラスター爆弾 ……182, 183
ハンティングJP233滑走路破壊兵器 ……62, 183-4, 183
ハンティング空中投下破壊兵器（Hades） ……183
ハンドレページ・ヴィクター ……69, 70

[ひ]

「飛行禁止」作戦 ……63
ビスノヴァト設計局（のちのヴィンペル） ……33
ヒズボラ ……65, 96, 133
ヒューズ（のちのレイセオン） ……55, 57
AIM-120 AMRAAMも参照
ヒューズ500 ……62
500MDディフェンダー ……127
ピラナAAM、MAA-1 ……59, 61
ビンペル設計局 ……89

[ふ]

ファイアストリークAAM ……12, 13, 16
ファイアフラッシュAAM ……12
ファット・マン核爆弾 ……139
フェアチャイルドA-10 サンダーボルトII ……67, 98
フェアリー（社開発）ファイアフラッシュAAM ……12
フェリマー・クラスター爆弾システム ……187
フォークランド紛争（1982年） ……41-2, 54, 76, 106, 109, 115, 116, 144, 150
ミサイルによる撃墜 ……41
「不朽の自由」作戦 ……101, 102, 133, 155
ブッシュ戦争（1980年代） ……53
ブラジル ……59, 60, 61
ブラジル空軍 ……94
ブラック・シャヒーン スタンドオフ・ミサイル ……92
ブラックバーン バッカニア ……42, 95, 110, 159-60, 165
ブラモス超音速巡航ミサイル ……93, 95
フランス ……72, 74, 80, 91, 95, 124, 126, 128, 144, 146, 149, 159, 163, 172, 183

Index

1960年代と1970年代のAAM ……19
冷戦時代の対艦ミサイル ……108-10
フランス海軍 ……13, 19, 72, 108, 109, 113-14, 126, 144, 149
フランス空軍 ……9, 12, 13, 19, 31, 74, 99, 101, 126, 147, 163, 164
フランス陸軍 ……124, 128
ブリストル・エアロスペースCRV-7 2.75インチロケット弾 ……172
ブリムストーン ATGM ……129, 132, 133
ブリムストーン、デュアルモード・シーカーを使用する、ATGM ……133
"ブルー・デス"Mk76 通常爆弾 ……146
ブルースチール スタンドオフ核爆弾 ……70, 71
ブルーダニューブ 核爆弾 ……144
「プレイング・マンティス」作戦 ……52
ブレゲー アトランティック ……44
プロジェクト・ホット・ショット ……11

[へ]

ペイヴ・ストライク計画 ……151-52
ペイヴウェイI LGBファミリー ……148, 157, 158
ペイヴウェイII LGBファミリー ……148-9, 150, 159, 160
 エンハンスド（EGBU）、LGB ……135, 149, 151, 153
ペイヴウェイIII LGBファミリー ……149, 151, 152, 157, 157 9
ペイヴウェイIV LGBファミリー ……151, 153
ペイヴウェイ爆弾ファミリー ……148-9, 151, 162
ペイヴウェイ爆弾ファミリー
 GBU-10からGBU-28も参照
ペイヴストーム、GBU-2、2000ポンド LGB ……148, 153, 157
ペイヴストームI、GBU-6/7 ……153
ペイヴストームI、クラスター弾 ……148
ペイヴスパイク目標指示器 ……148, 157, 160
ペイヴタック目標指示器 ……160
ペイヴナイフ目標指示器 ……148, 157
米海軍 ……16, 17, 20, 21, 23, 57, 62, 63, 64, 75, 76, 77, 77, 79, 82, 83, 86, 87, 88, 98-9, 100, 102, 113, 114, 119, 120, 128, 137, 141, 148, 149, 154, 155, 158, 168, 169, 170, 171, 181
 航空部隊兵器整備員 ……177
 空母艦隊 ……105, 106
 戦闘機兵器学校（「トップ・ガン」）……21
 海軍兵器センター ……11, 76, 79
 VA-75 ……84
 第21戦闘飛行隊（VF-21）……22
米 海 兵 隊 ……14, 78, 98, 100, 132, 133, 146, 162, 169, 171
 第369海兵軽攻撃ヘリコプター飛行隊 ……167
 第224、第533海兵戦闘攻撃飛行隊（VMFA）……100
米空軍 ……17, 57, 62, 63-4, 65, 73, 75, 76, 77, 82, 83, 86, 87, 88, 98, 100, 101, 102, 133, 136, 140, 141, 147, 149, 152, 154, 155, 156, 157, 158, 161

第2航空整備中隊 ……160
第2爆撃航空団 ……145
第8戦術戦闘航空団 ……20, 157, 158
第25戦術戦闘飛行隊 ……158
第28遠征航空団 ……155
第33戦術戦闘航空団 ……62
第37戦術戦闘航空団 ……159
第48戦術戦闘航空団 ……160
第77遠征戦闘飛行隊 ……162
第80戦闘飛行隊 ……37
第95戦闘飛行隊 ……56
第355戦闘飛行隊 ……67
第391戦術戦闘訓練飛行隊、第366戦術戦闘航空団 ……144
第494遠征戦闘飛行隊 ……162
第509航空整備中隊 ……147
第509爆撃航空団 ……147
航空宇宙防衛軍団 ……15
空軍研究所 ……155
兵器開発試験センター ……148
「チャージング・スパロー」計画 ……21
戦闘兵器訓練校 ……152
戦略航空軍団（SAC）……69, 137, 139
米陸軍 ……123, 128, 132, 133, 161, 170, 171
 第1騎兵師団 ……126
 第1戦闘ヘリコプターTOWチーム ……127
米陸軍航空軍 ……148, 168
ベッカー渓谷 ……38, 39
ベネズエラ ……54
ベル
 AH-1コブラ ……125
 AH-1J/AH-1S ……127
 AH-1T ……132
 AH-1W ……167, 171
 AH-1Z ……171
 OH-58D（I）……171
 UH-1Bイロコイ ……126
ペルー空軍 ……54, 164
ペルシア湾 ……85, 105, 113-14, 137, 160, 177
ベレズニャク設計局（のちのラドゥガ）……68
ペンギン AShM、コングスベルグ ……119

[ほ]

ボーイング ……129, 161
 707 ……84
 AGM-69 SRAM（短射程攻撃ミサイル）……71
 AGM-69A SRAM（短射程攻撃ミサイル）……71
 B-29スーパーフォートレス ……148
 B-47ストラトジェット ……142
 B-52ストラトフォートレス ……90, 136, 137
 B-52G ……69, 71, 72, 89, 98
 B-52H ……71, 72, 73, 87, 92, 103, 145, 154, 155, 156
 GBU-53 250ポンドSDB ……154, 156
 P-81ポセイドン ……117
ホーカー・シドレー ……81
ホーカー・ハンター ……43

ボスニア　……63, 164
〈ボノム・リシャール〉、米空母　……20
ホーチミン・トレイル　……158
ポートスタンリー　……76
ポパイ ASM　……89-90, 92
ポパイIIハブライト ASM　……90
ボフォース　……91, 172
　　ボフォース・ダイナミクスも参照
ポラリス潜水艦発射型ミサイル　……70
ポール・ドメール鉄橋　……158

[ま]

マイティ・マウス 2.75インチ・ロケット弾　……168
　　マクダネル（のちのマクダネル・ダグラス）　……88, 154
　　A-4スカイホーク　……42, 76, 82, 83
　　A-4Cスカイホーク　……116
　　CF-188ホーネット　……172
　　EA-18Gグラウラー　……88
　　F3H-2Mデーモン　……11
　　F-4ファントム　……11 16, 22-3, 26, 30, 42, 49, 157, 158
　　　F-4B　……21-2, 23, 24
　　　F-4C　……23, 24, 84
　　　F-4D　……20, 23, 24, 46, 48, 49, 50, 157, 158
　　　F-4E　……23, 24, 26, 26, 27, 29, 39, 40, 46, 48, 49, 50, 51, 84, 96, 111, 114, 157, 187
　　　F-4EJ　……111
　　　F-4G"ワイルド・ウィーズル"　……98, 99
　　　F-4Jファントム　……11 23, 24
　　F-15イーグル　……16, 38, 39, 40, 56
　　F-15Cイーグル　……62
　　F-15Eストライク・イーグル　……103, 117, 149, 152, 155, 162
　　F-101Bブードゥー　……169
　　F-110スペクター　……16
　　F/A-18ホーネット　……16, 55, 62, 92, 99, 101
　　F/A-18Cホーネット　……62, 64
　　RF-4EファントムII　……27
マクダネル・ダグラス・ヘリコプター
　　AH-64Aアパッチ　……128
　　AH-64Dアパッチ　……128
　　YAH-64アパッチ　……123
マクダネル・ダグラス・ヘリコプター／ウエストランド
　　アパッチAH-1　……172
マーチン　……75
　　B-57G　……158
マトラ（Mecanique Aviation Traction）　……12, 58, 80, 91, 162-3, 172
　　BGL誘導キット　……159
　　BLG-66ベルーガ子爆弾ディスペンサー　……182, 183
　　デュランダール対滑走路兵器　……144, 147
　　R051 AAM　……13
　　R510 AAM　……13
　　R511 AAM　……10, 13

　　R530（AA26）AAM　……12, 13, 19, 25, 42, 43, 45
　　R550マジックAAM　……19, 42, 46, 47, 52, 58
　　R550マジック2 AAM　……35, 54, 54, 65
　　シュペル530AAM　……58
　　シュペル530D AAM　……31, 35, 47, 52
　　シュペル530F AAM　……18, 35, 47, 52, 52
マルコーニ　……33, 92, 94
マルテMk1 AShM　……110, 111
マルテMk2 AShM　……110
マルテMk2/A AShM　……110
マルテMk2/S AShM　……118

[み]

ミコヤン・グレヴィッチ　……68
　　MiG-15　……14, 68, 173, 174, 186
　　MiG-17　……20, 21-2, 28, 173, 174
　　MiG-17PFU　……13
　　MiG-19　……12, 25, 173, 174
　　MiG-19M　……13
　　MiG-21　……13, 20, 21, 25, 28, 38, 39, 43, 46, 47, 53, 62, 68, 80, 174
　　MiG-21bis　……43, 44, 46
　　MiG-21F-13　……14, 25
　　MiG-21FL　……43
　　MiG-21MF　……26, 27, 28, 46, 47
　　MiG-21PF　……25, 27
　　MiG-21PFM　……27
　　MiG-23　……31, 33, 38, 39, 51, 53, 62, 63, 65, 80, 166
　　MiG-23BN　……52
　　MiG-23MF　……38, 47, 51
　　MiG-23ML　……33, 47, 50, 53, 63
　　MiG-23MLD　……44
　　MiG-23MS　……38, 47, 51
　　MiG-25　……19, 31, 51, 62-3, 65
　　MiG-25BM　……81
　　MiG-25PD　……19, 47
　　MiG-25PDS　……62, 64
　　MiG-27　……80
　　MiG-29　……33, 34, 34, 53, 58, 64, 65, 102, 186
　　MiG-31　……32, 34
　　MiG-31B/MiG-31BS　……34-5
三菱
　　AAM-3/AAM-4/AAM-5（99式／90式／04式）AAM　……61
　　ASM-1/ASM-1C（80式／91式）AShM　……111, 112
　　ASM-2（93式）AShM　……121, 122
　　F-1　……111, 112
　　F-2　……121
ミーティアAAM　……9
南アフリカ　……53 58, 59, 61, 95, 131, 165, 187
南アフリカ空軍　……58, 95, 166
南オセチア紛争（2008年）　……65
ミラン歩兵ATGM　……124

ミル
　Mi-1/Mi-2/Mi-4/Mi-8　……125
　Mi-24　……31, 131, 174, 186
　Mi-24A　……125
　Mi-24D　……125, 127
　Mi-24P　……130
　Mi-24V　……129
　Mi-25　……51, 127
　Mi-28　……130

[むーも]

「ムクドリ」S-5 57ミリロケット弾シリーズ　……173, 174
メイスベルゲル、ピーター、少佐　……34
メキシコ　……171
メクトロン　……94, 96
「モーヴァリッド」作戦　……114
モコパ（ZT-6）ATGM　……131
モジュラー型滑空爆弾システム、ロックウェル　……153
モジュラー型ディスペンサー兵器（MDS）、MBB　……184
モラン・ソルニエ MS.500クリケー　……124

[やーよ]

ヤコブレフ Yak-25K　……13
ヤコブレフ Yak-28P　……19
ヤホント（3M55オニクス）AShM　……93
〈ヤーマス〉、フリゲート艦　……114
雄風II AShM　……120, 121
誘導爆弾（GB）　……148
ユーゴスラヴィア　……125, 184
ユーロコプター
　NH90　……118
　　ティーガー HAD　……131
　　ティーガー UHT　……129-130
ユーロファイター・タイフーン　……58
ユーロファイター EF2000　……94
ユーロミサイルHOT ATGM　……124, 125, 127
ユーロミサイルHOT2 ATGM　……124
鷹撃6型（YJ-6、C-601；CAS-1"クラーケン"）AShM　……74, 111, 112, 121
鷹撃61型（YJ-61、C-611）AShM　……121
鷹撃63型（YJ-63、KD-63）LACM　……74
鷹撃81型（YJ-81、C-801K）AShM　……121
鷹撃82型（YJ-82、C-802）AShM　……122

[らーろ]

雷霆2型（LT-2）、（GB-1）500キロLGB　……166
「ラインバッカー」作戦（1972年）　……84
「ラインバッカーII」作戦（1972年）　……82
ラテン・アメリカの空対空ミサイル　……54
ラドゥガ設計局　……71
ラード巡航ミサイル　……94
ラファエル　……25, 28
　ポパイASM、シャフリルI/II AAMも参照

ラプター 1（H-2）滑空爆弾、ケントロン　……95
ラプター 2動力付き滑空爆弾　……95
〈リオ・カルカラニア〉　……116
リザード LGB　……164
リトル・ボーイ 核爆弾　……141
リパブリック　……
　F-84Gサンダージェット　……14
　F-105サンダーチーフ　……82
　F-105D　……24, 83
　F-105F/G"ワイルド・ウィーズル"　……76
リビア　……99
ルーマニア　……131
レイセオン　……98, 149, 151
　GBU-40SDB　……156
冷戦　……105, 123, 135, 136, 182, 187
　対艦ミサイル、空中発射　……106-12
　　フランスの　……108-10
　　バッカニア搭載向けシーイーグル　……110
　　Tu-16向け新型兵器　……106-7
　対戦車ミサイル、空中発射　……124-6
　における爆弾　……139-43
　巡航ミサイル　……72
　初期の空対空ミサイル　……10-13
　初期の戦略空対地ミサイル　……68-71
　後期の戦略空対地ミサイル　……71-3
　戦術ASM　……75-81
〈レキシントン〉、米空母　……75
レーザー誘導弾（LGB）、GBUシリーズ　……153, 155
　GBUシリーズも参照
レッドスノー核弾頭　……144
レッドトップ AAM　……16, 17
レッドベアード核爆弾　……144
レバノン　……38-40, 65, 76, 85, 96, 127
ロイヤルオードナンス　……145
ロイヤルオードナンス強化型炸薬弾（BROACH）　……90
ロケット弾、空中発射　……167-75
　アメリカの初期の　……168-9
　アメリカの現代の　……170-1
　その他の西側諸国の　……172
　ソ連とロシアの　……172-5
ロシア　……73, 87-8, 93, 142
　ソ連も参照
ロシア海軍　……129
　ソ連海軍も参照
ロシア空軍　……89
　ソ連空軍も参照
ロッキード（のちのロッキード・マーチン）　……88, 149
　AC-130ガンシップ　……162
　AGM-158 JASSM（統合空対地スタンドオフ・ミサイル）　……87, 88, 90
　AGM-158B JASSM-ER　……88
　C-130ハキュリーズ　……42, 138, 150
　デュアルモード・レーザー誘導爆弾（DMLGB）アップグレード　……149
　F-16ファイティング・ファルコン　……37, 38, 39, 40, 44, 63-4, 65, 92, 98, 119, 151, 161

F-16A　……45, 54
F-16A-MLU　……65
F-16B　……45
F-16C　……63, 65
F-16CJ　……88, 90
F-16D　……65
F-22ラプター　……55, 55, 59, 161
F-35統合打撃戦闘機（ライトニングII）　……55, 55, 88, 119, 161
F-94Cスターファイア　……168
F-104スターファイター　……43
F-104A　……44, 45
F-104G　……109
F-104S　……36
F-117A　……159
GBU-53 250ポンド SDB　……154, 156
KC-130Hハーキュリーズ　……116
KC-130J"ハーヴェスト・ホーク"　……133, 161
MC-130ハーキュリーズ　……155, 156
P-3オライオン　……103, 111, 116
P-3C　……112
SP-32Hネプチューン　……115
ロックアイ、Mk 20 Mod 2クラスター爆弾　……148
ロックアイ、Mk 7、子弾ディスペンサー・シリーズ
　……98, 177, 181
ロックアイII、Mk 20、クラスター爆弾　……181
ロックアイII、Mk 6、多目的クラスター爆弾　……177
ロックウェル・インターナショナル　……163
　B-1Bランサー　……90, 141
　十字翼型兵器（CWW）　……153
　誘導爆弾システム（HOBOS）　……152, 157, 158
　モジュラー型滑空爆弾システム　……153
　OV-10ブロンコ　……169
　OV-10Eブロンコ　……54
「ローリング・サンダー」爆撃作戦　……157

［わ］

湾岸戦争（1991年）
　「砂漠の嵐」作戦も参照

Essential Identification Guide: Postwar Air Weapons 1945 to the Present Day
by Thomas Newdick
Copyright © 2011 Amber Books Ltd, London
Copyright in the Japanese translation © 2014 Hara Shobo
This translation of Essential Identification Guide: Postwar Air Weapons 1945 to the Present Day
first published in 2014 is published by arrangement with Amber Books Ltd.
through Japan UNI Agency, Inc., Tokyo

【著者】 トマス・ニューディック（Thomas Newdick）
　　　航空防衛システムが専門で長く専門誌への寄稿がある。著書に『現代エアパワーガイド』『軍用機事典』など。Aeroplane誌の編集にも携わっている。

【監訳者】 毒島刀也（ぶすじま・とうや）
　　　1971年千葉県生まれ。軍事アナリスト。日本大学工学部機械工学科卒。『Jウイング』『エアワールド』誌編集を経てフリーランスに。著書に『戦車パーフェクトBOOK』、監訳に『世界戦車大全』など。

ヴィジュアル大全
航空機搭載兵器

2014年5月30日　第1刷

著者…………トマス・ニューディック
監訳者…………毒島刀也
装幀・本文ＡＤ…………松木美紀

発行者…………成瀬雅人
発行所…………株式会社原書房
〒160-0022 東京都新宿区新宿1-25-13
電話・代表 03（3354）0685
http://www.harashobo.co.jp
振替・00150-6-151594

印刷…………シナノ印刷株式会社
製本…………東京美術紙工協業組合

©Busujima Tohya, 2014
ISBN978-4-562-05075-8, Printed in Japan